高等职业学校"十四五"规划医学美容技术专业
新形态一体化特色教材

YINGYANG YU MEIRONG
营养与美容

主　编　王　丹　邓可洪　郑宏来

副主编　吴　梅　刘子琦　何清懿

编　者　（以姓氏笔画排序）

　　　　王　丹（长春医学高等专科学校）

　　　　王　影（白城医学高等专科学校）

　　　　邓可洪（湖北三峡职业技术学院）

　　　　冯明菊（曲靖医学高等专科学校）

　　　　刘子琦（重庆三峡医药高等专科学校）

　　　　吴　梅（湖北中医药高等专科学校）

　　　　何清懿（长沙卫生职业学院）

　　　　郑宏来（广西卫生职业技术学院）

　　　　郑晓丽（曲靖医学高等专科学校）

　　　　黄小珊（广西卫生职业技术学院）

　　　　常　亮（长春医学高等专科学校）

　　　　蔡云雪（润芳可（上海）生物科技有限公司）

华中科技大学出版社
http://press.hust.edu.cn
中国·武汉

内容简介

本书是高等职业学校"十四五"规划医学美容技术专业新形态一体化特色教材。

本书共十一章,包括绪论、营养素与美容、各类食物的营养价值与美容、合理营养与美容、皮肤美容与营养膳食、美发与营养膳食、肥胖与营养膳食、消瘦与营养膳食、美胸与营养膳食、美容外科与营养膳食、药膳与美容。

本书既可作为医学美容技术专业、营养专业等相关专业课程的教材或参考书,也可供广大读者自学。

图书在版编目(CIP)数据

营养与美容/王丹,邓可洪,郑宏来主编.—武汉:华中科技大学出版社,2024.1(2025.2重印)
ISBN 978-7-5772-0450-5

Ⅰ.①营⋯ Ⅱ.①王⋯ ②邓⋯ ③郑⋯ Ⅲ.①美容-饮食营养学-高等职业教育-教材
Ⅳ.①TS974.1 ②R151.1

中国国家版本馆 CIP 数据核字(2024)第 020310 号

营养与美容
Yingyang yu Meirong

王 丹 邓可洪 郑宏来 主编

策划编辑:居 颖
责任编辑:张 琴
封面设计:金 金
责任校对:刘 竣
责任监印:周治超

出版发行:华中科技大学出版社(中国·武汉)　　电话:(027)81321913
　　　　　武汉市东湖新技术开发区华工科技园　　邮编:430223
录　　排:华中科技大学惠友文印中心
印　　刷:武汉科源印刷设计有限公司
开　　本:787mm×1092mm　1/16
印　　张:14.75
字　　数:316 千字
版　　次:2025 年 2 月第 1 版第 3 次印刷
定　　价:49.80 元

本书若有印装质量问题,请向出版社营销中心调换
全国免费服务热线:400-6679-118　竭诚为您服务
版权所有　侵权必究

高等职业学校"十四五"规划医学美容技术专业新形态一体化特色教材编委会

主任委员　胡　野
企业顾问　叶秋玲

副主任委员（按姓氏笔画排序）

孙　晶	白城医学高等专科学校	赵　丽	辽宁医药职业学院
杨加峰	宁波卫生职业技术学院	赵自然	吉林大学第一医院
何　伦	中国整形美容协会	蔡成功	沧州医学高等专科学校

委　员（按姓氏笔画排序）

王丕琦	红河卫生职业学院	郑宏来	广西卫生职业技术学院
邓叶青	广东岭南职业技术学院	郑俊清	铁岭卫生职业学院
冯霜雪	海南卫生健康职业学院	赵　红	济南护理职业学院
刘小维	辽宁何氏医学院	胡增青	广东茂名健康职业学院
严　璟	曲靖医学高等专科学校	夏　岚	湖北三峡职业技术学院
苏碧凤	福建卫生职业技术学院	倪　莹	潍坊护理职业学院
李　敏	雅安职业技术学院	徐　玲	四川卫生康复职业学院
李晓艳	云南新兴职业学院	徐　婧	皖西卫生职业学院
杨桂荣	湖北职业技术学院	徐毓华	江苏卫生健康职业学院
吴　梅	湖北中医药高等专科学校	唐　艳	长沙卫生职业学院
吴　敏	鄂州职业大学	黄　涛	黄河科技学院
宋华松	廊坊卫生职业学院	曹海宁	湖南环境生物职业技术学院
张　薇	重庆三峡医药高等专科学校	眭师宜	湖南中医药高等专科学校
陈　菲	江苏护理职业学院	崔　娟	青海卫生职业技术学院
陈　萍	岳阳职业技术学院	谢　涛	辽东学院
陈　敏	长春医学高等专科学校	蔺　坤	德宏职业学院
武　燕	安徽中医药高等专科学校	廖　燕	江西中医药高等专科学校
罗　琼	荆州职业技术学院	熊　锡	湘潭医卫职业技术学院

网络增值服务

使用说明

欢迎使用华中科技大学出版社医学分社资源网

1 教师使用流程

（1）登录网址：https://bookcenter.hustp.com/index.html（注册时请选择教师用户）

注册 > 登录 > 完善个人信息 > 等待审核

（2）审核通过后，您可以在网站使用以下功能：

浏览教学资源　建立课程　管理学生　布置作业　查询学生学习记录等

2 学员使用流程

（建议学员在PC端完成注册、登录、完善个人信息的操作）

（1）PC 端学员操作步骤

① 登录网址：https://bookcenter.hustp.com/index.html（注册时请选择普通用户）

注册 > 完善个人信息 > 登录

② 查看课程资源：（如有学习码，请在个人中心-学习码验证中先验证，再进行操作）

首页课程 > 课程详情页 > 查看课程资源（选择课程）

（2）手机端扫码操作步骤

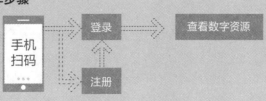

手机扫码 → 登录 → 查看数字资源
　　　　 → 注册

前言

Qianyan

随着人们生活水平的提高,营养与美容成为人们日益关注的焦点。营养与美容不仅仅是保持外在美丽的方式,更是维护身心健康,提高生活质量的重要手段。

本教材旨在介绍营养与美容的基本知识,帮助读者了解营养与美容的关系,掌握合理营养和美容的方法,从而更好地关爱自己和他人。

本教材的编写遵循科学性、实用性、易懂性的原则,既可作为医学美容技术专业、营养专业等相关专业课程的教材或参考书,也可供广大读者自学。我们希望通过本教材的学习,读者能够掌握营养与美容的基本知识,提高生活质量,收获健康与美丽。为了使本教材的适用性更加广泛,我们邀请了多所医学职业院校从事本领域研究的老师和行业专家共同参与本教材的编写。

本教材共分为十一章,涵盖了各类食物的营养价值与美容、合理营养与美容等营养学基础知识,以及皮肤美容、美发、美胸、美容外科等美容学相关知识与营养膳食,最后还介绍了一些常见的与美容有关的药膳。

在本教材编写过程中我们对文稿反复校对与修改,但由于营养学知识本身及相关知识是不断发展与更新的,加之编写时间仓促和编者水平有限,教材中难免存在不足之处,敬请各位专家和广大读者批评指正。

编 者

目 录
Mulu

第一章　绪论 ……………………………………………………………1
第二章　营养素与美容 …………………………………………………7
　第一节　能量 …………………………………………………………8
　第二节　营养素 ………………………………………………………12
　第三节　植物化学物 …………………………………………………44
第三章　各类食物的营养价值与美容 …………………………………54
　第一节　食物的营养价值的评价及意义 ……………………………55
　第二节　各类食物的营养价值 ………………………………………57
第四章　合理营养与美容 ………………………………………………76
　第一节　中国居民膳食营养素参考摄入量 …………………………76
　第二节　合理营养与平衡膳食 ………………………………………78
　第三节　膳食结构与膳食指南 ………………………………………80
第五章　皮肤美容与营养膳食 …………………………………………98
　第一节　皮肤健美与营养膳食 ………………………………………98
　第二节　皮肤衰老与营养膳食 ………………………………………113
第六章　美发与营养膳食 ………………………………………………121
　第一节　头发的分类及特点 …………………………………………121
　第二节　美发的营养膳食 ……………………………………………125
第七章　肥胖与营养膳食 ………………………………………………132
　第一节　概述 …………………………………………………………132
　第二节　肥胖症的营养膳食 …………………………………………139
第八章　消瘦与营养膳食 ………………………………………………146
　第一节　概述 …………………………………………………………146
　第二节　消瘦的治疗 …………………………………………………150
第九章　美胸与营养膳食 ………………………………………………158
　第一节　概述 …………………………………………………………158
　第二节　丰胸美胸的营养膳食 ………………………………………167

第十章 美容外科与营养膳食 …………………………………174
第一节 常见美容外科手术与膳食营养 …………………174
第二节 美容外科手术后预防瘢痕形成及色素沉着的
   营养膳食 …………………………………………187

第十一章 药膳与美容 ……………………………………………198
第一节 概述 ………………………………………………198
第二节 常用的药膳美容方 ………………………………207

附录 实训部分 ……………………………………………………218
实训一 肥胖症的营养指导 ………………………………218
实训二 药膳制作 …………………………………………220

参考文献 ……………………………………………………………224

第一章 绪 论

扫码看课件

> **知识目标**
> 1.掌握美容营养的概念。
> 2.熟悉营养与美容的关系。
> 3.了解营养与美容的发展简史以及研究内容。
> **能力目标**
> 具备分析和处理营养与美容关系的能力。
> **素质目标**
> 1.具备从我国古典典籍中借鉴有用食疗验方的能力。
> 2.具备民族自豪感。

在漫漫历史长河之中,人类从未停止过对健康和美容的追求。各种各样的美容健身方法层出不穷,并且和人类自身一样经历着岁月的积淀和考验。

在世界性美容健身迅猛发展的今天,回归自然,用天然食物来美容已逐渐成为时尚和必然趋势,因此,作为有着五千年历史的中国传统饮食文化结晶的美容营养,随着岁月的变迁而愈加完善。

美容营养即食疗美容,是以传统中医理论为基础,与现代营养学的有机结合,利用天然食物所含的营养成分和特殊成分,以"内调外养、表里通达"使人健康美丽的一种美容方法。

营养与每个人密切相关,健康的肌肤来源于健康的身体,而健康的身体离不开合理的膳食营养。大自然中有取之不尽、用之不竭的美容健身食品,每个人都可以通过食物来调整自己的身体和皮肤状态。

利用食物来美容具有安全、无毒副作用、方便实用、易于坚持等特点。与传统和现代普遍采用的美容方法相比,美容营养有其独特的一面,它强调以健康为本,以保养和预防为主,在改善身体和皮肤状态的同时,彻底消除皮肤"不好"的根源。美容营养更注重美容本质,安全、有效,能真正实现吃出美丽、吃出健康、吃出时尚,使年轻美丽不再是梦。

一、营养学概述

营养学是研究人体营养规律及其改善措施的一门学科。人体营养规律,包括普通成年人在一般生活条件下和在特殊生活条件下,或在特殊环境因素条件下的营养规律。改善措施包括纯生物科学的措施和社会性措施,既包括措施的实施根据,又包括措施的效果评估。营养吸收过程是人体的一种最基本的生理过程。

营养学是一门很古老的学科。营养学主要讨论人体能量和营养素的正常需求、特殊生理和特殊劳动条件下的营养和膳食以及提高我国人民营养水平的途径等。营养是维持生命的物质基础,合理营养可以提高劳动效率。膳食中有足够的热量、蛋白质、维生素等营养素,可减轻疲劳、增强体质、提高免疫力,使肌肤健康,保持人体健康美。

营养与许多疾病的发生、发展有着密切的关系。若身体缺乏某种营养素,会出现营养缺乏症,如缺乏维生素A会出现夜盲症,缺铁会出现缺铁性贫血等。某些营养物质过多也可引起疾病,如食物中胆固醇含量高可导致动脉粥样硬化,高脂肪和高糖膳食可使人肥胖。因此,人们应合理膳食,以保证人体正常的营养需要。

营养素是指食物中能产生热量或提供组织细胞生长发育与修复的材料,维持机体正常生理功能的物质。人体需要的营养素共有六大类:蛋白质、脂类、碳水化合物、矿物质、维生素和水。

二、营养与美容概述

美丽的容貌离不开合理的营养,而各种营养素的主要来源是食物,所以食物是美容养颜的"益友"。

皮肤和肌肉的营养成分以蛋白质为中心,如果缺乏肉类、蛋类、豆类等食物的摄入,人体的生长发育会迟缓,身体会消瘦,皮肤会松弛,肌肉会萎缩,面部易出现皱纹而显得苍老,还会引起包括皮肤病在内的多种疾病。食物中的大量蛋白质能增强皮肤的弹性,保持面容的红润。

许多种类的新鲜蔬菜、水果等含有多种维生素和矿物质,能调节皮脂腺和汗腺的代谢,调节体液的酸碱度,可使皮肤红润、有光泽、延缓衰老。维生素是皮肤美容不可缺少的物质,如维生素A可使皮肤光嫩细致,防止皮肤粗糙、产生皱纹;B族维生素能促使皮肤健美,防止肥胖;维生素C能保持皮肤白嫩,减少黄褐斑的发生;维生素E可滋润皮肤、防止干燥。

人体的六大营养素都是维持人体正常生命活动以及保护皮肤、美化面容不可缺少的物质。所以,合理营养与平衡膳食可使肌肤健美,延缓衰老,保持人体青春美与健康美。

营养与美容是通过营养调理、预防和治疗机体的营养不足或过剩,研究平衡膳食以及如何补充生长发育所需的营养,使容貌、体形达到健康美,预防衰老,从而延年益寿,并增进人的生命活力、美感的一门交叉学科。

营养与美容是美容医学领域一个新的研究方向,是以营养学和美容学为基础,以人类美容为目的,通过合理营养和特定膳食来防治营养失衡所致的美容相关疾病,从而延缓衰老、促进健康的一门应用学科。

三、营养与美容的发展简史

(一)中国传统营养学的发展简史

美容营养即食疗美容,亦即美容药膳。它与药膳同源,可追溯到上古时期,原始人在寻找食物的过程中,经茹毛饮血、饥不择食的不断尝试,逐步分清了食与药,到了新石器时代,人类发现用缸储存的粮食经发酵可制成酒,从此开创了造酒业。人类用余粮酿酒,酒既可作为饮料,又可作为防病治病之品。于是出现了药膳的萌芽期,同时开辟了食疗美容的先河。

随着社会的发展,食疗美容由萌芽而渐具雏形。在有文字记载的周朝,《周礼·天官》中就将医生分为食医、疾医、疡医及兽医四种。其中,食医的任务就是根据帝王的身体状况及四季时节的变化,专门为帝王调节饮食,研究如何保健养生、防老、驻颜和防病治病。

东汉时期,《神农本草经》中共列药物365种,其中不乏美容作用的药物。东汉的张仲景所著的《伤寒杂病论》中也载有美容药膳方。华佗的《中藏经》中所载的"疗百疾延寿酒"则有乌发驻颜的功效。

到了唐朝,各种美容药膳涌现,如药王孙思邈撰写的《备急千金要方》为我国最早的食疗专著,其中收集了不少美容药膳方。《新修本草》、陈仕良的《食性本草》、李珣的《海药本草》等著作中,都载有许多美容药膳方,有力地推进了美容药膳的发展。

宋代,《太平圣惠方》中,有许多很好的美容药膳方,很多方剂至今都还在使用;林洪所著的《山家清供》提供了不少有价值的食疗资料,并首次把花粉做成美容药膳。

元代,宫廷御医忽思慧撰写的《饮膳正要》继承了食、养、医结合的优良传统,对每一种食品的叙述都涉及养生、医疗方面的效果和作用,其所载食品基本上都是保健食品,其中抗衰老的处方有29个,方中的地黄膏、天门冬膏等均为著名的驻颜、抗老、防衰的美容药膳方。

明代药物学的出现,推动了美容药膳的发展,李时珍的《本草纲目》中,有许多美容药膳方,仅以酒为例,就有20多种方剂,有用于益发的地黄酒、悦颜色的人参酒等。

清朝的食疗著作很多,当时的许多医家十分重视民间药膳的整理,如《食物本草会纂》《食鉴本草》等。此外,清朝王宫贵族中,美容药膳的应用十分普遍,《清宫医案集成》及《太医院秘藏膏丹丸散药方》中有不少美容药膳方,如"清宫仙药茶"具有轻身消肿、化浊和中、开郁通脉的作用,是一种很好的减肥药茶,一直在清朝宫廷内流传,此外,还有驻颜轻身的"清宫八珍糕"等。

近现代,美容药膳有了长足发展,尤其在中华人民共和国成立后,不少名医和营养学家对美容药膳的发展做出很大贡献。如王水等人的《长寿药粥谱》,翁维健的《药膳食谱集锦》《食补与食疗》,彭铭泉的《大众四季药膳》,时振声等人编著的《宫廷颐养与食疗粥谱》,王峻等人的《延年益寿精方选》等,记载了大量美容药膳。

(二)西方营养学的发展简史

虽然"营养"这一名词最早出现在1898年,但人们对它的了解却远远早于这一时期,可以说,有了食物就有了营养知识。营养学是一门综合性科学,它与生物化学、生理学、病理学、临床医学、公共卫生学与食品加工学等都有密切的关系。西方营养学的发展可分为古典营养学和近代营养学两个主要阶段。

1. 古典营养学

受当时人们对营养这一基本概念理解上的局限,在相当长的一段历史时期中仅仅由简单的几种要素(如地、火、水、风等)演绎而成。

2. 近代营养学

从文艺复兴和产业革命开始,在英国哲学家培根倡导的实验科学思想的影响下,许多实验室研究人员开始研究营养学并取得了许多研究成果,逐渐形成了营养学的理论基础。

西方近代营养学的发展大致经历了以下三个阶段。

(1)化学、物理学等基础学科的发展,为西方近代营养学打下了实验技术的基础。

(2)在认识化学、物理学等基础学科基本原理的基础上,研究者获得了大量的营养学实验研究资料,如氮平衡学说、三大营养素的生热系数等。

阿脱华脱与本尼迪克特在20世纪初首创用弹式热量计测定食物中的热量和用呼吸热量计测定各种劳动动作的热量消耗。

(3)对营养规律的认识从宏观转向微观。

现代营养学奠基于18世纪中叶,到19世纪时,因碳、氢、氧、氮等元素定量分析方法的确定,以及由此而建立的食物组成和物质代谢概念、氮平衡学说等热量法则等,为现代营养学的形成和发展奠定了坚实的基础。整个19世纪和20世纪中叶是现代营养学发展的鼎盛时期,在此阶段相继发现了各种营养素。例如,1819年人类发现了亮氨酸;1881年对矿物质有了较多的研究;1920年正式命名维生素。罗斯(Rose)发现了在蛋白质中有人体必需的8种氨基酸。

20世纪40年代以来,现代生物学的发展和分析测定方法的进步大大推动了营养学的发展。1943年,美国首次提出对各社会人群膳食营养素供给量的建议。此后,许多国家相继制定了各国推荐的营养素供给量,并以此作为人体合理营养的科学依据。20世纪中叶以后,研究者开展了微量元素与人体健康关系的研究。到了20世纪末,研究热点转为植物中天然的生物活性物质对人体健康的影响。在我国,营养学研究开始于20世纪初。20世纪70年代以来,分子生物学理论与方法的发展,使人们对营养学的认识进入了亚细胞水平和分子水平。

近年来,许多国家为了在全社会推行公共营养的保证、监督和管理作用,除加强相关科学研究之外,还制订了营养指导方针,创立营养法规,建立国家监督管理机构,推行有营养专家参与起草的农业生产、食品工业生产、餐饮业、家庭膳食等相关政策,使现代营养学更富于宏观性和社会实践性。

随着时代的变迁和社会的发展,人们追求健康美的意识越来越强烈,尝试寻找天然、无害、作用持久、简便易行、经济实惠的美容方法,这就使营养与美容备受关注。

四、营养与美容的研究内容

营养与美容是以传统中医理论为基础,与现代营养学有机结合,使人体健康、肌肤健美的一种美容方法。2003年11月全国医学美容技术专业教育会议确定将"美容营养学"正式列入课程设置计划,目的是使学生了解和熟悉与美容相关的营养学知识,掌握预防和治疗营养缺乏或代谢障碍所致体形、容貌疾病的技能,了解中医养颜和食物美容保健等基本知识,拓宽知识面。营养与美容的主要研究内容如下。

1. 美容营养基础知识
(1)营养素与美容。
(2)各类食物的营养价值与美容。
(3)合理营养与美容。

2. 美容营养实践应用
(1)皮肤美容与营养膳食。
(2)美发与营养膳食。
(3)肥胖与营养膳食。
(4)消瘦与营养膳食。
(5)美胸与营养膳食。
(6)美容外科与营养膳食。
(7)药膳与美容。

五、学习营养与美容的意义

1. 预防疾病,促进健康美

科学、合理的营养与平衡膳食是健康美的基础。当今时代,人体审美的主流是美与健康的统一,美容与营养有关。头发、颜面、皮肤、四肢、指(趾)甲和身材的健美,均与机体的营养状况有关,营养是人体新陈代谢的物质基础,膳食是营养摄取的主要来源。通过对营养与美容的学习,人们可掌握在日常生活中合理地利用常见食物中的营养成分科学地进行美容与护肤的方法。

2. 延缓衰老,美容养颜

一个人健康与否,以皮肤为镜即可略知端倪。健康无病的人的皮肤应该白里透红、具有光泽、丰腴而富有弹性。体弱多病、营养不良或失调的人的皮肤则苍白无华或晦暗泛油且皱纹多、有色素沉着、粗糙、无弹性。

饮食结构是否合理与皮肤的健康关系甚大。营养与美容主要是根据营养学的原理,提供适宜的膳食营养及安全有效的食材美容措施,其主要目的是治疗或缓解疾病、延缓衰老、美容养颜。

知识小结

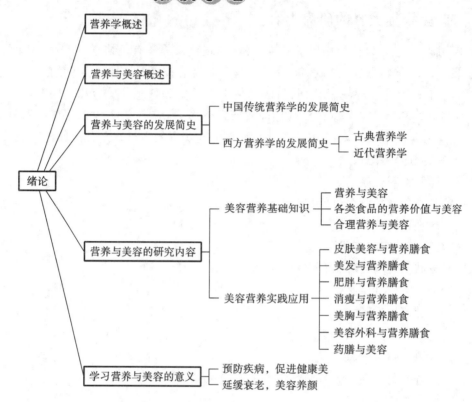

（王丹）

能力检测

一、单选题

维生素A缺乏会出现（　　）。

A.夜盲症　　B.脚气病　　C.贫血　　D.坏血病　　E.佝偻病

二、多选题

1.人体所需要的营养素包括（　　）。

A.蛋白质　　B.脂类　　C.碳水化合物

D.维生素　　E.矿物质

2.《周礼·天官》中将医生分为（　　）。

A.食医　　B.药医　　C.疾医　　D.疡医　　E.兽医

能力检测答案

第二章　营养素与美容

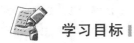

扫码看课件

> **知识目标**
> 1.掌握各类营养素的生理功能及其对美容的作用;掌握能量的供给及来源、各类营养素的供给与食物来源。
> 2.熟悉能量的消耗及影响人体能量需要的因素、能量平衡。
> 3.了解主要营养素的缺乏与过量。
>
> **能力目标**
> 1.能指导顾客合理摄入能量及营养素。
> 2.能客观分析顾客的营养水平,为不同体质和需求的顾客提供健康的饮食指导。
> 3.能灵活运用所学知识和技能进行美容营养咨询和教育。
>
> **素质目标**
> 1.具备分析营养问题与解决营养问题的能力,提升独立思考能力和团队协作能力。
> 2.具备求真精神、科学精神,形成务实作风。
> 3.具备一定的健康观念,形成"以内养外"的基本思想。

人类在生命活动的过程中,通过摄取食物以获得赖以生存的物质,这些物质称为营养素。营养素有六大类,分别是碳水化合物、脂类、蛋白质、维生素、矿物质和水,而每大类营养素中又有不同的营养素,人体必须从食物中获得才能满足自身需要的称为必需营养素,包括9种氨基酸、2种脂肪酸、1种碳水化合物、7种常量元素、8种微量元素、14种维生素和水。

营养素在人体内有三个方面的基本功能:一是供给生命活动所需要的能量,二是构成机体的基本单元,三是调节人体的生理功能。因此,营养素是人体健康的物质基础。

营养素的摄入水平因习惯、经济发展水平等不同而有差异,中国营养学会根据中国的具体情况,制定了《中国居民膳食营养素参考摄入量》,包括平均需要量(EAR)、推荐摄入量(RNI)、适宜摄入量(AI)、可耐受最高摄入量(UL)、宏量营养素可接受范围(AMDR)、预防非传染性慢性病的建议摄入量(PI-NCD)、特定建议值(SPL)七个值,作为中国居民营养素摄入水平的一般参考。

第一节 能 量

案例导入

中小学肥胖率逐年升高,是何原因?

2020年底,国家卫健委发布的《中国居民营养与慢性病状况报告(2020年)》指出:我国居民超重肥胖问题不断凸显,城乡各年龄组居民超重肥胖率继续上升,有超过一半的成年居民超重或肥胖,6~17岁、6岁以下儿童青少年超重肥胖率分别达到19%和10.4%。《中国儿童肥胖报告》预测,到2030年,我国7~18岁学龄儿童超重肥胖检出率将达到28.0%,超重肥胖儿童的数量将达到4948万人。儿童肥胖危害性超乎想象,有70%~80%可延续至成年期肥胖,成为未来几十年心脑血管疾病及糖尿病的高危人群。

请问:

中小学生的肥胖率居高不下,到底是何原因?

人体生命活动的基本特征是新陈代谢,同时还要从事一定的体力活动,这些均需要能量支持,而能量是人体内生物化学反应燃烧有机物产生的,因此人体需要不断地从食物中获得可供给能量的有机物以满足人体对能量的需求。为人体提供能量的有机物在营养学上被称作三大营养素:碳水化合物、脂肪、蛋白质。这三类物质是人类膳食中的主要摄取物,又称为产能营养素。

一、能量的单位

能量的形式有很多,如太阳能、机械能、电能、化学能。这些能量之间是可以相互转换的,为了方便计算,必须统一单位。能量有国际单位和常用单位两种表示法。

国际单位的基本单位为焦耳(J),可扩展为千焦耳(kJ)、兆焦耳(MJ)。常用单位的基本单位为卡(cal),可扩展为千卡(kcal)。换算关系如下:

$$1 \text{ MJ} = 10^3 \text{ kJ} = 10^6 \text{ J} \qquad 1 \text{ kcal} = 10^3 \text{ cal}$$
$$1 \text{ J} = 0.239 \text{ cal} \qquad 1 \text{ cal} = 4.184 \text{ J}$$

二、产能营养素能量系数和能量分配

单位质量的三大产能营养素在人体内完全氧化所释放的能够被人体利用的能量称作能量系数。1 g碳水化合物、脂肪、蛋白质在人体内完全氧化所释放的能量分别是17.15 kJ(4.1 kcal)、39.54 kJ(9.45 kcal)、18.2 kJ(4.35 kcal)。由于食物中的营养素并非100%被吸收,三种产能营养素在人体内完全氧化后实际上可提供的能量分别为16.8 kJ(4.02 kcal)、37.56 kJ(8.98 kcal)、16.74 kJ(4.0 kcal)。

三大产能营养素在膳食中提供的能量有一个恰当的比例。根据我国膳食特点,正常成年人的膳食中,碳水化合物提供能量占人体需要总能量的50%~65%,脂肪占

20%～30%,蛋白质占10%～20%。年龄越小,脂肪和蛋白质供能占比可适度增加。

三、能量消耗

人体产生的能量主要用于维持各种生命活动,成年人主要包括基础代谢、体力活动、食物热效应等,生长发育、妊娠、哺乳、创伤修复等特殊生理阶段也要消耗能量。

(一)基础代谢

基础代谢用于维持生命活动的最低能量需要,一般是指安静环境和一定的环境温度(18～25 ℃)下,清醒、空腹、静卧状态下维持生命所需要的最低能量代谢。不同个体之间、不同性别、不同的生理状态的基础代谢不同。基础代谢的大小与基础代谢率有关。

1.基础代谢率

基础代谢率是指单位时间内、单位体重或体表面积人体基础代谢所消耗的能量,单位为$kJ/(kg \cdot h)$、$kJ/(m^2 \cdot h)$。基础代谢率与体表面积有关,体表面积越大,基础代谢率越高。

2.影响基础代谢率的因素

(1)体形:体表面积越大,散发热量越多。人体内以蛋白质为主的瘦体组织如心脏、肌肉等为活性组织,而脂肪组织相对而言为惰性组织,因此前者比后者消耗的能量多,表现为在相同体质量前提下,瘦高者比矮胖者体表面积大,基础代谢率高。

(2)年龄:一般情况下,年龄越小,细胞活力越强,生命活动越旺盛,基础代谢率越高。研究表明,基础代谢率每10年下降2%。

(3)性别:女性基础代谢率普遍低于男性。

(4)生理状态:生病、妊娠会使基础代谢率升高。

(5)环境条件:炎热或寒冷均可使基础代谢率升高,炎热时细胞代谢旺盛,消耗增加,而寒冷则需要额外增加能量消耗以保持体温,寒冷气候比炎热气候基础代谢率更高。

(6)其他:尼古丁和咖啡因可促进相关神经活跃而增加能量消耗,从而使基础代谢率升高;促进代谢的激素、强度大的劳动均可使基础代谢率提高;同时遗传因素也可影响基础代谢率。

(二)体力活动

体力活动是除基础代谢外人体能量消耗的主要因素,也是人体能量消耗中变化最大的因素,可达到人体能量消耗总量的15%～30%。活动强度大小、活动时间长短、活动方式及活动环境的不同,消耗的能量也不同。一般营养学上根据活动强度将体力活动分为轻、中、重三个等级,具体分级见表2-1。

表2-1 体力活动分级

活动强度	生活方式	从事职业或人群
轻	静态生活方式/坐位工作有时需要走动或站立,没有或很少有重体力的休闲活动	办公室职员、司机、学生、装配线工人

活动强度	生活方式	从事职业或人群
中	主要是站着或走着工作	家庭主妇、销售人员、机械师、服务员、交易员
重	重体力职业工作或重体力的休闲活动方式	建筑工人、农民、林业工人、矿工、运动员

(三)食物热效应

食物热效应又称食物的特殊动力作用,是因食物在人体内消化和吸收而引起的能量消耗,混合膳食可占到基础代谢的10%左右。三大产能营养素的热效应不同,蛋白质可达其产能总量的20%~30%,碳水化合物为5%~10%,脂肪为0%~5%。

(四)特殊生理阶段的能量消耗

处于生长发育期或妊娠、哺乳等特殊生理阶段者,跟正常成年人相比还需要额外消耗能量。婴幼儿和儿童、青少年,其机体生长发育所需要的能量,主要用于新生组织的形成与代谢。一般而言,婴儿每增加1 g体重大约需要20.9 kJ(5.0 kcal)的能量,出生3个月以内的婴儿生长发育所需要的能量为总能量的35%,3~6个月的婴儿每天有15%~23%的能量储存于机体形成的新组织,12个月时其生长发育所需要的能量为总能量的5%。

孕妇额外消耗的能量主要用于子宫与胎盘的生长、乳房的发育、体脂储备以及胎儿的生长发育,而乳母主要用于乳汁形成与分泌。

四、能量与美容

1.维持正常的形体美需要能量

人体维持正常的形态和体形需要充足的能量。能量过多与不足均会使人体的体形发生变化,而影响外在的形体美。能量不足时会导致脂肪与蛋白质被额外消耗,表现为消瘦、皮肤干燥等,还会因免疫力下降而患多种疾病;能量过剩则会使脂肪储存增加,表现为体重增加,造成肥胖,还会导致多种心血管系统疾病。

2.维持正常的健康需要能量

健康是美的基础。能量供应充足,可保证机体的能量消耗,从而提高身体活力与免疫力,维持细胞活力,使其进行正常的新陈代谢,确保身体功能的正常运转,使身体处于健康状态。

五、能量代谢失衡

正常情况下,人体可调节能量的平衡,通过摄取食物维持自身能量的消耗,但受到主观或客观因素的影响,人体摄入食物中的能量长期高于或低于人体的正常需要,使能量代谢失衡。人体内能量代谢失衡的结果会首先表现为人体质量的变化,从而影响人体的健康。

（一）人体质量评价

为反映人体质量的变化，应对人体质量进行科学评价。常用的评价方法主要有体质量指数（BMI）法、标准体重法等，具体内容可参考本书第七章相关内容。

（二）能量不足

如果人体长期摄入能量不足，会导致人体运用自身的脂肪、蛋白质供给能量，而造成酮症酸中毒或蛋白质缺乏。蛋白质缺乏又会导致人体免疫力下降、神经衰弱、消瘦、贫血、工作能力低下、幼年动物停止生长等。

（三）能量过剩

如果人体长期摄入能量过多，会造成能量在体内蓄积。能量在体内以脂肪的形式储存，从而造成脂肪过多，表现为体重超标或肥胖。肥胖会导致心血管疾病如高血压、高血脂，肝胆疾病如胆结石，以及血糖异常、肝功能异常，过度肥胖还会造成肺功能下降，甚至会诱发癌症。

六、能量需要量

能量需要量与年龄、性别、体力活动强度、生理状况等密切相关。人体通过摄取食物获得三大产能营养素，从而获取能量。碳水化合物在主食（如米、面等）中含量较高，精制糖类（如白糖、冰糖和蜂蜜）均能提供碳水化合物。脂肪主要来源于油料种子、豆类和动物性食物（如肉、蛋、奶及其制品），其也是蛋白质的重要来源。

三大产能营养素在合理的供能比例范围内所提供的能量总量有相应标准，见表2-2。

表2-2　18岁以上成年人每天能量供给标准

年龄/岁	轻体力活动水平		中体力活动水平		重体力活动水平	
	MJ/d	kcal/d	MJ/d	kcal/d	MJ/d	kcal/d
男性						
18～	9.00	2150	10.67	2550	12.55	3000
30～	8.58	2050	10.46	2500	12.34	2950
50～	8.16	1950	10.04	2400	11.72	2800
65～	7.95	1900	9.62	2300	—	—
75～	7.53	1800	9.20	2200	—	—
女性						
18～	7.11	1700	8.79	2100	10.25	2450
30～	7.11	1700	8.58	2050	10.04	2400
50～	6.69	1600	8.16	1950	9.62	2300

续表

年龄/岁	轻体力活动水平		中体力活动水平		重体力活动水平	
	MJ/d	kcal/d	MJ/d	kcal/d	MJ/d	kcal/d
65～	6.49	1550	7.74	1850	—	—
75～	6.28	1500	7.32	1750	—	—

第二节 营养素

案例导入

中国有句古训，叫"民以食为天"，说明我国人民历来对饮食都非常重视，因为饮食的习惯和观念直接影响个人的健康状况。合理地、科学地选择食物以满足机体对多种营养素的需求，可以使人保持充沛的精力和体力，保证身体健康。但是，目前大多数人对如何保持科学膳食的知识知之甚少，以至于养成了诸多不良的饮食习惯：几餐并一餐、频繁加餐、暴饮暴食、饮食结构不合理、不注重饮食卫生……致使饮食质量总是得不到保证，严重影响了身体功能。

请问：

如何吃得营养？如何吃得健康？

一、蛋白质

蛋白质由氨基酸按照一定的顺序、一定的空间结构组合在一起的复杂有机物，是人体细胞的基本组成成分，是生命活动的关键物质，没有蛋白质就没有生命。

（一）蛋白质的组成

蛋白质是由氨基酸按一定的顺序和空间结构组成，主要含有C、H、O、N 4种元素，部分含有S、P及金属元素（Fe、Cu、Zn、Co等）。组成蛋白质的氨基酸有20种，可以分为必需氨基酸、条件必需氨基酸和非必需氨基酸三类。其中人体不能自身合成而必须从食物中直接获得的氨基酸，称必需氨基酸，包括甲硫氨酸（又称蛋氨酸）、色氨酸、赖氨酸、缬氨酸、异亮氨酸、亮氨酸、苯丙氨酸、苏氨酸8种，组氨酸为婴幼儿必需氨基酸。半胱氨酸、酪氨酸在人体内分别由甲硫氨酸和苯丙氨酸转化而成，不完全依赖食物获得，当甲硫氨酸和苯丙氨酸不充足时它们则变成了必需氨基酸，因此称作条件必需氨基酸。其他9种氨基酸人体可自由合成，称作非必需氨基酸。组成人体蛋白质的氨基酸见表2-3。

（二）蛋白质的分类

蛋白质种类繁多，结构复杂，功能各异，所以其分类方法较多。

表2-3　组成人体蛋白质的氨基酸

必需氨基酸	非必需氨基酸	条件必需氨基酸
甲硫氨酸	谷氨酸	半胱氨酸
色氨酸	谷氨酰胺	酪氨酸
赖氨酸	天冬氨酸	
缬氨酸	天冬酰胺	
异亮氨酸	甘氨酸	
亮氨酸	精氨酸	
苯丙氨酸	脯氨酸	
苏氨酸	丝氨酸	
组氨酸*	胱氨酸	
	丙氨酸	

注：*为婴幼儿必需氨基酸。

根据组成蛋白质的必需氨基酸的种类和数量，蛋白质可分为完全蛋白质、半完全蛋白质和不完全蛋白质。完全蛋白质中必需氨基酸的种类齐全、数量充足、比例适当，能完全满足生长发育和维持健康的需要；半完全蛋白质中必需氨基酸的种类齐全，但比例不适当，可以维持生命，但不能满足生长发育需要；不完全蛋白质中必需氨基酸的种类不全，数量也不足，既不能满足生长发育需要，也不能维持生命。

根据组成成分，蛋白质可分为单纯蛋白质和结合蛋白质。单纯蛋白质的分子组成中，只有氨基酸，没有其他非蛋白质成分；结合蛋白质除了蛋白质成分外，还含有非蛋白质成分，如糖类、脂类、核酸等。

此外，还可根据蛋白质的食物来源将蛋白质分为植物性蛋白质和动物性蛋白质。

（三）蛋白质的生理功能

蛋白质作为生命的物质基础，在人类的生命活动中具有非常重要的生理功能。

1. 构成和修复人体组织

蛋白质在人体内的含量可达20%，是组成人体细胞、组织、器官的重要成分。同时，人体内的组织蛋白处在不断更新过程中，人体受伤后的组织修复也需要蛋白质来完成。

2. 调节人体生理功能

蛋白质是人体内多种生理活性物质的重要成分，如抗体、激素、酶等，同时，一些结合蛋白具有特殊的功能，这些物质共同调节人体的生理功能，让人体这个复杂的系统能正常运转。蛋白质具有一定的溶解性，在体液中可形成阴阳离子，从而保持体液的渗透压、酸碱度和电解质的稳定。

3. 供给能量

当人体内碳水化合物和脂肪供能不足时，蛋白质经水解成氨基酸，可脱氨再经生物氧化，为机体提供能量。

(四)食物蛋白质的营养评价

不同食物中的蛋白质组成不同,人体对蛋白质的吸收利用程度也不一样,因此评价食物蛋白质的营养要从"量"和"质"两个方面来综合考虑。一般而言,可从食物蛋白质含量、蛋白质消化率、蛋白质利用率三个方面进行评价。

1.蛋白质含量

食物蛋白质含量是其营养价值的基础。蛋白质中氮的含量相对稳定,可采用凯氏定氮法测定食物中的含氮量。蛋白质的平均含氮量为16%,在不需要精确蛋白质的含量时,可通过含氮量再乘以6.25估算一般食物蛋白质的含量。不同的食物蛋白质含氮量稍有差别,其换算系数也稍有不同,表2-4是常用食物蛋白质的换算系数。

表2-4 常用食物蛋白质的换算系数

食物	换算系数	食物	换算系数
大米	5.95	花生	5.46
全小麦	5.83	棉籽	5.30
大豆	5.71	奶	6.38
芝麻	5.30	蛋	6.25
玉米	6.25	肉	6.25

2.蛋白质消化率

食物中的蛋白质经过消化酶消化后被人体吸收,吸收的越多则其营养价值越高,其吸收程度可用蛋白质消化率表示。消化率越高,蛋白质被机体利用的可能性越大。蛋白质消化率是人体吸收的蛋白质占摄入蛋白质的比值,一般情况下,动物性食物蛋白质的消化率高于植物性食物蛋白质,食物的加工烹调方法也会影响蛋白质的消化率。

3.蛋白质利用率

食物中蛋白质经消化吸收后被机体利用的程度称作蛋白质利用率。目前常用的指标如下。

(1)生物价:该指标反映的是食物蛋白质消化吸收后被机体利用的程度。其计算公式如下:

$$生物价(\%)=(储留氮/吸收氮)\times 100\%$$
$$吸收氮=食物氮-(粪氮-粪代谢氮)$$
$$储留氮=吸收氮-(尿氮-尿内源氮)$$

(2)蛋白质净利用率:该指标反映的是食物蛋白质实际被机体利用的程度。其计算公式如下:

$$蛋白质净利用率(\%)=消化率\times 生物价$$

(3)蛋白质功效比值:该指标可反映婴幼儿食物中蛋白质质量。其计算公式如下:

$$蛋白质功效比值=婴幼儿体重增加质量(g)/蛋白质摄取质量(g)$$

(4)氨基酸评分:该指标是目前应用较广泛的一种食物蛋白质评价方法,又称为蛋白质化学评分。

在实践中,氨基酸评分常常作为必需氨基酸营养评价的重要方法。构成人体的必需氨基酸有一定的比例关系,这种比例关系称作人体的氨基酸模式,通常以含量最少的色氨酸为1计算出其他各种必需氨基酸的相应比值。食物蛋白质的氨基酸模式与人体的氨基酸模式相比较,其必需氨基酸含量不足的称限制性氨基酸,含量最低的称第一限制氨基酸,以此类推。一般以第一限制氨基酸来计算氨基酸评分。

因各种食物中必需氨基酸的组成不一样,多种不同食物的蛋白质混合在一起,可以使不同食物中的必需氨基酸相互补充,从而满足人体对必需氨基酸的需求,提高蛋白质的利用率,这种现象称作蛋白质互补作用。

(五)蛋白质与美容

1.蛋白质维持新陈代谢,使人体保持活力

蛋白质在人体的新陈代谢过程中起着非常重要的调节作用,使得新陈代谢正常进行,新老组织细胞得以更替,维持细胞组织正常功能,防止衰老。同时,其可提高机体免疫力,防止因病菌侵害而致组织细胞功能减退。

2.蛋白质构成皮肤结构,使皮肤更加健康

皮肤的主要成分是细胞间胶原蛋白,具有很强的亲水性,使皮肤保持丰满而减少皱纹,同时保持皮肤光滑细嫩。皮肤中的弹性蛋白、以蛋白质为基础的蛋白多糖(如硫酸软骨素、透明质酸等)是维持皮肤弹性的主要物质,可增加皮肤的光泽和水润度,防止皮肤干燥无华。

(六)蛋白质营养不良与过量

1.蛋白质营养不良

蛋白质营养不良主要是蛋白质摄入不足所致,在成年人和儿童中均可发生,但儿童对此更为敏感,特别是发展中国家的儿童中出现这种情况很普遍。蛋白质缺乏是人体营养不良性疾病中危害最为严重者。世界卫生组织(WHO)估计,全世界半数以上的儿童患病与死亡和营养不良有关,大约有500万儿童蛋白质-能量营养不良。蛋白质营养不良通常和能量不足同时存在,称为蛋白质-能量营养不良(PEM),临床上分为以下两种类型。

(1)水肿型:这种类型是蛋白质严重缺乏而能量满足基本需要的一种营养不良。主要表现为腹部、腿部水肿,表情淡漠,嗜睡,厌食,动作缓慢,头发稀疏、干燥无光泽、质脆易折断,生长滞缓,易感染其他疾病。

(2)消瘦型:这种类型是蛋白质和能量均长期缺乏而引起的疾病。患儿表现为明显消瘦,皮下脂肪消失,肌肉萎缩,体重低于正常体重的60%以上,易感染其他疾病而致死亡。

2.蛋白质摄入过量

蛋白质摄入过量对身体也有不利的影响。特别是摄入动物性蛋白质过多,会使得摄入的脂肪和胆固醇过多;过多的动物性蛋白质还可能导致体内钙流失,造成骨质疏松;同时由于蛋白质代谢需要通过肾脏,过多的蛋白质会加重肾脏负担。

（七）蛋白质参考摄入量及食物来源

一个正常的成年人对蛋白的需要量每天可以按1.18 g/kg体重来计算。一般情况下,成年男性、女性蛋白质推荐量分别为65 g/d、55 g/d。各年龄阶段膳食蛋白质推荐摄入量见表2-5。

表2-5　各年龄阶段膳食蛋白质推荐摄入量（RNI）

年龄/岁	RNI/(g/d)		年龄/岁	RNI/(g/d)	
	男性	女性		男性	女性
0～	9(AI)	9(AI)	9～	45	45
0.5～	17(AI)	17(AI)	10～	50	50
1～	25	25	11～	55	55
2～	25	25	12～	70	60
3～	30	30	15～	75	60
4～	30	30	18～	65	55
5～	30	30	30～	65	55
6～	35	35	50～	65	55
7～	40	40	65～	72	62
8～	40	40	75～	72	62

动物、植物性食物中均含有蛋白质,主食为蛋白质的主要来源,其中蛋白质含量高的食物有动物肉类、蛋类、奶类及其制品、豆类及其制品,均为优质蛋白。在日常膳食中,要注意各种食物搭配,注重蛋白质互补。为改善蛋白质的质量,一般要求食物中优质蛋白不低于膳食蛋白质总量的30%。

二、脂类

（一）脂类的种类

脂类包括脂肪和类脂。营养学上重要的脂类有甘油三酯、胆固醇和磷脂。

1.脂肪

脂肪又称甘油三酯,一分子的甘油三酯由三分子脂肪酸和一分子的甘油脱水而成。组成脂肪的脂肪酸有多种,均为直链。一般4～12个碳链的脂肪酸为饱和脂肪酸,碳链更长时会有不饱和双键出现,称不饱和脂肪酸。不饱和脂肪酸又分为单不饱和脂肪酸和多不饱和脂肪酸。只含有1个不饱和双键的称单不饱和脂肪酸;含有2个或2个以上不饱和双键的称多不饱和脂肪酸。建议膳食中饱和脂肪酸、单不饱和脂肪酸、多不饱和脂肪酸的比例控制在1:1:1左右,这会更有利于脂肪的代谢。

由于不饱和双键使得脂肪酸的空间结构出现顺式与反式,天然不饱和脂肪酸几乎都是顺式,反式脂肪酸一般存在于加工食品中,主要为氢化油。反式脂肪酸会增加冠心病的危险性,WHO建议,每天来自反式脂肪的热量不超过食物总热量的1%(大致相当于2 g)。

2.胆固醇

胆固醇又称胆甾醇,是一种环戊烷多氢菲衍生物。胆固醇是人体内的主要固醇类物质,是某些激素的前体,如7-脱氢胆固醇可形成维生素D_3。胆固醇通常以酯化的形式存在,是人体血液中脂类物质的主要成分,常常导致心血管疾病。

早在18世纪,人们已从胆石中发现了胆固醇,1816年,化学家本歇尔将这种具脂类性质的物质命名为胆固醇。胆固醇广泛存在于动物体内,尤以脑及神经组织中最为丰富,在肾、脾、皮肤、肝和胆汁中含量也高。其溶解性与脂肪类似,不溶于水,易溶于乙醚、氯仿等有机溶剂。人类对胆固醇"谈虎色变",因为它是心血管疾病的元凶,人体血管内的胆固醇水平升高会造成血液黏稠度不断增加,使血压升高,导致动脉粥样硬化,在心脏、脑血管引起动脉狭窄而诱发脑梗、心梗甚至脑卒中。但胆固醇也是动物组织细胞所不可缺少的重要物质,它不仅参与形成细胞膜,而且是合成胆汁酸、维生素D以及甾体激素的原料。胆固醇经代谢还能转化为胆汁酸、类固醇激素、7-脱氢胆固醇,7-脱氢胆固醇经紫外线照射会转变为维生素D_3,所以胆固醇并非是对人体有害的物质。

胆固醇主要由人体自身合成,每日从食物中摄取200 mg胆固醇(相当于1个鸡蛋中的胆固醇含量或3~4个鸡蛋的胆固醇吸收量),即可满足人体需要。胆固醇的吸收率只有30%,随着食物胆固醇含量的增加,吸收率会下降。专家建议胆固醇每日摄入量为50~300 mg。

3.磷脂

磷脂也称磷脂类、磷脂质,是含有磷酸的脂类。磷脂在动物的脑、神经和肝脏中含量很高。重要的磷脂是卵磷脂,可促进脂类代谢,保护心血管健康。

磷脂是组成生物膜的主要成分,分为甘油磷脂与鞘磷脂两大类,分别由甘油和鞘氨醇构成。磷脂为两性分子,一端为亲水的含氮或磷的头,另一端为疏水(亲油)的长烃基链。因此,磷脂分子亲水端相互靠近,疏水端相互靠近,常与蛋白质、糖脂、胆固醇等其他分子共同构成磷脂双分子层,即细胞膜的结构。

磷脂几乎存在于所有机体细胞中,在动植物体重要组织中都含有较多磷脂。动物磷脂主要来源于蛋黄、牛奶、动物体脑组织、肝脏、肾脏及肌肉组织部分。植物磷脂主要存在于油料种子,且大部分存在于胶体相内,并与蛋白质、糖类、脂肪酸、维生素等物质以结合状态存在,是一类重要的油脂伴随物。大豆磷脂是植物磷脂的重要来源。

(二)脂类的生理功能

脂类中最重要的是脂肪,脂肪的生理功能如下。

1.供给和储存能量

这是脂肪的主要功能。脂肪的能量系数远高于碳水化合物和蛋白质,当机体摄入过量的碳水化合物和蛋白质时,会将其转变为脂肪储存在体内。体内储存的脂肪是人体能量的储备库,当人体能量不足时,可通过脂肪代谢供给机体能量而保护蛋白质。

2.人体组织的重要组成成分 人体内的脂肪广泛存在于各种组织中,如皮下、肠系膜等,其会随着体力活动和营养状况而发生变化,称动脂,也称储存脂。类脂形成细胞的重要结构,主要为细胞膜和细胞器膜,含量固定,称定脂。

3.提供必需脂肪酸和脂溶性维生素

必需脂肪酸是人体不能合成而必须从食物中获取的脂肪酸,为不饱和ω-6系列亚油酸和ω-3系列α-亚麻酸。必需脂肪酸是人体内生物膜结构的主要成分,参与脂肪、固醇类物质的代谢,参与合成磷脂和前列腺素,维持正常的视觉功能,还可保护皮肤免受放射性伤害。脂肪作为脂溶性维生素的溶剂,可为人体提供各类脂溶性维生素。

4.维持体温

皮下脂肪可隔绝热量散失,维持人体恒定体温。

5.保护内脏,润滑皮肤

人体脏器之间的脂肪可支撑和润滑脏器,保护脏器免受外部力量的伤害和摩擦受伤,皮下脂肪使皮肤富有弹性,皮脂腺分泌的皮脂可润滑皮肤,使皮肤嫩滑。

6.改善食物性状,增加饱腹感

脂肪在烹调过程中可赋予食物特殊的风味,改善食物色、香、味、形,增加食欲。同时脂肪类食物可减慢胃排空速度,增加饱腹感。

（三）脂类与美容

1.脂类维持正常的代谢,促进人体健康

脂类物质在人体代谢过程中发挥着重要作用,磷脂和胆固醇是形成细胞膜的重要成分,可维持细胞的正常结构,防止损伤,可保持正常的激素水平,调节人体代谢,可在饥饿时供给能量,防止蛋白质过度消耗。

2.脂类物质促进皮肤结构完整,使皮肤更细腻

充足的脂类可保持皮肤正常的结构和功能,可润泽皮肤与毛发,使皮肤保持弹性和光滑、细腻,有光泽。脂肪可延缓皮肤衰老,防止皱纹出现。

（四）脂类需要量及食物来源

中国营养学会推荐,正常成年人脂肪需要量应为总能量摄入量的20%～30%,其中必需脂肪酸亚油酸的适宜摄入量为总能量的4%,α-亚麻酸适宜摄入量为总能量的0.6%。

脂类主要来源于动物性食物及其制品,如肉类、奶类、蛋类。植物类食物的种子,特别是含油种子,如大豆、油菜籽、花生等含有大量的油脂,是优质的脂肪。

知识链接

反式脂肪酸

天然的脂肪酸绝大多数为顺式脂肪酸,反式脂肪酸主要来自氢化油,如氢化油脂、人造黄油、起酥油。从我国人群中反式脂肪酸摄入来源看,加工食品占71%,如人造黄油蛋糕、含植脂末的奶茶、饼干、油炸食品等,天然食品占29%,如奶类。

研究表明，反式脂肪酸摄入过多会使低密度脂蛋白增加、高密度脂蛋白减少，从而增加动脉粥样硬化和冠心病的风险，同时，反式脂肪酸可干扰必需脂肪酸的代谢，可能影响儿童的生长发育及神经系统健康。因此，中国营养学会建议我国2岁以上儿童和成年人膳食中来源于食品工业加工产生的反式脂肪酸不应超过膳食总能量的1%，大约为2g。

三、碳水化合物

碳水化合物又称为糖类，由碳、氢、氧3种元素组成，是人体获得能量最经济也是最主要的来源。

（一）碳水化合物的分类

碳水化合物根据其分子组成可分为糖、寡糖与多糖，其中糖又可分为单糖、双糖与糖醇；根据其可消化利用程度可分为可消化碳水化合物与膳食纤维。可消化碳水化合物包括糖、淀粉。

1. 糖

（1）单糖：由3~6个碳原子组成的不能再水解的多羟基醛或多羟基酮，是最简单的碳水化合物。在营养学上重要的单糖有葡萄糖、果糖、半乳糖。葡萄糖是机体内主要的供能物质，人体内绝大多数细胞、组织均依靠葡萄糖供能。果糖是最甜的天然糖，果糖代谢不依赖胰岛素，在体内被肝脏转化利用。半乳糖是乳糖的重要成分，食物中几乎不单独存在，在体内被肝脏转化后利用。

（2）双糖：由2个相同或不同的单糖分子脱水后形成，营养学上常见的有蔗糖、乳糖、麦芽糖。蔗糖由一分子果糖和一分子葡萄糖结合而成，乳糖由一分子葡萄糖和一分子半乳糖结合而成，而麦芽糖由两分子葡萄糖结合而成。

（3）糖醇：可看作是简单糖氢化的产物，可替代简单糖作为甜味剂使用。重要的糖醇有木糖醇、山梨糖醇。

2. 寡糖

由2~10个单糖分子脱水而形成的低聚糖称作寡糖。一般不能被人体吸收利用，但可被人体肠道微生物利用而保持肠道菌群的数量，有益于肠道微生物的生长，维持肠道的正常功能。豆类、蔬菜、水果中均含有少量的寡糖，重要的寡糖有棉籽糖、水苏糖、低聚果糖等。

3. 多糖

由10个或以上的单糖分子脱水而形成的大分子糖类，一般不溶于水，无甜味，不形成结晶。营养学上将多糖分为淀粉多糖和非淀粉多糖。

（1）淀粉多糖：包括淀粉和糖原，由葡萄糖聚合而成。淀粉是人类碳水化合物的主要来源，广泛存在于植物的种子、根茎中，为可消化的糖类，是人类主食的主要成分。糖原存在于动物体的肝脏和肌肉中，可迅速分解，供给能量，又称动物淀粉。

（2）非淀粉多糖：主要由植物细胞壁成分组成，包括纤维素、半纤维素、木质素、果胶及其他多糖（如真菌多糖、藻类多糖等）。纤维素、半纤维素、木质素、果胶即通常所说的膳食纤维,真菌多糖、藻类多糖一般有调节人体免疫功能等作用。

(二)碳水化合物的生理作用

1.提供并储存能量

膳食中的碳水化合物是人类获得能量最经济、最主要的途径,人体所需要的能量有50%～65%来自碳水化合物。肝脏分解淀粉为葡萄糖并通过血液将其运输到各器官、组织及细胞,所有细胞均可直接利用葡萄糖。人体血液中的葡萄糖称为血糖。人体必须维持一定的血糖浓度,过高与过低均对健康不利。糖原是碳水化合物在人体内的储存形式,可以迅速分解氧化而释放能量。

2.参与机体组织及重要物质构成

碳水化合物是人体组织的重要组成成分,并参与体内多种生理活动。每个细胞中均含有2%～10%的碳水化合物,主要以糖脂、糖蛋白和蛋白多糖的形式存在。糖脂是细胞和神经组织的重要成分,糖蛋白是酶、抗体、激素的组成成分,组成遗传物质的DNA和RNA中均含有五碳糖。

3.蛋白质节约作用

人体内碳水化合物充足时,机体供能由碳水化合物供应,不会消耗其他能量物质。当机体内碳水化合物不足时,机体为了满足生理需要,会通过糖异生的方式生产葡萄糖,而糖异生消耗的物质是蛋白质,从而使得蛋白质的消耗增加。由于糖充足而免于额外消耗蛋白质称蛋白质节约作用。

4.抗生酮作用

脂肪在分解代谢过程中会产生大量的乙酰基,可与碳水化合物代谢产生的草酰乙酸结合进入三羧酸循环而被分解。体内碳水化合物不足时会导致草酰乙酸供应减少,同时,更快地动员脂肪分解,从而使得脂肪不能尽快彻底氧化而形成大量的酮体,如丙酮、乙酰乙酸等,导致血酮浓度增加,引起酮症酸中毒。充足的碳水化合物可抑制脂肪分解,减少酮体生成的效应称作抗生酮作用。

5.保肝解毒

葡萄糖可生成葡萄糖醛酸,这是一种重要的解毒剂,可与肝脏中的有毒有害物质结合而降低毒性或解毒,从而保护肝脏。

6.提供膳食纤维和活性多糖

膳食纤维主要是非淀粉多糖,其和低聚糖共同改善肠道功能,维持肠道菌群,清洁肠道,同时可增加饱腹感。其他不能被人体所消化的糖类如藻类多糖等,具有特殊的生理活性,可提高免疫力,有抗肿瘤、抗衰老、抗疲劳作用。

(三)碳水化合物与美容

1.碳水化合物可维持健康体形

碳水化合物可节约蛋白质消耗,使蛋白质发挥正常的功能。碳水化合物过量或不足会导致肥胖或消瘦。

2.碳水化合物可排毒养颜

碳水化合物通过维持肝脏解毒作用可防止毒素在体内的蓄积,膳食纤维有助于排出肠道毒素。

（四）碳水化合物需要量及食物来源

碳水化合物是我国居民主食的主要成分。正常成年人的膳食中,碳水化合物提供能量占人体需要总能量的50%～65%,膳食纤维适宜摄入量为每天25～30 g。碳水化合物主要食物来源有大米、面粉、玉米、薯类和杂粮等,加工食物如糕点、糖果、含糖饮料等。水果中含有单糖和双糖,蜂蜜中含有大量果糖。全谷类食物、蔬菜、水果中含有丰富的膳食纤维。

四、维生素

（一）概述

维生素是机体维持正常代谢和功能所必需的一类低分子有机化合物,是维持人体正常功能不可缺少的营养素,广泛参与体内物质代谢,也是影响美容保健的物质。这类物质在体内既不是构成身体组织的原料,也不是能量的来源,而是一类调节物质,在物质代谢中起重要作用。

1. 维生素的特点

维生素在体内的含量很少,但不可缺少,各种维生素的化学结构以及性质虽然不同,但有着以下共同特点。

（1）维生素一般以其本体形式或以能被机体利用的前体形式存在于天然食物中。

（2）维生素既不供给机体能量,也不参与机体构成。

（3）大多数维生素在机体内不能合成,也不能大量储存在机体中,必须由食物提供,即使有些维生素（如维生素K）能由肠道细菌合成,也不能替代从食物中获得。

（4）人体只需少量即可满足,但绝不可缺少,当体内维生素供给不足时,能引起机体代谢障碍,也会造成皮肤功能障碍。

2. 维生素的分类

迄今为止,已发现的维生素有20多种,不同维生素的功能各异,结构差异较大,根据其溶解性分为脂溶性维生素和水溶性维生素两大类,具体见表2-6。

表2-6 维生素的分类

根据溶解性不同分类	维生素	俗　　名
脂溶性维生素	维生素A	视黄醇、抗干眼病维生素
	维生素D	钙化醇、抗佝偻病维生素
	维生素E	生育酚
	维生素K	凝血维生素
水溶性维生素	维生素B_1	硫胺素、抗脚气病维生素
	维生素B_2	核黄素
	维生素B_5	维生素PP、烟酸、尼克酸
	维生素B_6	吡哆醇、抗皮炎维生素

续表

根据溶解性不同分类	维生素	俗　　名
水溶性维生素	维生素B_{12}	钴胺素、抗恶性贫血维生素
	维生素M	叶酸
	维生素H	生物素
	维生素C	抗坏血酸

(1)脂溶性维生素：不溶于水而溶于脂肪及有机溶剂(如苯、乙醚及氯仿等)的维生素，包括维生素A、维生素D、维生素E、维生素K。它们在食物中与脂类共存，其吸收与肠道中的脂类密切相关。

(2)水溶性维生素：可溶于水的维生素，包括B族维生素和维生素C。水溶性维生素在体内储存量极少，除维生素B_{12}外，均可轻易从尿中排出，大多数的水溶性维生素以辅酶的形式参与机体的物质代谢。

3.机体维生素缺乏的原因

(1)膳食供应不足：膳食维生素含量取决于食物中原有含量和加工过程的破坏和丢失，食物生产加工中很多因素都会导致维生素的破坏和丢失；同时，挑食、偏食等也会造成维生素摄取不合理，引起维生素缺乏。

(2)人体吸收利用率降低：人体的一些疾病，如慢性腹泻、消化道寄生虫病、消化液分泌减少等会使人的吸收功能减退，引起维生素缺乏。

(3)机体对维生素的需要量增加：生长发育旺盛的儿童、青少年等维生素的需要量高于一般成年人，如果按照一般要求摄入，往往会出现维生素缺乏症状。

(二)维生素A

维生素A类是指含有视黄醇结构，并具有其生物活性的一大类物质，它包括已形成的维生素A和维生素A原以及其代谢产物。机体内的维生素A活性形式有视黄醇、视黄醛、视黄酸三种。天然维生素A以游离或脂肪酸酯的形式只存在于动物性食物中，如海产鱼肝脏。植物中不含已形成的维生素A，但含有类胡萝卜素，其中部分可转化为维生素A，故称为维生素A原。主要有α-胡萝卜素、β-胡萝卜素、γ-胡萝卜素等，以β-胡萝卜素的活性最高。

1.维生素A的生理功能

(1)维持正常视觉功能：维生素A是视觉细胞内感光物质视紫红质的构成成分。当维生素A缺乏时，暗适应能力会下降。

(2)维护上皮组织细胞的健康：维生素A影响黏膜细胞中糖蛋白的生物合成，可使皮肤柔软细嫩，富于弹性。当维生素A不足或缺乏时，可导致糖蛋白合成异常，上皮基底层增生变厚，表层角化、干燥等，削弱了机体屏障作用，易致感染。

(3)促进生长发育，维持生长功能：维生素A促进蛋白质的生物合成及骨细胞的分化。

(4)增强机体免疫反应和抵抗力：维生素A通过调节细胞和体液免疫提高机体免

疫功能,该作用可能与增强巨细胞和自然杀伤细胞的活力以及改变淋巴细胞的生长或分化有关。因此,维生素A又被称为"抗感染维生素"。

(5)抗氧化作用:类胡萝卜素能捕捉自由基,提高机体抗氧化防御能力。

(6)预防肿瘤作用:维生素A及其衍生物有抑癌防癌作用。

2.维生素A的缺乏与过量

(1)缺乏:维生素A缺乏仍是许多发展中国家的一个主要公共卫生问题。维生素A缺乏的发生率相当高,在非洲和亚洲许多发展中国家的部分地区,甚至呈地方性流行。婴幼儿和儿童维生素A缺乏的发生率远高于成年人。

① 眼部症状:维生素A缺乏最早的症状是暗适应能力下降,进一步发展为夜盲症,严重者可致眼干燥症,甚至失明。儿童维生素A缺乏最重要的临床诊断体征是比奥斑,角膜两侧和结膜外侧因干燥而出现皱褶,角膜上皮堆积,形成大小不等的形状似泡沫的白斑。

② 皮肤表现:维生素A缺乏会引起机体不同组织上皮干燥、增生及角化,以至出现各种症状,如皮脂腺及汗腺角化,出现皮肤干燥,毛囊角化过度,毛囊丘疹与毛发脱落等。

③ 其他症状:食欲降低,易感染,特别是儿童、老年人容易引起呼吸道炎症,严重时可引起死亡。另外,维生素A缺乏时,血红蛋白合成代谢障碍,免疫功能低下,儿童生长发育迟缓。

(2)过量:过量摄入维生素A可引起急性、慢性及致畸毒性。急性毒性产生于一次或多次连续摄入大量的维生素A(成年人大于RNI的100倍,儿童大于RNI的20倍),其早期症状为恶心、呕吐、头痛、眩晕、视物模糊等。慢性中毒较急性中毒常见,维生素A使用剂量为其RNI的10倍以上时可发生,常见症状是头痛、食欲降低、脱发、肝大、长骨末端外周部分疼痛、肌肉疼痛和僵硬、皮肤干燥瘙痒、复视、出血、呕吐和昏迷等。维生素A摄入过量则会产生色素沉积,皮肤变黄。孕妇如长期、过量摄取维生素A,生出畸形儿的概率可能会增加。

3.维生素A与美容

维生素A被称为"健美维生素",能够维持皮肤和黏膜的完整性及弹性,使皮肤保持正常的新陈代谢;具有强化皮肤和黏膜功能的作用,可使皮肤柔软细嫩,增加皮肤光泽,去皱纹,淡化皮肤斑点,预防皮肤癌。膳食中维生素A长期缺乏或不足时,人体会出现一系列影响上皮组织正常发育的症状,表现为皮肤干燥、弹力下降、呈鳞片状、异常粗糙及皱缩等,称为毛囊角化过度病。维生素A不足时,性激素比例失调,皮肤容易长痤疮。在化妆品中加入维生素A,可使皮肤与黏膜代谢正常,阻止皮肤角化,使毛发光亮,促进毛发正常生长。

4.维生素A参考摄入量及食物来源

(1)参考摄入量:维生素A摄入量单位用视黄醇活性当量(retinol activity equivalent,RAE)来表示。

我国成年人膳食维生素A的推荐摄入量(RNI):男性770 μgRAE/d,女性660 μgRAE/d,妊娠中晚期及乳母在RNI基础上,分别再增加70 μgRAE/d、600 μgRAE/

d.可耐受最高摄入量(UL)在成年人、孕妇、乳母中均为3000 μgRAE/d。

(2)食物来源:维生素A在动物性食物中含量丰富,良好的来源是各种动物肝脏、鱼肝油、鱼卵、全奶、奶油、禽蛋等;植物性食物只能提供类胡萝卜素,类胡萝卜素主要存在于深绿色或红黄橙色的蔬菜和水果中,如西兰花、菠菜、空心菜、芹菜、胡萝卜、辣椒、芒果、杏子及柿子等。

(三)维生素D

维生素D类又称抗佝偻病维生素,是指具有钙化醇生物活性的一大类物质,以维生素D_2(麦角钙化醇)及维生素D_3(胆钙化醇)最为常见。维生素D_2是由酵母菌或麦角中的麦角固醇经日光或紫外光照射后形成的产物,能被人体吸收。维生素D_3是由储存于皮下的胆固醇衍生物(7-脱氢胆固醇),在紫外光照射下转变而成。

1.维生素D的生理功能

维生素D的主要生理功能是调节体内钙、磷代谢,促进钙、磷的吸收和利用,以构成健全的骨骼和牙齿。

(1)促进肠道对钙、磷的吸收:维生素D作用的最原始点是在肠细胞的刷状缘表面,能使钙在肠腔中进入细胞内。此外,$1,25-(OH)_2D_3$可与肠黏膜细胞中的特异受体结合,促进肠黏膜上皮细胞合成钙结合蛋白,对肠腔中的钙离子有较强的亲和力,对钙通过肠黏膜的运转有利。维生素D也能激发肠道对磷的转运过程,这种转运是独立的,与钙的转运互不影响。

(2)促进肾小管对钙、磷的重吸收:$1,25-(OH)_2D_3$对肾脏也有直接作用,能促进肾小管对钙、磷的重吸收,使钙、磷的丢失减少,促进磷的重吸收比促进钙的重吸收作用明显。

(3)调节血钙平衡:在维生素D内分泌调节系统中,主要的调节因子是$1,25-(OH)_2D_3$、甲状旁腺素、降钙素及血清钙和磷。当血钙水平降低时,甲状旁腺素水平升高,$1,25-(OH)_2D_3$增多,通过对小肠、肾、骨等器官的作用升高血钙水平;当血钙水平过高时,甲状旁腺素水平降低,降钙素分泌增加,尿中钙和磷排出增加。

(4)参与机体多种功能的调节:维生素D具有激素的功能,通过调节基因转录来调节细胞的分化、增殖和生长。近年来,大量研究发现机体低维生素D水平与高血压、部分肿瘤、糖尿病、心脑血管疾病、脂肪肝、低水平的炎症反应、自身免疫性疾病等密切相关,也与部分传染病如结核病和流感的发病相关。

2.维生素D的缺乏与过量

(1)缺乏:维生素D缺乏可导致肠道吸收钙和磷减少,肾小管对钙和磷的重吸收减少,影响骨钙化,造成骨骼和牙齿的矿物质异常。婴儿缺乏维生素D将引起佝偻病,成年人缺乏维生素D时发生骨质软化症、骨质疏松症及手足痉挛症。

① 佝偻病:维生素D缺乏时,由于骨骼不能正常钙化,易引起骨骼变软和弯曲变形,婴幼儿出现"X"形或"O"形腿;胸骨外凸("鸡胸"),肋骨与肋软骨连接处形成"肋骨串珠";囟门闭合延迟,骨盆变窄和脊柱弯曲;出牙推迟,恒齿稀疏、凹陷,容易发生龋齿。

② 骨质软化症:成年人(尤其是孕妇、乳母)和老年人在缺乏维生素D和钙、磷时

容易发生骨质软化症。主要表现为骨质软化,容易变形,孕妇骨盆变形可致难产。

③骨质疏松症:老年人由于肝肾功能减退、胃肠吸收功能欠佳、户外活动减少,体内维生素D水平常常低于年轻人。骨质疏松症及其引起的骨折是威胁老年人健康的主要因素之一。

④手足痉挛症:表现为肌肉痉挛、小腿抽筋、惊厥等。

(2)过量:过量摄入维生素D可引起维生素D过多症。维生素D的中毒剂量虽然尚未确定,但摄入过量的维生素D可能会产生副作用。维生素D的中毒症状包括食欲缺乏、体重减轻、恶心、呕吐、腹泻、头痛、多尿、烦渴、发热及血清钙、磷水平增高,以至发展成动脉、心肌、肺、肾、气管等软组织转移性钙化和肾结石,严重的维生素D中毒可导致死亡。预防维生素D中毒最有效的方法是避免滥用其膳食补充剂。

3.维生素D与美容

维生素D对皮肤与形体有较大的影响。对皮肤,$1,25\text{-}(OH)_2D_3$可促进皮肤表皮细胞的分化,对皮肤疾病具有潜在的治疗作用。维生素D能促进皮肤的新陈代谢,增强对湿疹、疥疮的抵抗力。有促进骨骼生长和牙齿发育的作用。体内维生素D缺乏时,皮肤易患渗出性疾病,对日光敏感(日晒部位发生皮炎、干燥脱屑),口唇和舌发炎,且容易破损、溃烂,使肌肉弹性减退,形成皱纹。补充维生素D可抑制皮肤红斑形成,治疗银屑病、斑秃、皮肤结核等。

4.维生素D参考摄入量及食物来源

(1)参考摄入量:中国营养学会建议,在钙、磷供给量充足的条件下,我国居民维生素D膳食营养素参考摄入量(DRI)65岁以下人群为10 μg/d,65岁及以上为15 μg/d。长期大量服用维生素D可引起中毒,为此,中国营养学会提出维生素D可耐受最高摄入量(UL)为50 μg/d。日照少的地区可适当增加,婴幼儿、孕妇和乳母可根据季节和日照情况,适量增加维生素D的供给,成年人因户外活动较多,可适当减量。

(2)食物来源:维生素D既来源于膳食,又可由皮肤合成。经常晒太阳是人体廉价获得充足有效的维生素D的最好方法,在阳光不足或空气污染严重的地区,也可采用紫外线灯做预防性照射。成年人只要经常接触阳光,一般不会发生维生素D缺乏症。

维生素D主要存在于海鱼(如沙丁鱼)、肝脏、蛋黄等动物性食物及鱼肝油制剂中,母乳及牛奶制品中维生素D含量较少。我国不少地区使用维生素A、维生素D强化牛奶,使维生素D缺乏症得到了有效的控制。

(四)维生素E

维生素E又名生育酚,是指具有α-生育酚生物活性的一类物质,包括生育酚类和三烯生育酚类两类共8种化合物,即α-生育酚、β-生育酚、γ-生育酚、δ-生育酚和α-三烯生育酚、β-三烯生育酚、γ-三烯生育酚、δ-三烯生育酚,其中α-生育酚的生物活性最高,故通常以α-生育酚作为维生素E的代表进行研究。维生素E常用作抗氧化剂,其本身为淡黄色油状物,对热、光不敏感,在碱性环境中较稳定,在一般烹调过程中损失不大,但在高温中,如油炸时,由于氧的存在和油脂的氧化酸败,维生素E的活性明显下降。

1. 维生素E的生理功能

(1) 抗氧化作用：维生素E是氧自由基的清除剂，它与其他抗氧化物质以及抗氧化酶一起构成体内抗氧化系统，保护生物膜及其他蛋白质免受自由基攻击。

(2) 预防衰老：维生素E可消除脂褐素在细胞中的沉积，改善细胞的正常功能，减慢组织细胞的衰老过程；可改善皮肤弹性，使性腺萎缩减轻，提高免疫力，延缓皮肤衰老。

(3) 维持正常生殖功能：维生素E能促进性激素分泌，使男子精子活力和数量增加；使女子雌性激素浓度增高，提高生育能力，预防流产。维生素E缺乏时可出现睾丸萎缩和上皮细胞变性、孕育异常。临床上常用维生素E治疗先兆流产和习惯性流产。

(4) 调节血小板的黏附力和聚集作用：维生素E可抑制磷脂酶A2的活性，减少血小板血栓素A2的释放，从而抑制血小板的聚集。

(5) 维持正常的免疫功能：维生素E对维持正常的免疫功能，特别是对T细胞的功能有很重要的作用。

(6) 对眼睛的影响：维生素E可抑制眼睛晶状体内的过氧化脂反应，使末梢血管扩张，改善血液循环，预防近视的发生和发展。

(7) 其他：维生素E可抑制体内胆固醇合成限速酶的活性，从而降低血浆胆固醇水平；维生素E还可抑制肿瘤细胞的生长和增殖，其作用机制可能和抑制细胞分化、与生长密切相关的蛋白激酶的活性有关。

2. 维生素E的缺乏与过量

(1) 缺乏：维生素E缺乏在成年人中较为少见，但可出现在低体重的早产儿，以及血β-脂蛋白缺乏症、脂肪吸收障碍的患者中。缺乏维生素E时，可出现视网膜退行性病变、溶血性贫血、肌无力、神经退行性病变、小脑共济失调等。维生素E缺乏引起神经-肌肉组织抗氧化能力减弱，机体产生的自由基会引起生物膜脂质过氧化，破坏细胞膜的结构和功能，形成脂褐素，还会使蛋白质变形，酶和激素失活，免疫力下降，代谢失常，促使机体衰老。

(2) 过量：摄入大剂量维生素E(400~3200 mg/d)有可能出现肌无力、视物模糊、复视、恶心、腹泻等中毒症状，以及维生素K的吸收和利用障碍，从而导致明显的出血。

3. 维生素E与美容

维生素E被人们誉为"抗衰老维生素"，对保持皮肤代谢、防止皮肤衰老有着至关重要的作用。维生素E具有抗氧化作用，能抑制脂质过氧化反应，减少脂质产生和沉积，促进人体细胞的再生与活力，延长细胞分裂周期，推迟细胞的老化过程，延缓衰老。维生素E能保护皮脂、细胞膜蛋白质及皮肤中的水分，使皮肤细嫩光洁，富有弹性，减少面部皱纹，洁白皮肤，防治痤疮。维生素E具有维持结缔组织弹性、促进血液循环的作用，使皮肤有丰富的营养供应，对皮肤中的胶原纤维和弹力纤维有"滋润"作用，从而改善和维护皮肤弹性。在化妆品或外用制剂中加入维生素E，可增进皮肤的弹性，对消除面部皱纹和色素沉着斑、延缓皮肤的衰老具有良好作用。维生素E具有扩张末梢血管、改善血管微循环的作用，能促进营养成分的输送以及体内"代谢垃圾"

的排泄,从而有利于"斑"的祛除。维生素E可改善头发毛囊的微循环,保证毛囊有充分的营养供应,使头发再生。此外,维生素E可与维生素C起协同作用,保证皮肤的健康,使皮肤感染减少。

4. 维生素E参考摄入量及食物来源

(1)参考摄入量:维生素E的活性可用α-生育酚当量(α-TE)来表示。中国营养学会建议,我国成年人(包括孕妇)的维生素E适宜摄入量(AI)是 14 mg α-TE/d,乳母为 17 mg α-TE/d。成年人(包括孕妇、乳母)维生素E的可耐受最高摄入量(UL)为 700 mg α-TE/d。

(2)食物来源:维生素E含量丰富的食物有植物油、坚果、种子类、豆类及其他谷类胚芽;蛋类、肉类、鱼类、水果及蔬菜中含量甚少。

(五)维生素B_1

维生素B_1也称抗脚气病因子和抗神经炎因子,由含氨基的嘧啶环和含硫的噻唑环通过亚甲基桥相连而成,因分子中含有"硫"和"氨",故又称硫胺素。维生素B_1极易溶于水,微溶于酒精,不溶于其他有机溶剂,对热较稳定,在一般烹调温度下损失不大,遇碱则易被破坏。

1. 维生素B_1的生理功能

(1)构成辅酶,维持体内正常代谢:以焦磷酸硫胺素(TPP)辅酶形式发挥生理功能,参与体内糖代谢。

(2)维持神经、肌肉特别是心肌的正常功能。

(3)维持正常食欲,促进胃肠蠕动和消化液分泌,临床上作为辅助消化药使用。

2. 维生素B_1的缺乏与过量

(1)缺乏:维生素B_1缺乏症又称脚气病,主要损害神经-血管系统,多发生在以加工精细的米面为主食的人群。临床上根据年龄差异将脚气病分为成年人脚气病和婴儿脚气病。

①成年人脚气病:早期症状较轻,主要表现有疲乏、淡漠、食欲差、恶心、忧郁、急躁、沮丧、腿沉重麻木和心电图异常。症状特点和严重程度与维生素B_1缺乏程度、发病急缓等有关,一般将其分成三型:干性脚气病、湿性脚气病、混合型脚气病。

a. 干性脚气病:以多发性周围神经炎症为主,出现上行性周围神经炎,表现为指(趾)端麻木、肌肉酸痛、压痛,尤以腓肠肌为甚,跟腱及膝反射异常。

b. 湿性脚气病:多以水肿和心脏症状为主。由于心血管系统功能障碍,出现水肿,右心室可扩大,出现心悸、气短、心动过速,如处理不及时,常致心力衰竭。

c. 混合型脚气病:其特征是既有神经炎,又有心力衰竭和水肿表现。

②婴儿脚气病:多发生于 2~5 月龄的婴儿,多由乳母缺乏维生素B_1所致。其发病突然,病情急,初期食欲缺乏、呕吐、兴奋和心跳快,呼吸急促和困难;晚期有发绀、水肿、心脏扩大、心力衰竭和强直性痉挛,常在症状出现后的 1~2 天突然死亡。

(2)过量:维生素B_1一般不会引起过量中毒,短时间服用超过推荐摄入量(RNI)100倍以上的剂量时有可能出现头痛、惊厥和心律失常等。

3. 维生素B_1与美容

维生素B_1能促进皮肤的新陈代谢,使血液循环畅通,因而被称为"美容维生素";能促进胃肠功能,可增进食欲、促进消化、防止肥胖;能润泽皮肤、舒展皮肤皱纹和防止皮肤老化,对身体消瘦者可促使肌肤丰满;可参与糖的代谢,维持神经、心脏与消化系统的正常功能,从而帮助皮肤保持青春美丽、减少炎症的发生。维生素B_1不足时,会引起心脏功能衰弱,使体内水分的代谢发生障碍而导致水肿,使皮肤变黄且易过敏和破损;缺乏维生素B_1容易使皮肤过早衰老、产生皱纹。

4. 维生素B_1参考摄入量及食物来源

(1)参考摄入量:人体对维生素B_1的需要量与体内能量代谢密切相关,一般维生素B_1的参考摄入量应按照总能量需要量进行推算。目前我国成年人维生素B_1平均需要量男性为1.2 mg/kcal,女性为1.0 mg/kcal。中国营养学会推荐,膳食维生素B_1的RNI:成年男性为1.4 mg/d,女性为1.2 mg/d。

(2)食物来源:维生素B_1广泛存在于天然食物中,含量丰富的食物有谷类、豆类及干果类。动物内脏(肝、心、肾)、瘦肉、禽蛋中含量也较多。日常膳食中维生素B_1主要来自谷类食物,多存在于表皮和胚芽中,如米、面碾磨过于精细可造成维生素B_1大量损失。

(六)维生素B_2

维生素B_2又称核黄素,是具有一个核糖醇侧链的异咯嗪类衍生物。维生素B_2为黄色粉末状结晶,在酸性及中性环境中对热稳定,在碱性环境中易被热和紫外线破坏。维生素B_2对光敏感,受光作用时,容易失去生理效能。为了避免食物中维生素B_2的损失,应尽量避免在阳光下暴露。

1. 维生素B_2的生理功能

维生素B_2以黄素单核苷酸(FMN)和黄素腺嘌呤二核苷酸(FAD)辅酶形式参与许多代谢的氧化还原反应。

(1)参与体内生物氧化与能量代谢:维生素B_2在体内以FMN和FAD的形式与特定蛋白结合形成黄素蛋白,通过三羧酸循环中的一些酶及呼吸链参与体内氧化还原反应与能量代谢,从而维持蛋白质、脂肪和碳水化合物的正常代谢,促进正常的生长发育,维护皮肤和黏膜的完整性。

(2)参与烟酸和维生素B_6的代谢:FAD和FMN分别作为辅酶参与色氨酸转变为烟酸和维生素B_6转变为磷酸吡哆醛的反应。

(3)FAD作为谷胱甘肽还原酶的辅酶,参与体内抗氧化防御功能,维持还原型谷胱甘肽的浓度。

(4)与细胞色素P450结合,参与药物代谢,提高机体对环境应激适应能力。

(5)与机体铁的吸收、储存有关。

2. 维生素B_2的缺乏与过量

(1)缺乏:维生素B_2缺乏的主要临床表现为眼、口腔和皮肤的炎症反应。缺乏早期表现为疲倦、乏力、口腔疼痛,眼睛出现瘙痒、烧灼感,继而出现口腔和阴囊病变,包括唇炎、口角炎、舌炎、皮炎、阴囊皮炎以及角膜血管增生等。

① 眼:眼球结膜充血,角膜周围血管增生,角膜与结膜相连处有时出现水疱。表现为睑缘炎、畏光、视物模糊和流泪等,严重时角膜下部有溃疡。

② 口腔:口角湿白、裂隙、疼痛和溃疡(口角炎);嘴唇疼痛、肿胀、裂隙、溃疡以及色素沉着(唇炎);舌疼痛、肿胀、红斑及舌乳头萎缩(舌炎),典型者全舌呈紫红色或红紫相间,出现中央红斑,边缘界线清楚,如地图样变化(地图舌)。

③ 皮肤:脂溢性皮炎,常见于皮脂分泌旺盛部位,如鼻唇沟、下颌、眼外及耳后、乳房下、腋下、腹股沟等处。患处皮肤皮脂增多,有轻度红斑,有脂状黄色鳞片。

④ 维生素 B_2 缺乏常伴有其他营养素缺乏,如影响烟酸和维生素 B_6 的代谢;干扰体内铁的吸收、储存及动员,致使储存铁量下降,严重时可造成缺铁性贫血。维生素 B_2 缺乏还会影响生长发育,妊娠期缺乏可导致胎儿骨骼畸形。

(2)过量:一般不会引起过量中毒。

3. 维生素 B_2 与美容

维生素 B_2 常有"抗皮炎维生素"之称,参与体内许多氧化还原反应,能促进皮肤新陈代谢和血液循环。维生素 B_2 有保持皮肤健美,使皮肤皱纹变浅,消除皮肤斑点及防治末梢神经炎的作用。维生素 B_2 是皮肤必不可少的营养素,供给不足时,可引起皮肤粗糙、皱纹形成、脱屑及色素沉着等症状,影响皮肤的平滑、光泽;还可导致脂溢性皮炎。维生素 B_2 能够帮助皮肤抵抗日光的损害,促进细胞再生,机体缺乏维生素 B_2 时,皮肤对日光比较敏感,容易出现光化性皮炎。

4. 维生素 B_2 参考摄入量及食物来源

(1)参考摄入量:中国营养学会推荐膳食维生素 B_2 的RNI:成年男性为1.4 mg/d,成年女性为1.2 mg/d。

(2)食物来源:维生素 B_2 广泛存在于动植物性食物中,其中动物肝脏、肾脏、心脏、乳汁及蛋类含量尤为丰富;植物性食物以绿色蔬菜、豆类含量较高,而谷类含量较少。维生素 B_2 是一种比较容易缺乏的维生素。特别是膳食中动物内脏、蛋类、奶类较少时,必须设法加以补充。应根据维生素 B_2 的化学性质,采取各种措施,尽量减少其在食物加工、烹调、储存中的损失。

(七)烟酸

烟酸又名维生素PP、抗癞皮病因子、维生素 B_3 等,其氨基化合物为烟酰胺,二者都是吡啶衍生物。烟酸、烟酰胺均溶于水和酒精,性质较稳定,酸、碱、氧、光或加热条件下不易破坏,一般加工烹调损失很小,但会随水流失。

1. 烟酸的生理功能

(1)参与体内物质和能量代谢:烟酸在体内以烟酰胺的形式构成辅酶Ⅰ和辅酶Ⅱ,这两种辅酶结构中的烟酰胺部分具有可逆的加氢和脱氢特性,在细胞生物氧化过程中起着传递氢的作用。

(2)参与体内核酸的合成:葡萄糖通过磷酸戊糖代谢途径可产生5-磷酸核糖,这是体内产生核糖的主要途径,核糖是合成核酸的重要原料。而烟酸构成的辅酶Ⅰ和辅酶Ⅱ是葡萄糖磷酸戊糖代谢途径第一步生化反应中氢的传递者。

(3)降低血胆固醇水平,保护心血管:每天摄入1~2 g烟酸,可降低血胆固醇水平。烟酸有较强的扩张周围血管作用,临床用于治疗偏头痛、耳鸣、内耳眩晕症等。

(4)葡萄糖耐量因子的组成成分:葡萄糖耐量因子是由三价铬、烟酸、谷胱甘肽组成的一种复合体,可能是胰岛素的辅助因子,有提高葡萄糖的利用率及促进葡萄糖转化为脂肪的作用。

2.烟酸的缺乏与过量

(1)缺乏:当烟酸缺乏时,体内辅酶Ⅰ和辅酶Ⅱ合成受阻,导致某些生理氧化过程发生障碍,即出现烟酸缺乏症——癞皮病。其典型症状是皮炎、腹泻和痴呆,即所谓"三D"症状。

① 前驱症状:体重减轻、疲劳乏力、记忆力差、失眠等,如不及时治疗,则可出现皮炎、腹泻和痴呆。

② 皮肤症状:皮炎多发生在身体暴露部位,如面颊、手背和足背,呈对称性。患处皮肤与健康皮肤有明显界线,多呈日晒斑样改变,皮肤变为红棕色,表皮粗糙、脱屑、色素沉着,颈部皮炎较常见。

③ 消化系统症状:主要有口角炎、舌炎、腹泻等,腹泻是本病的典型症状,早期多有便秘症状,其后由于消化腺体的萎缩及肠炎的发生常有腹泻,次数不等。

④ 神经系统症状:初期很少出现,至皮肤和消化系统症状明显时出现,表现为抑郁、忧虑、记忆力减退、情感淡漠和痴呆,有的可出现躁狂和幻觉,同时伴有肌肉震颤、腱反射亢进或消失。

(2)过量:过量摄入烟酸的副作用主要表现为皮肤发红、眼部不适、恶心、呕吐、高尿酸血症和糖耐量异常等,长期大量摄入,日服用量超过 3 g/d 可对肝脏造成损害。

3.烟酸与美容

烟酸可以抑制皮肤黑色素的形成,防止皮肤粗糙,有利于受伤害的细胞或皮肤复原;对维持正常组织,尤其是皮肤、消化系统、神经系统的完整性具有重要作用。烟酸的氨基化合物为烟酰胺。烟酰胺是皮肤保养成分,具有以下美容功效。

(1)有效改善皮肤暗黄,提亮肤色:烟酰胺可改善皮肤暗黄,减少色素沉着,使皮肤变得通透且富有光泽。

(2)烟酰胺具有抗糖基化作用:减少衰老皮肤的发黄,减轻面部菜色,改善肤质,预防衰老。

(3)改善毛孔增大:烟酰胺可以减少皮脂中脂肪酸与甘油三酯的产生,从而收缩毛孔。

(4)补水锁水,提亮肤色,改善皮肤干燥情况:烟酰胺通过增加角质层中神经酰胺含量而增强皮肤屏障功能,减少皮肤水分流失。

4.烟酸参考摄入量及食物来源

(1)参考摄入量:烟酸的参考摄入量应考虑能量的消耗和蛋白质的摄入情况。烟酸除了直接从食物中摄取外,还可在体内由色氨酸转化而来,平均约 60 mg 色氨酸可转化为 1 mg 烟酸。因此,膳食中烟酸的参考摄入量应以烟酸当量(NE)表示。

$$烟酸当量(mg\ NE) = 烟酸(mg) + 1/60 色氨酸(mg)$$

中国营养学会推荐,膳食烟酸的RNI:成年男性为 15 mgNE/d,女性为 12 mgNE/

d,UL 为 35 mgNE/d。

(2)食物来源:烟酸及烟酰胺广泛存在于食物中。植物性食物中存在的主要是烟酸,动物性食物中则以烟酰胺为主。烟酸和烟酰胺在肝、肾、瘦畜肉、鱼以及坚果中含量丰富;乳、蛋中的含量虽然不高,但色氨酸较多,可转化为烟酸。玉米的烟酸含量并不低,甚至高于小麦粉,但以玉米为主食的人群容易发生癞皮病,其原因有二:一是玉米中的烟酸为结合型,不能被人体吸收利用;二是色氨酸含量低。

(八)叶酸

叶酸最初是从菠菜叶子中分离提取出来的,因而得名,也被称为维生素 B_9、维生素 M,其化学名称是蝶酰谷氨酸,由蝶啶、对氨基苯甲酸和谷氨酸结合而成。叶酸为淡黄色结晶状粉末,不溶于冷水,稍溶于热水,其钠盐易溶于水,不溶于酒精、乙醚及其他有机溶剂。在酸性溶液中对热不稳定,在碱性或中性溶液中对热稳定,易被酸和光破坏;在室温下储存的食物很容易损失其所含的叶酸。

1. 叶酸的生理功能

天然存在的叶酸大多是还原形式的叶酸,即二氢叶酸和四氢叶酸,但只有四氢叶酸才具有生理功能。四氢叶酸的重要生理功能是作为一碳单位的载体参与代谢,对细胞的分裂生长及核酸、氨基酸、蛋白质的合成起着重要的作用。

(1)作为体内生化反应中一碳单位转移酶系的辅酶,起着一碳单位传递体的作用。

(2)携带"一碳基团"(甲酰基、亚甲基及甲基等)参与嘌呤和嘧啶核苷酸的合成,在细胞分裂和增殖中发挥作用。

(3)参与氨基酸代谢,在甘氨酸与丝氨酸、组氨酸和谷氨酸、同型半胱氨酸与蛋氨酸之间的相互转化过程中充当一碳单位的载体。

(4)参与血红蛋白及甲基化合物如肾上腺素、胆碱、肌酸等的合成。

2. 叶酸的缺乏与过量

(1)缺乏:叶酸缺乏主要表现有如下几点。

① 巨幼红细胞贫血:叶酸缺乏时,脱氧胸腺嘧啶核苷酸、嘌呤核苷酸的形式及氨基酸的互变受阻,细胞内 DNA 合成减少,细胞的分裂成熟发生障碍,引起巨幼红细胞贫血。其症状为头晕、乏力、精神萎靡、面色苍白,并可出现舌炎、食欲下降以及腹泻等消化系统症状。

② 对孕妇和胎儿的影响:叶酸缺乏还可使孕妇先兆子痫和胎盘早剥的发生率增高,胎盘发育不良,导致自发性流产,叶酸缺乏尤其是巨幼红细胞贫血孕妇,易出现胎儿宫内发育迟缓、早产和新生儿低出生体重。孕早期叶酸缺乏可引起胎儿神经管畸形,主要表现为脊柱裂和无脑畸形等中枢神经系统发育异常。

③ 高同型半胱氨酸血症:膳食中缺乏叶酸会使同型半胱氨酸向胱氨酸转化受阻,从而使血中同型半胱氨酸水平升高,形成高同型半胱氨酸血症。高浓度同型半胱氨酸是动脉硬化和心血管疾病发病的一个独立危险因素。

(2)过量:大剂量服用叶酸亦可产生副作用,表现为影响锌的吸收而导致锌缺乏,使胎儿发育迟缓,低出生体重概率增高;干扰抗惊厥药物的作用而诱发患者惊厥;掩盖维生素B_2缺乏的症状,干扰其诊断。

3. 叶酸与美容

叶酸有造血功能,与核酸、血红蛋白的生物合成有密切关系,可促进红细胞形成。缺乏叶酸时,红细胞的发育成熟发生障碍,造成巨幼红细胞贫血,其表现为面色苍白,精神状态欠佳。

4. 叶酸参考摄入量及食物来源

(1)参考摄入量:叶酸的摄入量应以膳食叶酸当量(dietary folate equivalent,DFE)表示,食物叶酸的生物利用率为50%,而叶酸补充剂与膳食混合时的生物利用率为85%,比单纯来源于食物的叶酸的生物利用率高1.7倍,所以膳食叶酸当量的计算公式为:

$$DFE(\mu g)=膳食叶酸(\mu g)+1.7\times 叶酸补充剂(\mu g)$$

《中国居民膳食营养素参考摄入量(2023版)》成年人膳食叶酸的RNI为400 μgDFE/d,孕妇为600 μgDFE/d,乳母为550 μg DFE/d。叶酸的UL为1000 μgDFE/d。

(2)食物来源:叶酸广泛存在于动植物性食物中,其良好的食物来源有肝脏、肾脏、蛋、梨、蚕豆、芹菜、花椰菜、莴苣、柑橘、香蕉及坚果类。天然食物中的叶酸经过烹调加工可损失50%～90%,合成叶酸的稳定性好,室温下保存6个月仅有少量分解。

(九)维生素C

维生素C又称抗坏血酸,是一种含有6个碳原子的酸性多羟基化合物,是一种水溶性维生素。天然存在的维生素C有L型和D型两种形式,其中L型有生物活性,D型无生物活性。维生素C为无色无臭的片状晶体,易溶于水,稍溶于丙酮与低级醇类,不溶于脂溶性溶剂。维生素C是一种强还原剂,有较强的抗氧化活性。结晶维生素C稳定,其水溶液极易氧化,空气、热、光、碱性物质、氧化酶及微量铜、铁等重金属离子可促进其氧化。

1. 维生素C的生理功能

(1)抗氧化作用:维生素C是机体内一种很强的抗氧化剂,可直接与氧化剂作用,使氧化型谷胱甘肽还原为还原型谷胱甘肽,从而发挥抗氧化作用。

(2)参与羟化反应,促进胶原组织合成:羟化反应是体内许多重要物质合成或分解的必要步骤,在羟化过程中,必须有维生素C参与。故维生素C可促进胶原组织合成;促进神经递质合成;促进类固醇羟化;促进有机物或毒物羟化解毒。

(3)还原作用:维生素C可以氧化型或还原型存在于体内,所以可作为供氢体,又可作为受氢体,在体内氧化还原过程中发挥重要作用。维生素C可促进抗体形成;能使三价铁还原为二价铁,从而促进铁的吸收及造血功能,增强皮肤光泽;促进四氢叶酸形成;维持巯基酶的活性。

(4)预防癌症:维生素C可以阻断致癌物N-亚硝基化合物合成,预防癌症。

(5)解毒作用:体内补充大量的维生素C后,可以缓解铅、汞、镉、砷等重金属对机体的毒害作用。

(6)清除自由基:维生素C是一种重要的自由基清除剂,它通过逐级供给电子而变成三脱氢抗坏血酸和脱氢抗坏血酸,以清除$O_2·$和$·OH$等自由基,发挥抗衰老作用。

(7)促进类固醇的代谢:维生素C参与类固醇的羟基化反应,促进代谢进行,如由胆固醇转变成胆酸、皮质激素及性激素,使血清胆固醇水平降低,预防动脉粥样硬化。

(8)保护皮肤:维生素C能抑制皮肤内多巴胺的氧化作用,使皮肤内深色氧化型色素还原成浅色,从而抑制黑色素的沉积,可防止黄褐斑、雀斑发生。

2.维生素C的缺乏与过量

(1)缺乏:膳食摄入减少或机体需要增加又得不到及时补充时,可使体内维生素C储存量减少,引起缺乏。若体内储存量低于300 mg,将出现缺乏症状,主要引起坏血病。临床表现如下。

① 前驱症状:起病缓慢,一般4~7个月。患者多有全身乏力、食欲减退。成年人早期还有齿龈肿胀,间或有感染发炎。婴幼儿会出现生长迟缓、烦躁和消化不良。

② 出血:全身点状出血,起初局限于毛囊周围及齿龈等处,进一步发展可见皮下组织、肌肉、关节和腱鞘等处出血,甚至形成血肿或瘀斑。

③ 牙龈炎:牙龈可见出血、红肿,尤以牙龈尖端最为显著。

④ 骨质疏松:维生素C缺乏引起胶原蛋白合成障碍,故可致骨有机质形成不良而导致骨质疏松。

(2)过量:维生素C毒性很低。但是一次口服2~3 g时可能会出现腹泻、腹胀;患有结石的患者,长期过量摄入可能增加尿中草酸盐的排泄,增加尿路结石的风险。

3.维生素C与美容

维生素C有"美容营养素"之称,是保持肌肤健康所必不可少的营养素。维生素C可促进人体皮肤的胶原和弹性纤维的形成,保持皮肤的弹性。维生素C具有美白作用,能抑制皮肤内多巴胺的氧化作用,从而抑制黑色素的形成和慢性沉积,可防止黄褐斑、雀斑发生,使皮肤保持洁白细嫩;还能增强皮肤对日光的抵抗力,维护皮肤的白皙;并有促进伤口愈合、强健血管和骨骼的作用。

缺少维生素C可使胶原蛋白合成障碍,导致皮肤弹性降低,皮肤及黏膜干燥,皮肤出现皱纹等。另外,还容易出现紫癜、牙龈出血。因此,维生素C被广泛运用于抗老化、修护晒伤。美白产品中大多添加维生素C,以帮助肌肤抵御紫外线的侵害,避免黑斑、雀斑的产生。

4.维生素C参考摄入量及食物来源

(1)参考摄入量:膳食维生素C的RNI为100 mg/d,UL为2000 mg/d。在高温、寒冷和缺氧条件下劳动或生活的人群,经常接触铅、苯和汞的人群,某些疾病的患者,孕妇和乳母均应增加维生素C的摄入量。

(2)食物来源:维生素C主要来源于新鲜蔬菜与水果。含量较丰富的蔬菜有辣椒、西红柿、白菜及各种绿叶蔬菜等。维生素C含量较多的水果有枣、柑橘、山楂、樱桃、石榴、柠檬、柚子和草莓等,而苹果和梨含量较少。某些野菜和野果中维生素C含量尤为丰富,如苋菜、苜蓿、刺梨、沙棘等。动物内脏中也含有少量的维生素C。

五、矿物质

(一)概述

人类和自然界的所有物质一样,都是由化学元素组成的。在漫长的生物进化过程中,人体的元素组成,在质和量上基本与地球表层和生物圈的元素组成相似。存在于体内的各种元素中,除碳、氢、氧、氮主要以有机物形式存在外,其余的各种元素均统称为矿物质或无机盐。已发现有20余种元素是构成人体组织,维持生理功能、生化代谢所必需的。

1. 矿物质的分类

按照化学元素在机体内的含量多少,通常将矿物质分为常量元素和微量元素两类。

(1)常量元素:又称宏量元素,是指含量占人体0.01%以上或膳食需要量大于100 mg/d的矿物质,主要包括钙、磷、钠、钾、硫、氯、镁7种。

(2)微量元素:含量占人体0.01%以下或膳食摄入量小于100 mg/d的矿物质。其中,铁、铜、锌、硒、铬、碘、钴和钼被认为是必需微量元素,锰、硅、镍、硼、钒为可能必需微量元素。还有一些微量元素有潜在毒性,一旦摄入过量可能对人体造成病变或损伤,但在低剂量下对人体又是可能的必需微量元素,这些微量元素主要有氟、铅、镉、汞、砷、铝、锡和锂等。

2. 矿物质的特点

(1)矿物质在体内不能合成,必须通过膳食进行补充。

(2)矿物质是唯一可以通过天然水途径获取的营养素。

(3)矿物质在体内分布极不均匀:如钙和磷主要分布在骨骼和牙齿,铁分布在红细胞,碘集中在甲状腺,锌分布在肌肉组织等。

(4)矿物质之间存在协同或拮抗作用:如摄入过量铁或铜可以抑制锌的吸收和利用,而摄入过量的锌可以抑制铁的吸收,而铁可以促进氟的吸收。

(5)某些矿物质在体内的生理剂量与中毒剂量范围较窄,摄入过多易产生毒性作用。

3. 矿物质的生理功能

(1)构成机体组织的重要原料:如钙、磷、镁为组成骨骼和牙齿的成分,铁为血红蛋白的组成成分等。

(2)维持机体酸碱平衡和渗透压:矿物质可调节细胞膜的通透性,以离子形式溶解在体液中维持人体水分的正常分布、体液的酸碱平衡。

(3)维持神经肌肉的兴奋性:钙为正常神经冲动传递所必需的元素,钙、镁、钾对肌肉的收缩和舒张具有重要的调节作用。

(4)组成激素、维生素、蛋白质和多种酶类的成分和激活剂:如谷胱甘肽过氧化物酶中含硒和锌,细胞色素氧化酶中含铁等。

(二)钙

钙是人体含量最多的矿物质,占体重的1.5‰~2.0‰。其中99%以羟磷灰石的形式存在于骨骼和牙齿中;其余1%的钙分布于软组织、细胞外液和血液中,统称为混溶钙池。人体血液中的总钙浓度为2.25~2.75 mmol/L,其中46.0%为蛋白结合钙,包括白蛋白结合钙和球蛋白结合钙,6.5%为与柠檬酸或无机酸结合的复合钙,其余47.5%为离子化钙。血浆中离子化钙是生理活性形式,正常浓度为0.94~1.33 mmol/L。这部分的钙与骨骼钙维持着动态平衡,对维持体内细胞正常生理状态,调节神经、肌肉兴奋性具有重要的作用。

1. 钙的生理功能

(1)构成骨骼和牙齿的成分:人体骨骼和牙齿中无机物的主要成分是钙的磷酸盐,多以羟磷灰石[$Ca_{10}(PO_4)_6(OH)_2$]或磷酸钙[$Ca_3(PO_4)_2$]的形式存在。

(2)维持神经、肌肉的正常兴奋性:钙离子可与细胞膜的蛋白和各种阴离子基团结合,具有调节细胞受体结合、离子通透性及参与神经信号传递物质释放等作用,以维持神经肌肉的正常生理功能(包括神经肌肉的兴奋性、神经冲动的传导、心脏的搏动等)。

(3)促进细胞信息传递:钙离子作为细胞内最重要的第二信使之一,在细胞受到刺激后,细胞质内的钙离子浓度升高,引起细胞内的系列反应。

(4)促进血液凝固:凝血因子Ⅳ就是钙离子,能够促使活化的凝血因子在磷脂表面形成复合物而促进血液凝固,去除钙离子后血液即不能凝固。

(5)调节机体酶的活性:钙离子对许多参与细胞代谢的酶具有重要的调节作用。

(6)维持细胞膜的稳定性。

(7)其他功能:钙还参与激素的分泌,维持体液酸碱平衡及调节细胞的正常生理功能。

2. 钙的缺乏与过量

(1)缺乏:长期缺乏钙和维生素D可导致儿童生长发育迟缓、骨软化、骨骼变形,严重缺乏者可导致佝偻病,出现"O"形或"X"形腿、肋骨串珠、鸡胸等症状;中老年人易患骨质疏松症;钙缺乏者易患龋齿,影响牙齿质量。

(2)过量:过量摄入钙也可能产生不良作用,如高钙血症、高钙尿症、血管和软组织钙化,增加肾结石的危险性等。也有研究表明,绝经期妇女大量补充钙剂后,细胞外钙水平升高,由于雌激素水平降低,对心脑血管的保护性下降,从而增加了绝经期妇女心脑血管疾病的发生风险。

3. 钙的美容功效

钙能降低血管的渗透性和神经的敏感性,能增强皮肤对各种刺激的耐受力。低血钙可使皮肤黏膜对水的渗透性增加,导致皮肤失去弹性,患者经常出现不明原因的瘙痒、水肿和皮肤风疹块。钙是骨骼和牙齿的主要成分,若体内钙的含量不足,不但影响身体生长发育,而且会引起骨骼的病变,主要表现为儿童时期的佝偻病和老年人的骨质疏松症,不利于机体健美。

4.钙的参考摄入量及食物来源

(1)参考摄入量:我国居民膳食以谷类食物为主,蔬菜摄入量也较多。植物性食物中草酸、植酸及膳食纤维等含量较多,影响钙的吸收。中国营养学会推荐成年人膳食钙的推荐摄入量(RNI)为800 mg/d,婴幼儿、儿童、孕妇、乳母及老年人可适当增加钙的摄入量。4岁以上人群可耐受最高摄入量(UL)为2000 mg/d。

(2)食物来源:乳和乳制品钙含量丰富,且吸收利用率高,是补钙的理想来源。豆类、坚果类、绿色蔬菜也是钙的较好来源。虾皮、海带、发菜、芝麻酱等钙含量都较高。

(三)铁

铁是人体重要的必需微量元素,是活体组织的组成成分。体内铁的水平随年龄、性别、营养状况和健康状况的不同而异,人体铁缺乏仍然是世界性的主要营养问题之一。正常人体内含铁总量为4~5 g,其中72%以血红蛋白、3%以肌红蛋白形式存在,其余为储备铁。储备铁约占25%,主要以铁蛋白和含铁血黄素形式存在于肝、脾和骨髓的网状内皮系统中。

1.铁的生理功能

(1)参与体内氧的运送和组织呼吸过程:铁是血红蛋白、肌红蛋白、细胞色素以及某些呼吸酶的组成成分,在体内氧的转运和组织呼吸过程中起着十分重要的作用。

(2)维持正常的造血功能:机体中的铁大多存在于红细胞中。铁在骨髓造血组织中与卟啉结合形成高铁血红素,再与珠蛋白合成血红蛋白。缺铁可影响血红蛋白的合成,甚至影响DNA的合成及幼红细胞的增殖。

(3)参与其他重要功能:铁参与维持正常的免疫功能;可催化β-胡萝卜素转化为维生素A;促进嘌呤与胶原蛋白的合成;参与脂类在血液中转运以及药物在肝脏解毒;铁与抗脂质过氧化有关。

2.铁的缺乏与过量

(1)缺乏:长期膳食铁供给不足,可引起体内铁缺乏,严重时导致缺铁性贫血,多见于婴幼儿、孕妇及乳母。体内缺铁可分为以下三个阶段。

① 第一阶段为铁减少期,该阶段体内储存铁减少,血清铁蛋白浓度下降,无临床症状。

② 第二阶段为红细胞生成缺铁期,此时除血清铁蛋白浓度下降外,血清铁水平降低,铁结合力上升,游离原卟啉浓度上升。

③ 第三阶段为缺铁性贫血期,血红蛋白和红细胞容积比下降。患者出现面色苍白、疲劳乏力、头晕、心悸、指甲脆薄、反甲等症状。儿童青少年身体发育受阻、体力下降、易烦躁、注意力与记忆力调节过程障碍、学习能力降低、易发生感染等。孕早期贫血可导致早产、低出生体重儿及胎儿死亡。

(2)过量:铁过量会损伤肝脏,引起肝纤维化和肝细胞瘤;铁过量可使活性氧基团和自由基的产生过量,引起线粒体DNA的损伤,诱发突变,与肝脏、结肠、直肠、肺脏、食管、膀胱等多种器官的肿瘤有关;铁过量时会增加心血管疾病的风险。

3.铁的美容功效

铁是人体造血的重要原料,能促进血红蛋白、肌红蛋白的合成,使肌肤细腻、白里透红。机体缺铁会导致缺铁性贫血,面色苍白、皮肤干燥、皱缩,头发干枯、脱落,指甲缺乏光泽、变脆而易脱落,易患各种皮肤癣。

4.铁的参考摄入量及食物来源

(1)参考摄入量:混合膳食中铁的平均吸收率为10%～20%。健康的成年女性,月经期间每日约损失2 mg,故每日铁的参考摄入量应高于健康的成年男性。中国营养学会推荐成年人膳食铁的RNI为男性12 mg/d,女性18 mg/d,UL为42 mg/d。

(2)食物来源:铁广泛存在于各种食物中,但分布极不均衡,吸收率相差也极大。一般动物性食物铁的含量和吸收率均较高,因此膳食中铁的良好来源主要为动物肝脏、动物全血、畜禽肉类、鱼类。黑木耳、芝麻酱、紫菜、海带、大豆等食物中铁含量也较高。

(四)锌

成年人体内锌的含量为2～3 g,锌分布于人体所有的组织、器官、体液及分泌物。约60%存在于肌肉,30%存在于骨骼中。在细胞中,30%～40%的锌存在于细胞核中,50%存在于细胞质,其余的存在于细胞膜中。头发中含锌量可以反映膳食中锌的长期供给情况。锌对生长发育、免疫功能、物质代谢和生殖功能等均具有重要的作用。

1.锌的生理功能

(1)金属酶的组成成分或酶的激活剂:体内有多种含锌酶,其中主要的含锌酶有超氧化物歧化酶、苹果酸脱氢酶、碱性磷酸酶、乳酸脱氢酶等,这些酶在参与组织呼吸、能量代谢及抗氧化过程中发挥重要作用。锌是维持RNA多聚酶、DNA多聚酶及反转录酶等活性所必需的微量元素。

(2)促进生长发育:锌参与蛋白质合成,细胞生长、分裂和分化等过程。锌的缺乏可引起RNA、DNA及蛋白质的合成障碍,细胞分裂减少,导致生长停止。

(3)促进机体免疫功能:锌可促进淋巴细胞有丝分裂,增加T细胞的数量和活力。缺锌可引起胸腺萎缩、胸腺激素减少、T细胞功能受损及细胞介导的免疫功能的改变。

(4)维持细胞膜结构:锌可与细胞膜上各种基团、受体等作用,增强膜稳定性和抗氧自由基的能力。

(5)增进食欲:锌与唾液蛋白结合成味觉素,可增进食欲。

(6)保护皮肤:锌对皮肤和视力具有保护作用,缺锌可引起皮肤粗糙和上皮角化。

2.锌的缺乏与过量

(1)缺乏:锌缺乏主要表现为如下症状。

① 厌食、异食癖:缺锌时味蕾功能减退,味觉敏锐度降低,食欲不振,摄食量减少,甚至发生异食癖。

② 生长发育落后:缺锌妨碍核酸和蛋白质合成并致摄食量减少,影响小儿生长发育,缺锌严重者易患侏儒症。

③ 青春期性发育迟缓:如男性性功能低下,女性乳房发育及月经来潮晚。

④ 易感染:缺锌小儿细胞免疫及体液免疫功能皆可能减退,易患各种感染疾病,包括腹泻。

⑤ 皮肤黏膜表现:缺锌严重时可有各种皮疹、复发性口腔溃疡、下肢溃疡长期不

愈及程度不等的脱发等。

⑥胎儿生长发育落后、多发畸形：母体严重缺锌可致胎儿生长发育落后及各种畸形，包括神经管畸形等。

(2)过量：盲目过量补锌或食用镀锌罐头污染的食物和饮料可引起锌过量或锌中毒。过量的锌可干扰铜、铁和其他微量元素的吸收和利用，影响中性粒细胞和巨噬细胞活力，抑制细胞杀伤能力，损害免疫功能。成年人摄入4g以上锌可观察到毒性症状，引起发热、腹泻、恶心、呕吐和嗜睡等临床症状。

3.锌的美容功效

锌对皮肤、体形有美容的功效。锌可影响皮肤的光滑和弹性程度，保护皮肤的健康，人体缺锌会导致皮肤干燥、粗糙和上皮角化，使皮肤迅速出现皱纹，易生痤疮。锌慢性缺乏时，皮肤创口愈合缓慢，容易感染，形成瘢痕，影响美观；锌急性缺乏时，以皮肤症状为主，四肢末端、口腔周围、眼睑以及易受机械刺激的部位糜烂，形成水疱和脓疱，并出现毛发脱落。青少年体内缺锌会导致发育迟缓，头发发黄且稀疏。锌对第二性征体态的发育，特别是女性的"三围"有重要影响。

4.锌的参考摄入量及食物来源

(1)参考摄入量：中国营养学会建议，我国居民膳食锌的RNI：成年男性为12.0 mg/d，成年女性为8.5 mg/d，孕妇为10.5 mg/d，乳母为12.5 mg/d。建议成年人锌的UL为40 mg/d。

(2)食物来源：锌的来源较广泛，贝壳类海产品（如牡蛎、蛏干、扇贝）、红色肉类及其内脏均为锌的良好来源。蛋类、豆类、谷类胚芽、燕麦、花生等也富含锌。蔬菜及水果类锌含量较低。

（五）硒

1980年，我国学者首先提出克山病与缺硒有关，并进一步验证和肯定了硒是人体必需的微量元素。人体硒总量为14～21 mg。硒存在于所有细胞与组织器官中，在肝脏、肾脏、胰腺、心脏、脾脏、牙釉质和指甲中浓度较高，肌肉、骨骼和血液中次之，脂肪组织最低。体内大部分硒主要以硒蛋氨酸和硒半胱氨酸两种形式存在。

1.硒的生理功能

(1)抗氧化功能：硒是谷胱甘肽过氧化物酶的组成成分。谷胱甘肽过氧化物酶具有抗氧化功能，可清除体内脂质过氧化物，阻断活性氧和其他自由基对机体的损伤作用。

(2)保护心血管和心肌的健康。

(3)增强免疫功能：硒可通过上调白细胞介素-2受体表达水平提高免疫功能。

(4)有毒重金属的解毒作用：硒与重金属有较强的亲和力，能与体内重金属如汞、镉、铅等结合成重金属-硒-蛋白质复合物而起到解毒作用，并促进有毒重金属排出体外。

(5)抗肿瘤：硒具有调节癌细胞的增殖、分化及使恶性表型逆转的作用。

(6)促进生长和保护视觉器官的健全：研究发现，硒缺乏可引起生长发育迟缓及神经性视觉损害，经补硒可改善视觉功能障碍。

2.硒的缺乏与过量

(1)缺乏:缺硒可导致克山病,其主要症状有心脏扩大,心功能失代偿,发生心源性休克或心力衰竭、心律失常等。用亚硒酸钠防治克山病取得了良好的效果。大骨节病也与缺硒有关。

(2)过量:过量的硒可引起中毒,20世纪60年代,中国恩施地区水土中含硒量高,以致生长的植物含有大量硒,当时居民从膳食中平均每天摄入硒达到300 mg而发生慢性硒中毒。其中毒症状为头发和指甲脱落,皮肤损伤及神经系统异常,肢端麻木、抽搐等,严重者可致死亡。

3.硒的美容功效

硒有抗衰老作用,可使人长寿,是生长和长寿所必需的营养素;能防止皮肤老化,使之光洁明艳;能使头发富有光泽和弹性;还可保护视觉器官功能的健全,改善和提高视力,使眼睛明亮有神,预防白内障。血硒浓度降低或血谷胱甘肽过氧化物酶活性降低,可引起某些皮肤疾病,如脂溢性皮炎、白癜风。硒还可以加强维生素E的抗氧化作用,促进皮肤细胞生长,延缓皮肤衰老。缺乏硒时,皮肤皱纹增加,皮肤衰老加快。

4.硒的参考摄入量及食物来源

(1)参考摄入量:中国营养学会推荐膳食硒的RNI为60 μg/d,UL为400 μg/d。

(2)食物来源:海产品和动物内脏是硒的良好食物来源,如鱼子酱、海参、牡蛎和猪肾等。

(六)碘

碘是人体必需微量元素之一,成年人体内含碘15~20 mg,其中70%~80%存在于甲状腺组织内,其余分布在骨骼肌、肺脏、肝脏、睾丸和脑等组织中。甲状腺组织含碘量随年龄、摄入量及腺体的活动性不同而有所差异,健康成年人甲状腺组织内含碘8~15 mg,其中包括甲状腺素(T_4)、三碘甲腺原氨酸(T_3)、一碘酪氨酸(MIT)、二碘酪氨酸(DIT)以及其他碘化物。血液中含碘30~60 μg/L,主要为蛋白结合碘(PBI)。

1.碘的生理功能

碘在体内主要参与甲状腺激素的合成,其生理功能主要通过甲状腺激素的生理作用显示出来。甲状腺激素的生理功能主要有以下方面。

(1)促进生物氧化,参与磷酸化过程,调节能量转换。

(2)促进蛋白质合成和神经系统发育,对胚胎发育期和出生后早期生长发育,特别是智力发育尤为重要。

(3)促进糖和脂肪代谢,包括促进三羧酸循环和生物氧化,促进肝糖原分解和组织对糖的利用,促进脂肪分解及调节血清中胆醇和磷脂的浓度。

(4)激活体内许多重要的酶,包括细胞色素酶系、琥珀酸氧化酶系等100多种酶。

(5)调节组织中的水盐代谢,缺乏甲状腺素可引起组织水盐潴留并发黏液性水肿。

(6)促进维生素的吸收和利用,包括促进烟酸的吸收和利用以及β-胡萝卜素向维生素A的转化。

2. 碘的缺乏与过量

（1）缺乏：碘缺乏的典型症状为甲状腺肿大。孕妇严重缺碘可影响胎儿神经、肌肉的发育及引起胚胎期和围生期死亡率上升；胎儿与婴幼儿缺碘可引起生长发育迟缓、智力低下，严重者发生克汀病。为改善人群碘缺乏状况，我国于1994年开始在全国范围内实施普遍食盐加碘防治碘缺乏病策略，经多年实践已取得良好的防治效果。

（2）过量：长期摄入高碘食物可导致高碘性甲状腺肿。此外，碘过量摄入还可引起甲状腺功能亢进症（简称甲亢）、甲状腺功能减退、桥本甲状腺炎等。

3. 碘的美容功效

碘在美容方面可维护人体皮肤及头发的光泽和弹性。而缺乏碘时，皮肤干燥、不细腻，毛发零落，同时甲状腺肿大，身材矮小，第二性征发育迟缓，致女性缺乏曲线美，男性无健美的体格。

4. 碘的参考摄入量及食物来源

（1）参考摄入量：中国营养学会推荐成年人膳食碘的RNI为120 μg/d，UL为600 μg/d。

（2）食物来源：食物中碘含量随地球化学环境变化会出现较大差异，也受食物烹调加工方式的影响。海产食物含碘量丰富，是碘的良好来源，如海带、紫菜、海鱼、干贝、海菜、海参、海蜇、龙虾等。

（七）铜

成年人体内含铜量为50～120 mg，各组织器官中以肝脏、脑、肾脏、心脏和头发中含量最高，脾脏、肺脏、肌肉和骨骼次之，脑垂体、甲状腺和胸腺含量最低。

1. 铜的生理功能

（1）维持正常的造血功能：铜蓝蛋白在肝脏合成，可催化二价铁氧化成三价铁，对生成运铁蛋白、促进铁的吸收和转运具有重要作用；铜蓝蛋白还能促进血红素和血红蛋白的合成，缺铜可引起缺铁性贫血。

（2）维护中枢神经系统的完整性：神经髓鞘的形成和神经递质如儿茶酚胺的生物合成需要含铜的细胞色素氧化酶、多巴胺β-羟化酶、酪氨酸酶的参与。

（3）促进骨骼、血管和皮肤的健康：含铜的赖氨酰氧化酶能促进骨髓、皮肤和血管中胶原蛋白和弹性蛋白的交联。

（4）抗氧化作用：铜是超氧化物歧化酶的重要成分，铜为该酶的活性中心结构，该酶可保护细胞免受超氧离子引起的损伤。

（5）铜还与胆固醇代谢、心脏功能、机体免疫功能及激素分泌等有关。

2. 铜的美容功效

人体皮肤的弹性、红润与铜的作用有关，铜作为血浆铜蓝蛋白的组成成分，可促进铁的利用，增强造血功能，提高人体免疫力；铜参与胶原蛋白的形成，从而促进结缔组织的形成，保持皮肤弹性，维护皮肤的健美。

铜缺乏时，会影响相关酶的活性，出现一些神经症状；影响铁的吸收和利用，引起皮肤干燥、粗糙，失去原有的弹性和柔润，皮肤出现白斑、面色苍白、不红润等，影响皮肤的健美。

3.铜的参考摄入量及食物来源

(1)参考摄入量:结合我国居民膳食铜摄入量,中国营养学会推荐成年人膳食铜的 RNI 为 0.8 mg/d,UL 为 8 mg/kg。

(2)食物来源:铜广泛存在于各种食物中,贝类食物中铜含量较高,如海蛎、生蚝,动物肝、肾及坚果类、谷类胚芽、豆类等含铜也较丰富。植物性食物含铜量取决于生长土壤中铜的水平。一般奶类和蔬菜中铜含量较低。

六、水和膳食纤维

人类食物中除了碳水化合物、脂类、蛋白质、维生素、矿物质等营养素之外,还有2种营养素对人体非常重要——水和膳食纤维。

(一)水

水是生命之源,是除氧以外维持人体生命活动的最重要的物质,是人体需要量最大、最重要的营养成分。由于水相对容易获取,人们往往忽视它的重要性。水是机体的重要组成物质,占人体组成的50%～80%。水不仅可以作为各种物质的溶媒参与细胞代谢,而且可构成细胞赖以生存的外环境。

1.水在体内的分布

水是机体中含量最大的组成成分,同样也是维持人体正常生理活动的重要物质。人体内水的含量,因年龄、性别、体形、职业不同而不同,一般来讲,随年龄增加,水的含量降低。新生儿含水量约为体重的80%,成年男子约为60%,成年女子为50%～55%。这也就是说,体重中的60%是由水分和溶解在水分中的电解质、低分子化合物和蛋白质所组成的。当机体丢失水分达到20%的时候,就会出现生命危险。水分布于细胞、细胞外液和身体的固态支持组织中,在代谢活跃的肌肉和内脏细胞中,水的含量较高,而在不活跃的组织或稳定的支持组织中含量较低。

2.水的生理功能

(1)构成细胞和体液的重要组成成分。

(2)水参与人体新陈代谢全过程:水是良好的溶剂,营养物质的吸收、运输、代谢和废物的排出都需要溶解在水中才能进行。可以说,水是人体循环系统、消化系统、呼吸系统、泌尿系统正常工作的必要物质保证,是生命活动不可缺少的关键营养素。

(3)调节体温:水的比热容较大,如外界环境温度高,体热可随水分经皮肤蒸发散热,以维持人体体温的恒定。

(4)润滑作用:水作为关节、肌肉和脏器的润滑剂,可以减少关节或体内内脏的摩擦,防止机体损伤,水在体内还起着良好的润滑(如关节腔中的浆液)和清洁(如泪液)作用;水还可以滋润皮肤,使其柔软并有伸展性。

(5)水是食物的重要成分:水是动植物性食物的重要成分,它对食物的营养及加工性能有重要作用。水分对食物的鲜度、硬度、流动性、呈味性、保藏和加工等方面具有重要影响;在食物加工过程中,水起着膨润、浸透呈味物质的作用;水的沸点、冰点及水分活度等理化性质对食物加工有重要意义。

3. 水在人体内的平衡

(1) 水的需要量及来源:《中国居民膳食指南(2022)》中提出,足量饮水,少量多次。在温和气候条件下,低身体活动水平成年男性每天喝水 1700 mL,成年女性每天喝水 1500 mL。要维持体内的水平衡,不断的补水是必要的。体内水的来源主要有以下三个方面。

① 饮水:饮水包括喝水、乳、汤和各种饮料,是人体水的主要来源,饮水量因气温、生活习惯、工作性质和活动量而异;一般人每天至少摄取 1200 mL 的水,炎热天气、运动量大时饮水量还要增加。

② 食物中含有的水:食物水是指各种食物中所含的水,因膳食组成的差异也不尽相同。成年人一般每天从固体食物(如饭、菜、水果等)中摄取约 1000 mL 的水。

③ 代谢水:代谢水即来自体内蛋白质、脂肪、碳水化合物等在体内代谢时氧化所产生的水。每天来自机体内代谢过程的水为 200~400 mL。

(2) 水的排出:人体每日以各种方式排出机体的水分总量,合计为 2000~2500 mL。其中包括从皮肤、肺部、消化道、肾脏等器官排出的水分。

通过蒸发和汗腺分泌,每天由皮肤排出的水分,大约为 550 mL;一般状态时,由于呼吸,人体由肺部每天可以失去大约 300 mL 的水;消化道分泌的消化液在正常情况下,将会随时在小肠部位发生吸收,所以每天仅有 150 mL 的水随粪便排出;从肾脏排出的水占人体每天失水的大部分,约为 60%,肾脏的排水量不定,一般随体内水的多少而增减,从而调节机体内水的平衡,机体以尿液的形式每天通过肾脏排出 1000~2000 mL 的水。

(3) 水的缺乏和过量:水的摄入与排出须保持平衡,否则会出现水肿或脱水,在正常情况下,人体排出的水和摄入的水是平衡的,这称为"水平衡"。

① 水缺乏:水摄入不足或丢失过多,可引起机体失水。一般情况下,失水达体重的 2% 时,人体可感到口渴、食欲降低、消化功能减弱、少尿;失水达体重 10% 以上时,人体可出现烦躁,眼球内陷,皮肤失去弹性,全身无力,体温升高,脉搏增加,血压下降;失水超过 20% 时,可引起死亡。

② 水过量:水摄入量超过肾脏排出的能力时,可引起体内水过量或水中毒。这种情况多见于肾脏疾病、肝脏病、充血性心力衰竭等。正常人极少发生水中毒,但严重脱水且补水方法不当也可发生。水中毒时,临床表现为渐进性精神迟钝、恍惚、昏迷、惊厥等,严重者可引起死亡。

4. 水的美容功效

水是保持皮肤清洁、滋润、细嫩的特效而廉价的美容剂。正常人皮肤中所含水分占人体总水量的 18%~20%,因为密度小、洁净,水很容易被皮肤吸收以保持皮肤的水分。皮肤有了充分的水分,才能柔软、丰腴、润滑,富有光泽和弹性。

皮肤中的水分过度排出时,不仅会出现干燥、脱皮等现象,还会产生皱纹、暗疮或粉刺,面色也会显得苍老。水分对皮肤具有滋润作用,有助于减退色斑,增强皮肤抵抗力和免疫功能。机体排水过多和摄入水不足都会导致细胞脱水而使皮肤发生改变。水还是一种无副作用的持久的减肥剂,体内有足够水时,可减少油脂的积累,排出一些代谢废物。如体内水分不足,大肠内的水分被带走,则可造成便秘,而便秘是美容和皮肤的"大敌"。

知识链接

一天喝水时刻表

6:30　经过一整夜的睡眠,身体开始缺水,起床之际先喝250 mL的水,可帮助肾脏及肝脏解毒。别马上吃早餐,等待半小时让水融入每个细胞,进行新陈代谢后,再进食早餐。

8:00　清晨从起床到进入工作或者学习状态,时间紧凑,情绪也较紧张,身体无形中会出现脱水现象,所以这时给自己一杯至少250 mL的水,放松一下心情。

11:00　经过一上午的工作或学习,这时应补充流失的水分,喝一天中的第三杯水,同时缓解紧张情绪。

13:00　午餐半小时后,喝一些水,取代让你发胖的人工饮料,可以加强身体的消化功能。不仅对健康有益,也能助保持身材。

15:00　以一杯健康矿泉水代替下午茶与咖啡等。喝上一大杯水,除了补充流失的水分之外,还能帮助清醒头脑。

17:00　1天的工作和学习即将结束,想要运用喝水减重的,可以多喝几杯,增加饱腹感,以免晚饭时暴饮暴食。

22:00:睡前0.5~1 h再喝上一杯水,不过别一口气喝太多,以免夜间上洗手间影响睡眠质量。

(二)膳食纤维

膳食纤维是指不被肠道内消化酶消化吸收,但能被大肠内某些微生物部分酵解和利用的一类非淀粉多糖物质,包括果胶、纤维素、半纤维素和木质素等。它们虽不能被机体消化和吸收,但近年来的研究结果证明,膳食纤维在维持身体健康中有重要作用,它们对预防便秘、高脂血症、糖尿病和肥胖都有好处,是必需的营养物质之一。因此,营养学家把膳食纤维列为人类的第七类营养素。

膳食纤维可分为水溶性和非水溶性两种,纤维素、部分半纤维素和木质素是3种常见的非水溶性膳食纤维,存在于植物细胞壁中;而果胶和树胶等属于水溶性膳食纤维,存在于自然界的非纤维性物质中。

1.膳食纤维的生理功能

(1)促进肠道蠕动,预防便秘:膳食纤维可促进肠道蠕动,减少有害物质与肠壁的接触时间,使大肠内容物的体积相对增加、有利于粪便排出。此外,膳食纤维降解产生二氧化碳并使酸度增加、粪便量增加以及加速肠内容物在结肠内的转移而使粪便易于排出,从而达到预防便秘的作用。

(2)调节肠内菌群和辅助抑制肿瘤作用:膳食纤维可改善肠内菌群,使双歧杆菌等有益菌活化、繁殖,从而抑制肠内有害菌的繁殖;还能促使多种致癌物随粪便一起排出,降低大肠癌、结肠癌、乳腺癌、胃癌、食管癌等癌症的发生风险。

(3)减轻有害物质所导致的中毒和腹泻:膳食纤维可减缓许多有害物质对肠道的损害作用,从而减轻中毒程度。

(4)调节血脂:膳食纤维能结合胆固醇的代谢分解产物胆酸,会使胆固醇向胆酸转化,促进胆酸的排泄,降低血浆胆固醇及甘油三酯的水平,从而预防动脉粥样硬化和冠心病等心血管疾病的发生。

(5)调节血糖:膳食纤维中的可溶性纤维可延缓消化道对糖类的消化吸收,抑制餐后血糖的上升,改善组织对胰岛素的敏感性。

(6)控制肥胖:摄入富含膳食纤维的膳食对控制超重和肥胖有一定的作用。

2.膳食纤维的美容功效

大量的医学研究表明,膳食纤维对人的皮肤保健、美容有着特殊的生理作用。膳食纤维可维持胃肠正常活动,防止便秘,而经常便秘的人,肤色枯黄。膳食纤维可增强排泄毒素的功能,从而使皮肤润泽、减少色素沉着、美丽容颜。膳食纤维可以降低血脂和血胆固醇,从而预防皮肤病的发生。膳食纤维有解毒和促进新陈代谢的作用,有利于人体防病保健、健美肌肤。膳食纤维吸水膨胀,可减缓胃排空速率,增加饱腹感,起到减肥的作用。

3.膳食纤维的参考摄入量及食物来源

(1)参考摄入量:成年人以每天摄入25~30 g膳食纤维为宜。膳食纤维可与钙、铁、锌等结合,摄入过多会影响营养素的吸收和利用。

(2)食物来源:膳食纤维只存在于植物性食物中,不同的植物含有不同种类的膳食纤维,其含量也不一样。一般来说,越是精细加工的食物,膳食纤维的含量越低。全谷类、蔬菜、水果等富含膳食纤维,一般含量在3%以上,如麦麸、荞麦、玉米、燕麦、糙米、苹果、香蕉、圆白菜、甜菜、黄豆等。多吃粗粮和蔬菜,是满足膳食纤维需要量的重要途径。

第三节 植物化学物

案例导入

苏东坡在任杭州太守时,曾到净慈寺游玩,并拜见了寺内住持。这位住持年逾80岁,但仍鹤发童颜,精神矍铄,苏东坡感到十分惊奇,问他用何妙方可以求得延年益寿。住持微笑着对苏东坡说:"老衲每日将连皮嫩姜切片,温开水送服,已食四十余年矣。"

问题与思考:根据所学知识,分析为什么常吃生姜可延年益寿。

分析:生姜可以延年益寿,颐养天年,并不是这位住持的首创,早在春秋战国时期孔子就已认识到食用生姜具有抗衰老的功能。生姜含有姜辣素、姜精油等多种生物活性物质,能够抑制体内过氧化脂质的生成,清除氧自由基,具有降血脂、降血压、抑制血栓形成的作用,因此常吃生姜可延年益寿。

一、概述

食物中除了含有多种营养素外,还含有其他许多对人体有益的物质,这类物质不是维持机体生长发育所必需的营养物质,但在维护人体健康、调节生理功能和预防疾病方面发挥着重要的作用,被称为"食物中的生物活性成分"。来自植物性食物的生物活性成分,被称为植物化学物,是植物能量代谢过程中产生的多种中间或末端低分子量次级代谢产物,除个别是维生素的前体物(如β-胡萝卜素)外,其余均为非传统营养素成分。从广义上讲,植物化学物是生物进化过程中植物维持其与周围环境相互作用的生物活性分子,包括黄酮类化合物、酚酸、有机硫化物、萜类化合物和类胡萝卜素等。

天然存在的植物化学物种类繁多。就混合膳食而言,每人每天摄入的植物化学物约为1.5 g,而对素食者来讲可能会更高一些。植物化学物对植物本身而言具有多种功能,如保护其不受杂草、昆虫及微生物侵害;作为植物激素调节生长发育;形成色素,吸引昆虫和动物前来传粉和传播种子,从而维系植物与生态环境之间的相互作用等。与植物中的蛋白质、脂肪、碳水化合物等初级代谢产物相比,这些次级代谢产物的含量微乎其微。当我们食入植物性食物时,就会摄取到各种各样的植物化学物。早在20世纪50年代,Winter等人就提出植物次级代谢产物对人类有药理学作用,然而直到近些年来营养科学工作者才开始系统地研究植物中这些生物活性成分对机体健康的促进作用。

二、植物化学物的分类

植物化学物可按照各自的化学结构或功能特点分类。常见的有以下几类。

(一)类胡萝卜素

类胡萝卜素是水果和蔬菜中广泛存在的植物次级代谢产物,在自然界存在的700多种天然类胡萝卜素中,对人体营养有意义的有40~50种。

1. 结构与分类

类胡萝卜素是由8个异戊二烯基本单位组成的多烯链通过共轭双键构成的一类化合物,目前已从自然界中鉴定出700多种。根据其分子的组成,类胡萝卜素可分为两类,一类为不含有氧原子的碳氢族类胡萝卜素,称为胡萝卜素类;另一类为含有氧原子的类胡萝卜素,称为叶黄素类。主要的类胡萝卜素包括α-胡萝卜素、β-胡萝卜素、γ-胡萝卜素、叶黄素、玉米黄素、β-隐黄素、番茄红素等。在胡萝卜素3种异构体中,以β-异构体含量最高,α-异构体含量次之,γ-异构体含量最少。α-胡萝卜素、β-胡萝卜素、γ-胡萝卜素及β-隐黄素可分解形成维生素A,属于维生素A原,而叶黄素、玉米黄素和番茄红素则不具有维生素A原的活性。

类胡萝卜素在植物中主要存在于水果和新鲜蔬菜中,其中β-胡萝卜素和α-胡萝卜素主要来自黄橙色蔬菜和水果,β-隐黄素主要来自橙色水果,叶黄素主要来自深绿色蔬菜,番茄红素则主要来自番茄。人体每天摄入的类胡萝卜素大约为6 mg。

2. 生物学作用

(1) 抗氧化作用：类胡萝卜素能抑制脂质过氧化，减少自由基对机体的损伤，预防与氧化损伤相关的多种疾病。

(2) 抑制肿瘤作用：类胡萝卜素抑制肿瘤作用的可能机制与其抗氧化、诱导细胞间隙通信、调控细胞信号传导、抑制癌细胞增殖、诱导细胞分化及凋亡、抑制致癌物形成、调节药物代谢酶活性、增强免疫功能等有关。

(3) 增强免疫功能：类胡萝卜素能促进某些白细胞介素的产生而发挥免疫调节功能。

(4) 保护视觉功能：叶黄素是视网膜黄斑的主要色素。增加叶黄素摄入量具有明显的预防和改善老年性眼部退行性病变的作用。

(二) 多酚类化合物

多酚类化合物是所有酚类衍生物的总称，主要指酚酸和黄酮类化合物。黄酮类化合物又称生物类黄酮或类黄酮，是一类广泛分布于植物的叶、花、根、茎、果实中的多酚类化合物，具有抗氧化、抑制肿瘤、保护心血管、抗炎、抗微生物、增强免疫、抗衰老以及雌激素样作用等多种生物学功能。本节重点介绍黄酮类化合物。

1. 黄酮类化合物的结构与分类

黄酮类化合物在植物体内大部分与糖结合，以苷类或碳糖基的形式存在，小部分以游离形式存在。目前已知的黄酮类化合物按其结构可分为黄酮和黄酮醇类，如槲皮素、芦丁、黄芩素等，其中槲皮素为植物中含量最高的黄酮类化合物。黄酮类化合物的膳食摄入量为20~70 mg，主要的食物来源有绿茶、各种有色水果及蔬菜、大豆、巧克力、药食两用植物等。

2. 黄酮类化合物的生物学作用

黄酮类化合物具有许多生物学作用，包括抗氧化、抑制肿瘤、保护心血管、抑制炎症反应、抑制细菌和病毒的生长繁殖、抗突变、延缓衰老等生物活性。

(1) 抗氧化：黄酮类化合物能清除自由基；抑制与自由基产生有关的氧化酶，阻断自由基的生成；增强其他营养素的抗氧化能力，与维生素C、维生素E同时存在时具有协同效应。

(2) 抑制肿瘤。

(3) 保护心血管：摄入富含黄酮类化合物的食物可以减少冠心病、动脉粥样硬化的发生。

(4) 抑制炎症反应：动物及人群研究均证实了黄酮类化合物的抗炎作用。

(5) 抑制微生物的生物活性：黄酮类化合物通过破坏细胞壁及细胞膜的完整性，抑制核酸合成，抑制细菌能量代谢等方式抑制微生物的生物活性。

(三) 皂苷类化合物

皂苷又名皂素，是一类广泛存在于植物茎、叶和根中的化合物，具有调节脂质代谢、降低胆固醇、抑制微生物活性、抑制肿瘤、抗血栓、调节免疫功能、抗氧化等生物学作用。

1. 结构与分类

皂苷由皂苷元和糖、糖醛酸或其他有机酸组成。常见的组成皂苷的糖有葡萄糖、半乳糖、鼠李糖、阿拉伯糖、木糖及其他戊糖类。根据皂苷元化学结构的不同,可将皂苷分为甾体皂苷和三萜皂苷两大类。甾体皂苷主要存在于薯蓣科和百合科植物中。三萜皂苷在豆科、石竹科、桔梗科、五加科等植物中居多。三萜又可分为四环三萜和五环三萜两类,尤以五环三萜最为多见,大豆皂苷即属于五环三萜类皂苷。据统计,目前已研究了100多种植物中的200余种天然皂苷,较常见的有大豆皂苷、人参皂苷、三七皂苷、绞股蓝皂苷、薯蓣皂苷等。

2. 生物学作用

(1)调节脂质代谢,降低胆固醇:皂苷具有明显的降低胆固醇和调节脂质代谢的作用。如大豆皂苷能降低血中胆固醇和甘油三酯的水平。

(2)抑制微生物活性:皂苷具有抗菌和抗病毒作用。如大豆皂苷可通过增强机体吞噬细胞和NK细胞的功能来发挥对病毒的杀伤作用。

(3)抑制肿瘤:大豆皂苷可抑制多种肿瘤(如结肠癌、肝癌、乳腺癌、白血病、肺癌、胃癌等)细胞的生长。

(4)抗血栓:皂苷类化合物具有溶血的特性,如大豆皂苷可激活纤溶系统,促进纤维蛋白溶解;抑制纤维蛋白原向纤维蛋白转化,增强抗凝作用;减少血栓素释放,抑制血小板聚集。

(5)调节免疫功能:大豆皂苷可使IL-2分泌增加,促进T细胞产生淋巴因子,提高B细胞的转化增殖水平,增强体液免疫功能。

(6)抗氧化:大豆皂苷可抑制血清中脂类氧化而减少过氧化脂质的生成,能清除自由基而减轻机体的氧化损伤。

(四)有机硫化物

有机硫化物主要包括两类,一类是存在于十字花科植物中的芥子油苷及其水解产物异硫氰酸盐;另一类是主要存在于百合科葱属植物中的烯丙基硫化物。

1. 芥子油苷

芥子油苷又称硫代葡萄糖苷,或简称硫苷,是一类广泛存在于十字花科蔬菜(如花椰菜、甘蓝、包心菜、白菜、芥菜等)中的重要次级代谢产物,其活性物质主要为异硫氰酸盐、硫氰酸盐等,具有抗肿瘤、调节氧化应激、抗菌、调节免疫功能等多种生物学作用。

2. 烯丙基硫化物

烯丙基硫化物主要存在于百合科植物大蒜、洋葱、葱等蔬菜中,其中以大蒜中的含量最为丰富。具有抗微生物、抗氧化、调节脂代谢、抗血栓、调节免疫功能、抑制肿瘤等多种生物学作用。

(五)其他植物化学物

(1)植物固醇:植物固醇是一类主要存在于各种植物油、坚果、种子中的植物性甾体化合物,具有降低胆固醇、抗癌、调节免疫功能及抗炎等生物学作用。

(2)蛋白酶抑制剂：一类存在于所有植物中，特别是豆类、谷类等种子中，通过抑制各种蛋白酶的活性和功能而发挥免疫调节、抗炎、抗氧化、抗肿瘤、保护心血管、抗病虫害等作用的化合物。

(3)单萜类化合物：萜类化合物是以异戊二烯为基本结构单位的一大类化合物，在结构中含有两个异戊二烯单位的为单萜类化合物。单萜类化合物主要存在于调料类植物中，如香菜、薄荷等，具有抑制肿瘤、抗菌、抗炎、抗氧化、保护神经元、镇痛等作用。

(4)植物雌激素：植物雌激素是一类来源于植物、具有类似于雌激素结构和功能的天然化合物，主要为异黄酮和木聚素。可发挥预防骨质疏松、抗氧化、保护心血管、抗肿瘤及保护神经损伤等多种生物学作用。

(5)植酸：又称肌醇六磷酸，广泛存在于植物体中，谷类和豆类中含量丰富。植酸在抗癌、抗氧化、调节免疫功能、抗血小板聚集等方面的生物学活性已被证实。

(6)其他：如植物凝集素、葡萄糖二胺、苯酞、叶绿素和三烯生育酚类等。

三、植物化学物的生物学作用

植物化学物具有多种生物学作用，主要表现在以下方面。

（一）抑制肿瘤

蔬菜和水果中富含的植物化学物多数有预防人类癌症发生的潜在作用。日常蔬菜和水果摄入量高的人群较摄入量低的人群癌症发生率要低50%左右。植物化学物抑制肿瘤作用的可能机制是调节细胞生长(增殖)，如单萜类化合物可减少内源性细胞生长促进因子的形成，从而发挥抑制肿瘤细胞增殖和促进肿瘤细胞凋亡的作用；植物固醇、皂苷和植物雌激素等植物化学物具有减少初级胆汁酸合成的作用，进而降低结肠癌的发生风险。某些酚酸可与活化的致癌剂发生共价结合并掩盖DNA与致癌剂的结合位点，进而可阻止由DNA损伤所造成的致癌作用。植物雌激素在人肝脏可诱导性激素结合球蛋白的合成，增加雌激素与该种转运蛋白的结合，从而降低雌激素促肿瘤生长的作用。

（二）抗氧化

现已发现多种植物化学物，如类胡萝卜素、多酚类化合物、黄酮类化合物、植物雌激素、蛋白酶抑制剂和有机硫化物等具有明显的抗氧化作用。多酚类化合物、原儿茶酸和绿原酸等直接清除各种自由基，保持氧化还原系统与游离自由基之间的平衡。某些类胡萝卜素，如番茄红素对单线态氧和氧自由基损伤具有有效的保护作用。红葡萄酒中的多酚提取物以及黄酮醇（如槲皮素）可有效地保护低密度脂蛋白不被氧化。

（三）调节免疫功能

许多动物实验结果均表明类胡萝卜素对免疫功能有调节作用，部分黄酮类化合物具有免疫抑制作用，而皂苷、有机硫化物和植酸具有增强免疫功能的作用。

（四）抑制微生物

早期研究已证实球根状植物中的有机硫化物具有抗微生物作用。蒜素是大蒜中的有机硫化物，具有很强的抗微生物作用。芥子油苷的代谢产物异硫氰酸盐和硫氰酸盐同样具有抗微生物活性。在日常生活中可用一些浆果，如树莓和蓝莓来预防感染性疾病，可见经常食用这类水果可能同样会起到抗微生物作用。

（五）降低胆固醇

以多酚类化合物、皂苷类化合物、植物固醇和有机硫化物为代表的植物化学物具有降低血胆固醇水平的作用。多酚类化合物（如花色苷）可促进内源性胆固醇在肝脏中合成胆酸，从而降低了血中的胆固醇浓度。植物固醇可替代小肠微团中的胆固醇，使得胆固醇从微团中游离出来，减少了胆固醇的肠内吸收。植物化学物还可抑制肝中胆固醇代谢的关键酶，降低胆固醇的合成水平。

（六）其他

植物化学物所具有的其他促进健康的作用包括调节血压、血糖、血小板和血凝以及抑制炎症等。此外，部分植物化学物还有一些特殊作用，如叶黄素在维持视网膜黄斑功能方面发挥重要作用，植酸与金属离子具有较强的螯合能力。

植物化学物也为食物感官上带来一系列的新特点，如辣椒中的辣椒素为食物带来辣味，洋葱和大蒜中的蒜素具有辛辣风味，西红柿、菠菜、葡萄中的植物化学物为食物带来诱人的色彩。

知识小结

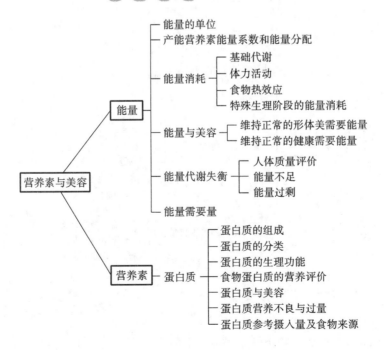

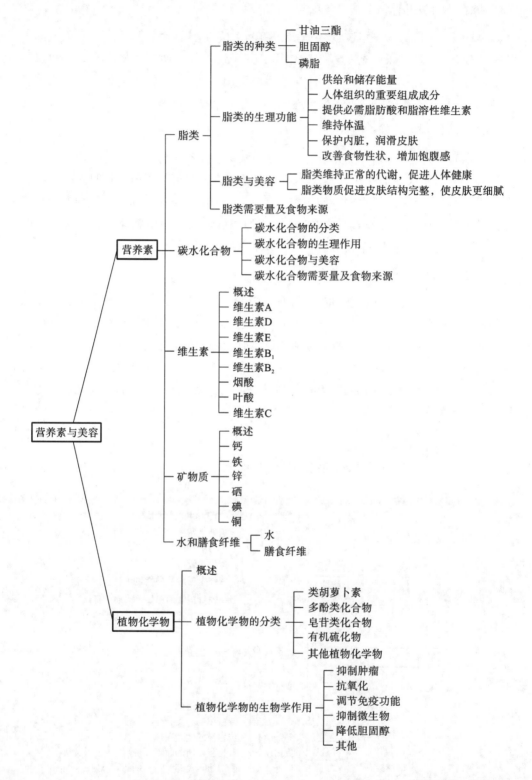

能力检测

一、单选题

1.人类所需要的能量主要来源于(　　)。
A.碳水化合物　　B.脂肪　　C.蛋白质　　D.胆固醇　　E.维生素

2.食物可提供人体所需的各类营养素,下列说法不正确的是(　　)。
A.碳水化合物的主要来源是谷薯类
B.肉类食物不含蛋白质
C.全谷类、蔬菜、水果等食物中富含膳食纤维
D.脂类主要来源于动物性食物及其制品,如肉类、奶类、蛋类
E.新鲜的蔬菜、水果中富含维生素与矿物质

3.关于营养素,下列说法不正确的是(　　)。
A.中国营养学会推荐,成年人每天膳食中的膳食纤维摄入量应不低于20 g
B.必需脂肪酸包括花生四烯酸和α-亚麻酸
C.建议食物多样,这样可以保证蛋白质互补
D.蛋白质调节人体生理功能、提供能量、构成机体组织
E.一个正常成年人摄取的食物中,碳水化合物摄入量占总能量需求的50%～65%

4.关于维生素,下列说法错误的是(　　)。
A.烟酰胺是皮肤保养成分,可有效改善暗黄,提亮肤色
B.缺乏维生素A易患坏血病,缺乏维生素C会引起夜盲症
C.维生素E被人们誉为"抗衰老维生素",可延缓皮肤衰老
D.维生素A具有防皱功效
E.维生素C能分解皮肤中的黑色素,防治黄褐斑、雀斑,具有美白作用

5.关于B族维生素,下列说法不正确的是(　　)。
A.是水溶性维生素,缺乏症往往同时存在,需要同时补充
B.以辅酶形式参与体内能量代谢
C.维生素B_2缺乏可引起皮肤粗糙、皱纹形成,还易引起脂溢性皮炎
D.可以在人体内储存,不必每天摄入
E.维生素B_1、维生素B_2能促进皮肤的新陈代谢,使血液循环畅通,因而被称为"美容维生素"

6.下列关于维生素C的说法中,不正确的是(　　)。
A.维生素C又称作抗坏血酸,缺乏会引起坏血病
B.维生素C主要存在于新鲜的蔬菜、水果中
C.维生素C不具有美白作用
D.维生素C能分解皮肤中的黑色素,防治黄褐斑、雀斑
E.维生素C缺乏可使胶原蛋白合成障碍,导致皮肤弹性降低、干燥、出现皱纹

7.人体必需微量元素包括(　　)。

A.硫、铁、氯　　B.碘、镁、氟　　C.铁、铜、硒　　D.钙、锌、碘　　E.硫、镁、铜

8.下列对矿物质生理功能描述错误的是(　　)。

A.供给能量

B.矿物质是构成机体组织的重要原料

C.调节细胞膜的通透性

D.维持神经和肌肉的兴奋性

E.维持机体酸碱平衡和渗透压

9.下列关于膳食纤维的说法中,不正确的是(　　)。

A.谷薯类、蔬菜、燕麦等食物中含有丰富的膳食纤维

B.膳食纤维具有改善肠道菌群、增加粪便体积、预防便秘、控制体重和减肥的功能

C.膳食纤维可刺激胃肠蠕动,促进排便,起到排毒养颜的作用

D.膳食纤维有解毒和促进新陈代谢的作用,有利于人体防病保健、健美肌肤

E.膳食纤维易被人体吸收

10.《中国居民膳食指南(2022)》推荐成年人每日饮水量为(　　)。

A.1500～1700 mL　　　　B.2000 mL　　　　　　C.2500 mL

D.1800 mL　　　　　　　E.1000～1200 mL

二、多选题

1.人体能量的消耗包括(　　)。

A.基础代谢　　　　　B.食物特殊动力作用　　　　C.脑力劳动

D.体力活动　　　　　E.特殊生理阶段的能量消耗

2.提供能量的营养素有(　　)。

A.碳水化合物　　B.脂肪　　C.蛋白质　　D.胆固醇　　E.维生素

3.对食物蛋白质可以从以下方面来评价,包括(　　)。

A.蛋白质含量　　　　B.蛋白质消化率　　　　C.蛋白质利用率

D.蛋白质吸收率　　　E.氨基酸评分

4.脂类的生理功能包括(　　)。

A.提供能量　　　　　B.提供必需脂肪酸　　　　C.构成机体组织

D.改善食物感官性状　E.保护内脏,润滑皮肤

5.关于维生素,下列说法正确的是(　　)。

A.维生素A可调节表皮及角质层新陈代谢

B.维生素E被认为是一种典型的抗氧化剂,能对抗损害细胞的有害化学物质,延缓衰老

C.维生素D能促进皮肤的新陈代谢,增强对湿疹、疥疮的抵抗力

D.维生素E具有抗氧化作用,可抑制色素斑、老年斑的形成

E.维生素A缺乏时会出现皮肤干燥、毛囊角化过度、毛发脱落等现象

6.关于矿物质,下列说法正确的是(　　)。

A.铁参与血红蛋白的合成,维持人体正常的造血功能

B.锌具有明显的皮肤保健作用,体内缺锌可导致皮肤粗糙干燥

C.硒具有抗氧化作用,促进皮肤细胞生长,延缓皮肤衰老

D.铁能促进血红蛋白、肌红蛋白的合成,使肌肤细腻、白里透红

E.铜参与胶原蛋白的形成,从而促进结缔组织的形成,保持皮肤弹性,维持皮肤的健美

7.下列说法中,正确的是(　　)。

A.中老年人缺钙容易出现骨质疏松症,缺钙时易患龋齿,不利于机体的健美

B.锌能维持皮肤的弹性,使皮肤润泽柔软

C.人体皮肤的弹性及红润与铜有关

D.碘在人体内的主要作用是参与甲状腺激素的合成,可维持皮肤和毛发的光泽

E.钙能降低血管的渗透性和神经的敏感性,能增强皮肤对各种刺激的耐受力

8.膳食纤维的生理作用有(　　)。

A.促进肠道蠕动,预防便秘

B.降低血清胆固醇水平

C.调节肠内菌群和辅助抑制肿瘤作用

D.调节血糖

E.控制肥胖

9.水对皮肤具有重要作用,其美容功效主要体现在(　　)。

A.水分对皮肤具有滋润作用,有助于减退色斑,增强皮肤抵抗力和免疫功能

B.皮肤中的水分过度排出时,会出现干燥、脱皮等现象

C.水是一种无副作用的持久的减肥剂

D.水可减少油脂的积累,消除人体的臃肿和排出一些代谢废物

E.水是保持皮肤清洁、滋润、细嫩的特效而廉价的美容剂

10.植物化学物具有多种生物活性作用,主要包括(　　)。

A.抑制肿瘤作用　　　　　　B.抗氧化作用　　　　　　C.免疫调节作用

D.抑制微生物作用　　　　　E.降胆固醇作用

能力检测答案

第三章　各类食物的营养价值与美容

学习目标

扫码看课件

> **知识目标**
> 1. 掌握营养质量指数、食物的营养价值等基本概念;各类食物的营养特点。
> 2. 熟悉影响食物营养价值的各种因素。
>
> **能力目标**
> 1. 学会根据目标对象的个人喜好与营养需求进行食物的选择与指导。
> 2. 能够将营养与美容结合,评估食物对皮肤、头发、指甲等方面的美容影响,并提供相应的营养建议。
>
> **素质目标**
> 1. 引导学生发现和解决与食物选择相关的各种问题,为以后从事美容营养咨询工作奠定良好的基础。
> 2. 加强学生对营养与美容关系的深入理解,培养学生内外兼修、追求健康美丽的综合素养。

食物是人类赖以生存的物质基础,是各种营养素和有益的生物活性物质的主要来源。根据来源不同可将食物分为两大类,即动物性食物(及其制品)和植物性食物(及其制品)。植物性食物包括粮谷类、豆类、蔬菜、水果及坚果类等;动物性食物包括畜禽肉类、鱼类、奶类及其制品、蛋类及其制品等。《中国居民膳食指南(2022)》中将食物分为五大类,第一类为谷薯类,包括谷类(包括全谷类)、薯类和杂豆类,主要提供碳水化合物、蛋白质、膳食纤维、矿物质和B族维生素。第二类为蔬菜和水果类,主要提供膳食纤维、矿物质、维生素及有益健康的植物化学物。第三类为动物性食物,包括禽、畜、鱼、蛋和奶等,主要提供蛋白质、脂肪、矿物质、维生素A、维生素D和B族维生素。第四类为大豆类和坚果类,大豆类指黄豆、黑豆和青豆;坚果类如花生、核桃、杏仁等。该类食物主要提供蛋白质、脂肪、膳食纤维、矿物质、B族维生素和维生素E。第五类为纯能量食物,包括动植物油、淀粉、食用糖和酒类,主要提供能量。从上述分类可知,不同类食物的营养价值不同。

除了母乳对于6月龄以内婴儿属于营养全面的食物外,每一种食物虽然都有其独特的营养价值,但是没有哪一种食物能够完全满足人体对于所有营养素的需要。因此,食物多样、平衡膳食对满足机体的营养需求非常重要。

食物的营养价值是指某种食物所含营养素和能量能满足人体营养需要的程度。

食物的营养价值的高低不仅取决于其所含营养素的种类是否齐全,数量是否足够,也取决于各种营养素之间的相互比例是否适宜以及是否易被人体消化吸收和利用。食物的产地、品种、加工工艺和烹调方法等因素均影响食物的营养价值。

第一节　食物的营养价值的评价及意义

案例导入

《中国食物与营养发展纲要(2014—2020年)》要求:"加快发展符合营养科学要求和食品安全标准的方便食品、营养早餐、快餐食品、调理食品等新型加工食品,不断增加膳食制品供应种类。强化对主食类加工产品的营养科学指导。""加快传统食品生产的工业化改造,推进农产品综合开发与利用。"

请问:

1. 对食物进行加工处理势必会造成营养素的损失,如何最大限度地保留食物的营养成分呢?

2. 如何提高方便食品、营养早餐等食品的营养价值,以更好地满足人们的营养需求?

不同种类的食物所含有的能量和营养素的种类和数量不同,其营养价值也不同。此外,食物在生产、加工和烹调等过程中其营养素含量也会发生变化,从而改变其营养价值。了解食物的营养价值并进行评价对合理膳食具有非常重要的意义。

一、食物的营养价值的评价及常用指标

食物的营养价值的评价主要是从食物所含有的能量、营养素的种类及含量、营养素的相互比例、烹调加工影响等方面进行。随着食物中营养素以外活性成分研究的深入,食物中的其他有益活性成分的含量和种类也可以作为食物的营养价值评价依据之一,如植物化学物的种类和含量。

(一)营养素的种类及含量

食物所能提供的营养素种类及含量是评价食物的营养价值的重要指标。食物所含有的营养素种类不全或某些营养素含量很低,或者各营养素之间的比例不恰当,或者某些营养素不易被人体消化吸收等,都会影响到食物的营养价值。此外,食物的品种、部位、产地以及成熟度也会影响食物中营养素的种类及含量。所以在评价食物的营养价值时,首先应对其所含有的营养素的种类及含量进行分析评价。一般来说,食物中营养素的种类及含量越接近人体需要,该食物的营养价值就越高。

(二)营养素的质量

在评价某种食物的营养价值时,其所含营养素的质和量同样重要。食物营养素质的优劣主要体现在其被人体消化吸收利用的程度,消化吸收率和利用率越高,其营

养价值就越高。例如同等质量的蛋白质,其所含的必需氨基酸的种类、数量和比值不同,促进机体生长发育的效果就会不同,一般食物蛋白质的必需氨基酸模式越接近人体,其营养价值就越高。

营养质量指数(index of nutrition quality,INQ)是指某食物中营养素能满足人体营养需要的程度(营养素密度)与该食物能满足人体能量需要的程度(能量密度)的比值。计算公式如下:

$$INQ = \frac{某营养素密度}{能量密度} = \frac{某种营养素含量/该营养素参考摄入量}{所含能量/能量参考摄入量}$$

若INQ=1,表明食物的该营养素与能量含量达到平衡;INQ>1,说明食物该营养素的供给量高于能量的供给量,故INQ≥1表明食物的营养价值高;INQ<1,说明食物中该营养素的供给量少于能量的供给,长期食用此种食物,可能发生该营养素的不足或能量过剩,其营养价值低。INQ的优点在于它可以根据不同人群的需求来分别计算,由于不同人群的能量和营养素参考摄入量不同,所以同一种食物不同人食用时其营养价值也不同。

以轻体力劳动成年男性的营养素与能量的参考摄入量为例计算出鸡蛋中蛋白质、视黄醇、硫胺素和核黄素的INQ,如表3-1。

表3-1 鸡蛋中几种营养素的营养质量指数(INQ)

项目	能量/kcal	蛋白质/g	视黄醇/μg	硫胺素/mg	核黄素/mg
参考摄入量	2250	65	800	1.4	1.4
鸡蛋100 g	144	13.3	234	0.11	0.27
INQ		3.20*	4.57	1.23	3.01

注:*,13.3/65≈0.2046,144/2250≈0.064,0.2046/0.064≈3.20。

(三)食物的加工过程

食物的营养价值在很大程度上还受到储存、加工和烹调方法等的影响。大多数情况下,储存不当或过度加工等会引起某些营养素的损失,但有时食物经过加工,其营养价值可以提高,如大豆加工成豆腐能显著提高其蛋白质消化率,面粉经过发酵可减少植酸对钙、铁等矿物质吸收的不利影响。因此,在加工处理食物时应选用适当的加工技术,尽量减少食物中营养素的损失。

(四)食物的抗氧化能力

食物的抗氧化能力是评价食物的营养价值的重要内容之一,主要取决于食物中的抗氧化物的含量。食物中的抗氧化物成分主要包括抗氧化营养素和植物化学物。抗氧化营养素主要有维生素C、维生素E、硒等;植物化学物主要包括类胡萝卜素、花青素、番茄红素等,这些物质进入机体后可以防止体内自由基产生过多,同时具有清除自由基的能力,能有效防止自由基水平或总量过高,从而有助于增强机体抵抗力和预防营养相关的慢性病,所以这类抗氧化营养成分含量高的食物通常被人们认为营养价值也较高。

(五)食物中的抗营养因子

有些食物中存在抗营养成分,被称为抗营养因子,如植物性食物中的植酸、草酸等能影响矿物质的吸收,大豆中含有蛋白酶抑制剂、植物凝集素等,所以在进行食物的营养价值评价时,要考虑这些抗营养因子的存在。

(六)食物的血糖生成指数

食物的血糖生成指数(glycemic index,GI)简称生糖指数,是反映食物引起人体血糖升高程度的指标,是人体进食后机体血糖生成的应答状况。GI指餐后不同食物血糖耐量曲线在基线内面积与标准糖(葡萄糖)耐量面积之比,以百分比表示。GI是1981年由美国Jenkins提出,其公式为:

GI=(某食物在食后2小时血糖曲线下面积/相当含量葡萄糖在食后2小时血糖曲线下面积)×100%。

不同食物来源的碳水化合物进入机体后,因其消化吸收的速率不同,对血糖水平的影响也就不同,即GI不同。我们可用GI来评价食物碳水化合物的营养价值,进而从另一个侧面针对不同人群需要反映该食物的营养价值的高低。GI低的食物通常具有预防超重和肥胖等营养相关疾病的作用,从这个角度而言,可以认为GI低的食物的营养价值较高。

二、评价食物的营养价值的意义

一般对食物营养价值进行评价的重要意义如下。

(1)全面了解各种食物的天然组成成分,包括其所含有的营养素种类、生物活性成分、抗营养因子等;发现各种食物的主要缺陷,从而为开发该种食物或新食品提供依据,解决抗营养因子问题,充分利用食物资源。

(2)了解食物在加工烹调过程中营养素的变化和损失,采取相应的有效措施,最大限度保存食物中的营养素。

(3)指导人们科学地选购食物以及合理配制平衡膳食,以达到增强体质、促进健康、延年益寿和预防疾病的目的。

第二节 各类食物的营养价值

案例导入

《"健康中国2030"规划纲要》提出:制定实施国民营养计划,深入开展食物(农产品、食品)营养功能评价研究,全面普及膳食营养知识,发布适合不同人群特点的膳食指南,引导居民形成科学的膳食习惯,推进健康饮食文化建设。

请问:

1.在制定和实施国民营养计划时,应重点关注哪些营养素的摄入?

2.如何科学评价各种食物的营养价值,以指导人们选择更健康的食物?

3."推进健康饮食文化建设"的意义是什么? 大学生在推动健康饮食文化建设中可以发挥什么作用?

一、谷薯类食物的营养价值

谷类包括稻米、小米、玉米、小麦、大麦、高粱、燕麦、荞麦等。我国居民膳食中50%～70%的能量、55%的蛋白质、部分矿物质及B族维生素主要来源于谷类食物。马铃薯、红薯等薯类食物也是主食的良好来源。

(一)谷类食物的营养价值

1.谷类食物的结构和营养素分布

各种谷类种子除形态大小不一外,其结构基本相似,均由谷皮、糊粉层、胚乳和谷胚四部分组成,如图3-1。

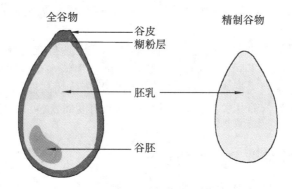

图3-1 谷粒结构示意图

谷皮是谷粒的最外层,主要由膳食纤维、B族维生素、矿物质和植物化学物组成。糊粉层是位于谷皮内层的一层白色或淡黄色的组织,紧贴着谷皮,含有大量的蛋白质、矿物质,还含有丰富的维生素,尤其是B族维生素。胚乳是谷粒的主要部分,占谷粒总重量的80%～85%,主要为大量淀粉、一定量的蛋白质以及少量的脂肪和矿物质。谷胚位于谷粒的一端,质地较软而有韧性,富含脂肪、蛋白质、矿物质、B族维生素和维生素E。谷胚和糊粉层在加工过程中容易损失,使得其营养成分流失。

2.谷类食物的营养成分

(1)蛋白质:谷类食物中的蛋白质含量相对较低,一般在7.5%～15%之间,与动物性食物相比较少。不同种类的谷物,蛋白质含量也会有所差异,例如,燕麦和小麦胚芽含量较高,大米较低。谷类蛋白质的必需氨基酸组成不平衡,如赖氨酸含量少,苏氨酸、色氨酸、苯丙氨酸、蛋氨酸含量偏低,因此在膳食中常采用蛋白质互补的方法提高其营养价值。

(2)碳水化合物:谷类碳水化合物主要是淀粉,集中在胚乳部分,含量在70%以上。在我国居民膳食中,50%～70%的能量来源于谷类食物。不同谷类碳水化合物的含量和组成存在差异,例如,大米中的直链淀粉含量较高,而糯米中的支链淀粉含量较高,因此大米的血糖指数相对较低,而糯米的血糖指数较高。谷类中也有少量多糖,如纤维素、半纤维素、木质素等,这些多糖不易被人体消化吸收,但有利于肠道蠕动。

(3) 脂肪：谷类脂肪主要存在于糊粉层和胚芽中，含量低，大米、小麦为 1%～2%，玉米和小米为 4%。从玉米和小麦胚芽中提取的胚芽油，80% 为不饱和脂肪酸，其中亚油酸占 60%，此外还含有 6%～7% 的磷脂，这些成分具有降低血清胆固醇，防止动脉粥样硬化的作用。

(4) 矿物质：谷类含矿物质 1.5%～3%，主要是钙和磷。谷类中的矿物质主要分布在谷皮和糊粉层中，加工过程容易损失，由于磷含量相对较高，钙磷比例失调，且多以植酸盐形式存在，因此消化吸收率较低。

(5) 维生素：谷类食物是 B 族维生素的重要来源，包括硫胺素、核黄素、尼克酸、泛酸、吡哆醇等，主要分布在糊粉层和胚芽中。谷类加工的精细度越高，保留的胚芽和糊粉层越少，维生素损失就越多。一些谷类食物还有适量的维生素 E 和维生素 K。此外，玉米和小米含有少量的胡萝卜素。

3. 谷类食物对美容的作用

谷类的胚芽中富含维生素 E，可以促进皮肤细胞的新陈代谢，增加皮肤弹性，防止皮肤干燥、粗糙和老化。谷皮中丰富的膳食纤维可以帮助清除肠道内的毒素，减轻皮肤问题，让皮肤更加明亮。谷物中还含有酚酸、花色苷、原花青素、γ-谷维素抗氧化成分，有助于抵抗自由基对皮肤的损害，预防皮肤老化。人们利用谷物中的营养成分研发出谷物洗面奶、谷物面膜、谷物精华等产品，这些产品不仅能清洁和滋润皮肤，还能起到保湿、抗衰老、抗氧化的作用。

（二）薯类食物的营养价值

1. 薯类食物的营养成分

薯类食物是指从甘薯、马铃薯等植物的根或块茎中取得的食材，常见的薯类有马铃薯（土豆）、甘薯（红薯、山芋）、芋头、山药和木薯等。薯类食物主要由薯皮、薯肉和薯芽组成。它们是主食的良好来源，同时也含有丰富的营养素。

如马铃薯，不仅富含丰富的淀粉，还含有多种矿物质，如钾、镁、铁和锌等。此外，其还含有丰富的膳食纤维以及多种重要的维生素，如维生素 C、维生素 B_6、维生素 A 和维生素 K 等。因其具有增产潜力大、营养价值高、口感好、耐储存、产业链长、加工转换能力强等特点，马铃薯已成为世界上最重要的四大主粮之一，与玉米、小麦、水稻并列。

2. 薯类食物对美容的作用

薯类食物富含膳食纤维。有研究发现，每人每天进食 200 g 红薯能使首次排便时间显著提前，降低大便干硬、排便困难的发生率。红薯所含黏液蛋白能保持血管壁的弹性，防止动脉粥样硬化的发生；红薯中的绿原酸，可抑制黑色素的产生，防止雀斑和老年斑的出现。红薯中的雌激素，有保持人体皮肤细腻、减少皮下脂肪堆积、润肤、防皱、美容养颜的功能。紫薯作为一种常见的薯类食物，富含硒和花青素，经常食用可以帮助机体抑制黑色素产生，预防雀斑和老年斑。此外，爱美人士还将马铃薯洗净去皮，切成薄片贴在脸上，可以起到滋润肌肤、美白祛斑的作用。

知识链接

燕 麦

燕麦是一种常见的谷类植物,富含蛋白质、脂肪、碳水化合物、维生素和矿物质等多种营养素。其中,膳食纤维是燕麦中最为突出的营养成分之一,有助于降低血脂,降低胆固醇,预防便秘,促进肠道健康等。燕麦的蛋白质含量也很高,且所含氨基酸比例均衡,对修复肌肉和其他组织尤其重要。

燕麦包含多种抗氧化剂,如β-葡聚糖、维生素E等,这些物质能够减少自由基对细胞的损伤,保护细胞免受各种损伤和衰老的影响。

燕麦不仅有丰富的营养价值,还有很多美容功效,适合各种肤质的人群食用。首先,燕麦中富含膳食纤维,能够帮助清除肠道内的垃圾和毒素,使皮肤变得更加健康,减少痤疮的发生,让肌肤保持清新细腻。其次,燕麦也是一种天然的保湿成分,可以用作面膜或洗发水等外用品,帮助肌肤和头发保持水润状态。

燕麦中含有大量的维生素E和抗氧化剂,这些成分有助于减缓衰老过程,延缓皮肤的老化,使肌肤更加年轻、光滑。同时,燕麦还含有多种矿物质,如锌、铁等,这些成分有助于促进胶原蛋白的合成,可以改善皮肤的弹性和紧致度,减少皱纹的形成。

燕麦的食用方法多种多样,比较常见的是将燕麦片或燕麦颗粒与水或牛奶煮成燕麦粥。燕麦片是最简单方便的食用形式,可直接用牛奶或酸奶浸泡,加入适量的水果和坚果食用。将煮熟的燕麦与新鲜蔬菜、水果、坚果、酱汁等混合,制作成清爽可口的燕麦沙拉,可以作为主食或副食搭配其他菜肴。

二、豆类及其制品的营养价值

豆类是豆科农作物的种子,包括大豆(黄豆、黑豆、青豆)和杂豆(绿豆、鹰嘴豆、豌豆、豇豆、蚕豆、芸豆、小扁豆等),是我国居民膳食中优质蛋白的重要来源。黄豆是大豆家族中最常见和广泛种植的品种,也是人们常食用和加工的豆类作物之一。一般情况下,当提到大豆时,指的是黄豆。

(一)大豆的营养成分

大豆蛋白质含量丰富,为35%~40%,是植物性蛋白质的重要来源,其所含蛋白质中必需氨基酸的组成和比例与动物性蛋白质相似,尤其富含赖氨酸,是与谷类蛋白质互补的天然理想食物。民间早有"五谷宜为养,失豆则不良"的说法。

大豆是一种重要的油料植物,脂肪含量为15%~20%,其中不饱和脂肪酸占85%,且以亚油酸最多,高达50%。还含有较多卵磷脂。

大豆中含有25%~30%的碳水化合物,其中一半是可以利用的,而另一半是人体不能消化吸收的棉籽糖和水苏糖,存在于大豆细胞壁中,在肠道细菌作用下发酵产生二氧化碳和氨,可引起腹胀。

大豆含有丰富的钾,每100 g含钾1200～1500 mg。此外,大豆还含有大豆异黄酮、大豆皂苷、植物固醇等多种活性物质。

(二)大豆中的抗营养因子

抗营养因子是指存在于天然食物中,影响某些营养素的吸收利用,对人体健康和食品质量产生不良影响的因素。大豆中的抗营养因子包括下列几类。

1. 蛋白酶抑制剂(protease inhibitor,PI)

大豆中含有胃蛋白酶抑制剂、胰蛋白酶抑制剂等多种蛋白酶抑制剂,会影响人体对蛋白质的消化吸收。通过加热的方法,可以使蛋白酶抑制剂失去活性,因此,豆类食品应彻底煮熟,避免食用半生不熟的豆类及其制品。加热30分钟或者将大豆浸泡至含水量60%后用水蒸5分钟可去除胰蛋白酶抑制剂。作为一种植物化学物,近年来国内外一些研究表明,蛋白酶抑制剂可能具有一定的抑制肿瘤和抗氧化作用。

2. 植物凝集素(phytohemagglutinin,PHA)

大豆中的植物凝集素是一种糖蛋白,可干扰人体对蛋白质的消化吸收,加热可被破坏。

3. 豆腥味

大豆含有许多酶,其中的脂肪氧化酶可以水解大豆脂肪成低级脂肪酸、醛和酮类物质,这些物质是产生豆腥味和其他异味的主要来源。95℃以上加热10～15分钟,或用酒精处理后减压蒸发、纯化大豆脂肪酶等方法,可脱去部分豆腥味。

4. 胀气因子

占大豆碳水化合物一半的棉籽糖和水苏糖不能被人体消化吸收,在肠道微生物作用下产酸产气,引起肠胀气,故称为胀气因子。将大豆加工制成豆制品,胀气因子可被去除。

5. 植酸

大豆中含有1%～3%的植酸,在肠道内可与锌、钙、镁、铁等矿物质螯合,影响矿物质的吸收利用。

6. 皂苷和异黄酮

皂苷和异黄酮是大豆中主要的生理活性物质,其理化特点及生物学作用详见第二章第三节植物化学物。

(三)杂豆的营养价值

杂豆主要有绿豆、豌豆、蚕豆、豇豆、红豆等。各种豆类的营养成分详见表3-2。

表3-2 每100 g干豆的营养成分

食物名称	能量/kJ	蛋白质/g	脂肪/g	碳水化合物/g	胡萝卜素/μg	硫胺素/mg	核黄素/mg	烟酸/mg	钙/mg	磷/mg	钾/mg	铁/mg
黄豆	1768	35.0	16.0	34.2	220.0	0.41	0.20	2.10	191	465	1503	8.2
绿豆	1451	21.6	0.8	62.0	130.0	0.25	0.11	2.00	81	337	787	6.5

续表

食物名称	能量/kJ	蛋白质/g	脂肪/g	碳水化合物/g	胡萝卜素/μg	硫胺素/mg	核黄素/mg	烟酸/mg	钙/mg	磷/mg	钾/mg	铁/mg
黑豆	1772	36.0	15.9	33.6	30.0	0.20	0.33	2.00	224	500	1377	7.0
赤小豆	1443	20.2	0.6	63.4	80.0	0.16	0.11	2.00	74	305	860	7.4
红芸豆	1474	21.4	1.3	62.5	180.0	0.18	0.09	2.00	176	218	1215	5.4
蚕豆（去皮）	1492	1.6	1.6	58.9	300.0	0.20	0.20	2.50	54	181	801	2.5
豌豆	1504	1.1	1.1	65.8	250.0	0.49	0.14	2.40	97	259	823	4.9
扁豆	1497	0.4	0.4	61.9	30.0	0.26	0.45	2.60	137	218	439	19.2

（四）豆制品的营养价值

豆制品是以大豆、豌豆、蚕豆等豆类为主要原料,经加工而成的食品。大多数豆制品是大豆的豆浆凝固而成的豆腐及其再制品。豆制品又可分为发酵豆制品和非发酵豆制品两种。非发酵豆制品有豆浆、豆腐、豆腐干、腐竹等,发酵豆制品有腐乳、豆豉、豆瓣酱等。豆制品经过加工处理后蛋白质结构发生变化,抗营养因子减少,蛋白质消化吸收利用率得到提高。对于素食者来说,豆制品常常作为肉类和其他动物性食物的替代选择,它们在口感和质地上具有多样性,可以被制作成各种美味的菜肴。

干大豆几乎不含维生素,但如果将黄豆、绿豆等发制成豆芽,除营养成分不变外,还可产生丰富的维生素C,故在新鲜蔬菜缺乏时,豆芽可成为维生素C的良好来源。

（五）豆类食品对美容的作用

大豆是一种营养价值极高的植物性食物,除富含蛋白质、不饱和脂肪酸外,还含有大豆异黄酮。大豆异黄酮具有雌激素样作用和抗氧化、抑制酪氨酸蛋白激酶活性等多种重要药理作用。经常食用大豆及其制品,不仅能对抗皮肤衰老,还能调节皮肤脂肪代谢,减少脂肪堆积,达到塑身美肤的作用。

三、肉类食物的营养价值

肉类主要包括畜类、禽类和水产类食物。畜肉的肉色较深,呈暗红色,称为"红肉"。禽肉及水产类食物的肉色较浅,呈白色,称为"白肉"。

（一）畜肉类食物的营养价值

畜肉类食物常指牛、羊、猪的肌肉组织、脂肪组织、结缔组织及其制品。畜肉类食物具有很高的营养价值,含蛋白质、脂肪、碳水化合物、矿物质和维生素等营养素。

1. 蛋白质

畜肉类食物的蛋白质含量丰富,占10%～20%。畜肉类食物的蛋白质中含有充足的人体必需氨基酸,且与人体氨基酸模式很接近,因此易于消化吸收,属于优质蛋白。但存在于结缔组织中的蛋白质主要是胶原蛋白和弹性蛋白,其必需氨基酸组成不平衡,蛋白质的利用率低。此外,畜肉中含有可溶于水的含氮浸出物,能使肉汤具有鲜味,且成年动物的含氮浸出物含量较幼年动物高。

2. 脂肪

畜肉类食物的脂肪含量因动物种类、肥瘦程度及部位而有较大差异。肥猪肉的脂肪含量可达到40%以上,瘦猪肉为10%~20%。相比之下,牛肉的脂肪含量较低,平均为3%~5%,主要取决于牛的部位和饲养方式。

畜肉中的脂肪以饱和脂肪酸为主,熔点较高,主要为甘油三酯,其次为少量卵磷脂、胆固醇和游离脂肪酸。动物内脏中的胆固醇含量较高,不同部位的胆固醇含量详见表3-3。

表3-3 不同畜肉及内脏的主要营养素含量(每100 g可食部)

食物名称	蛋白质/g	脂肪/g	胆固醇/mg	维生素A/μg	硫胺素/mg	核黄素/mg	烟酸/mg	钙/mg	磷/mg	钾/mg	铁/mg	锌/mg
猪肉(肥)	2.4	88.6	109	29.0	0.08	0.05	0.90	3	18	23	1.0	0.69
猪肉(里脊)	20.2	7.9	55	5.0	0.47	0.12	5.20	6	184	317	1.5	2.30
牛肉(腑肋)	18.6	5.4	71	7.0	0.06	0.13	3.10	19	120	217	2.7	4.05
牛肉(里脊)	22.2	0.9	63	4.0	0.05	0.15	7.20	3	241	140	4.4	6.92
羊肉(里脊)	20.5	1.6	107	5.0	0.06	0.20	5.80	8	184	161	2.8	5.50
猪脑	10.8	9.8	2571	—	0.11	0.19	2.80	30	294	259	1.9	0.99
猪肝	19.3	3.5	288	4972.0	0.21	2.08	15.00	6	310	235	22.6	5.78
猪肾	15.4	3.2	354	41.0	0.31	1.14	8.00	12	215	217	6.1	2.56
猪心	16.6	5.3	151	13.0	0.19	0.48	6.80	12	189	260	4.3	1.90

3. 碳水化合物

畜肉类碳水化合物含量较低,一般为0.3%~0.9%,主要以糖原形式存在于肌肉和肝脏中。动物在宰杀前过度疲劳,宰杀后存放时间过长,都会导致糖原含量降低。

4. 矿物质

畜肉类矿物质含量为0.8%~1.2%,其中钙含量较低,平均为7.9 mg/100 g。含铁较多,且以血红素铁形式存在,生物利用率高,是膳食铁的良好来源。

5. 维生素

畜肉肌肉组织和内脏中的维生素种类和含量差异较大。肌肉组织中B族维生素含量丰富,而内脏中以脂溶性维生素为主,如猪肝中富含维生素A。

（二）禽肉的营养价值

禽肉包括鸡、鸭、鹅、鸽、鹌鹑等的肌肉、内脏及其制品。

禽肉的营养价值与畜肉相似，不同之处在于其脂肪含量较少，且熔点较低，并含有20%的亚油酸，易于消化吸收。禽肉蛋白质的氨基酸组成接近人体需要，含量约为20%，质地较畜肉细腻且含氮浸出物丰富。不同禽肉的营养成分见表3-4。

表3-4 禽肉主要营养素含量（每100 g可食部）

食物名称	蛋白质/g	脂肪/g	胆固醇/mg	维生素A/μg	硫胺素/mg	核黄素/mg	烟酸/mg	钙/mg	磷/mg	钾/mg	铁/mg	锌/mg
鸡胸脯肉	19.4	5.0	82	16.0	0.07	0.13	10.80	3	214	338	0.6	0.51
鸭胸脯肉	15.0	1.5	121	—	0.01	0.07	4.20	6	86	126	4.1	1.17
火鸡胸脯肉	22.4	0.2	49	—	0.04	0.03	16.20	39	116	227	1.1	0.52
鸡肝	16.6	4.8	356	10414.0	0.33	1.10	11.90	7	263	222	12.0	2.40
鸭肝	14.5	7.5	341	1040.0	0.26	1.05	6.90	18	283	230	23.1	3.08
鹅肝	15.2	3.4	285	6100.0	0.27	0.25	—	2	216	336	7.8	3.56

注：表3-2、表3-3、表3-4中数据均来源于食物营养成分查询平台。

（三）水产类食物的营养价值

水产类食物种类繁多，包括鱼、虾、蟹、贝等。根据其来源又可分为淡水产品和海水产品。

1. 蛋白质

水产类食物的蛋白质含量一般为15%～25%，肌纤维大多细短，组织软而细嫩，比畜禽肉更易消化吸收。各类水产中蛋白质的氨基酸组成较平衡，与人体需要接近，利用率较高，生物价可达85～90。存在于鱼类结缔组织和软骨中的含氮浸出物主要为胶原和黏蛋白，是鱼汤冷却后形成凝胶的主要物质。

2. 脂肪

鱼类脂肪分布不均匀，主要分布在皮下和内脏周围，肌肉组织中的含量很少。虾类、贝类脂肪含量更少，蟹类的脂肪主要在蟹黄中。鱼类脂肪多由不饱和脂肪酸组成，其中单不饱和脂肪酸主要是棕榈油酸和油酸，多不饱和脂肪酸主要为ω-3系的二十碳五烯酸（EPA）和二十二碳六烯酸（DHA），具有调节血脂、防治动脉粥样硬化、辅助抗肿瘤等作用，且海水鱼中的含量比淡水鱼更高。

一些海水鱼体内含有能够分解维生素B_1的酶，因此大量食用生鱼可能会导致维生素B_1缺乏。

3. 矿物质

水产类食物富含多种矿物质，如钙、磷、锌等。其中，虾皮是含钙量最高的食物之一，每100 g虾皮含钙991 mg，有利于补充钙质。牡蛎和扇贝中含有丰富的锌，河蚌和田螺含有较多的铁。

4.维生素

鱼类是维生素A和维生素D的良好来源,贝类则富含维生素B_{12}。此外,鱼类还含有较多的维生素B_6和叶酸,有利于维护心血管健康。

(四)肉类食物对美容的作用

1.鱼类

鱼类含有丰富的蛋白质、不饱和脂肪酸(亚麻酸、亚油酸等)等营养物质,可以帮助调节皮肤的油脂分泌,保持皮肤的湿润和弹性,减少炎症反应,并有助于减少毛孔的扩张。特别是三文鱼、金枪鱼等深海鱼类,含有丰富的虾青素,具有抗氧化、抗衰老的作用,有助于保持皮肤年轻态。此外,鱼类中的蛋白质也有助于修复受损的皮肤组织。

2.动物胶原蛋白

胶原蛋白广泛存在于动物的皮、骨骼、筋腱、韧带等部位。胶原蛋白有助于保持皮肤的水分含量,减少细纹和皱纹的出现,并保持皮肤的光泽和弹性。另外,胶原蛋白还可以促进骨骼的结构和稳定性,有助于减缓骨质疏松的发展,并维护关节的灵活性和健康。

尽管胶原蛋白被广泛宣传为"美容蛋白",但需要注意的是,食物中的胶原蛋白分子量大,不易被人体直接吸收。就算通过加热、酸碱度控制、酶解等处理,将其分解成小分子片段,胶原蛋白被摄入后也并不直接转化为皮肤中的胶原蛋白,人体会将胶原蛋白分解成氨基酸,然后再重新组合成自身所需的蛋白质。所以,有一些研究认为,口服胶原蛋白对于皮肤健康的益处并不明显,甚至可能被夸大了。

3.羊胎素

羊胎素是一种从羊的胚胎组织中提取的活性细胞物质,主要含有蛋白质、氨基酸、细胞因子和微量元素等成分。羊胎素最初被用于治疗放射线造成的细胞损伤和衰老,后来被用于美容领域,用来增强皮肤弹性和保湿能力、淡化斑点和皱纹。

四、蛋类的营养价值

蛋类包括鸡蛋、鸭蛋、鹅蛋、鹌鹑蛋、鸽蛋、鸵鸟蛋、火鸡蛋、海鸥蛋及其加工制成的咸蛋、松花蛋等,其中食用最普遍、销量最大的是鸡蛋。

(一)蛋的结构

各种蛋都是由蛋壳、壳膜、气室、蛋白、蛋黄、系带、胚珠或胚盘等部分构成。蛋壳占全蛋重量的11%~13%,主要成分是碳酸钙,占整个蛋壳重量的91%~95%。蛋壳上有许多微孔,可以透气,并帮助控制水分和气体的交换。包裹在鸡蛋蛋白外的膜为壳膜,是由坚韧的角蛋白构成的有机纤维网,分为内外两层。在蛋的钝端,内外两层壳膜间有一个空隙,称为气室。蛋壳下半流动的胶状物质就是蛋清,越靠近蛋黄浓度越高。沿鸡蛋长轴,蛋黄的两端由浓稠的蛋白质组成卵黄系带。卵黄膜是紧贴在蛋黄表面的一层膜,由受精卵的细胞膜发育而来,具有保护功能。

(二)蛋的营养成分

1.蛋白质

蛋类蛋白质含量一般在10%以上,蛋清中略低,蛋黄中较高,加工成咸蛋或松花蛋后,变化不大。鸡蛋蛋白质的氨基酸组成与人体需要最接近,生物价达95,是最理想的优质蛋白。在评价食物蛋白质营养质量时,常以鸡蛋蛋白质作为参考蛋白。

2.脂肪

蛋清中脂肪含量极少,98%的脂肪存在于蛋黄中。蛋黄中的脂肪几乎全部与蛋白质结合为乳融状,因而消化吸收率高。脂肪以单不饱和脂肪为主,其次是亚油酸、饱和脂肪酸。蛋黄是卵磷脂和脑磷脂良好的来源,卵磷脂具有降低血胆固醇的效果,并能促进脂溶性维生素的吸收。另外,鸡蛋是胆固醇含量较高的食物,100 g鸡蛋含胆固醇585 mg,加工成咸蛋或松花蛋后,胆固醇含量无明显变化。

3.碳水化合物

蛋的碳水化合物含量较低,为1%~3%,蛋黄略高于蛋清,加工成咸蛋或松花蛋后,碳水化合物含量有所提高。

4.矿物质

矿物质主要存在于蛋黄部分,其中磷最为丰富,为240 mg / 100 g,钙为112 mg / 100 g。

蛋黄中所含铁较多,但以非血红素铁形式存在。由于磷对铁的吸收具有干扰作用,故而蛋黄中铁的生物利用率较低。

5.维生素

蛋中维生素含量也十分丰富,而且品种较为完全,包括所有的B族维生素、脂溶性维生素和微量的维生素C,脂溶性维生素和大部分维生素B_1存在于蛋黄中。

(三)蛋类的美容作用

鸡蛋是一种经济实惠且易于获得的食物,几乎含有人体必需的所有营养物质,不仅为人们提供优质蛋白、脂肪、碳水化合物、矿物质、维生素和铁、钙、钾等微量元素,还可以用来滋润皮肤、减少皮肤干燥、预防皮肤老化。若将蛋清涂抹在脸上,待干后洗净,可以起到收敛毛孔和紧致皮肤的效果,适合油性或混合性皮肤。将生蛋黄与适量的蜂蜜混合,涂抹在脸上,15~20分钟内用温水清洗,可以滋润和滋养皮肤,适合干燥或成熟皮肤。

红糖水煮鸡蛋是一种传统的食疗方法,我国大部分地区都有坐月子期间要吃鸡蛋、喝红糖水的习惯。红糖水煮鸡蛋有利于产妇排出恶露,补充能量,增加血容量,有利于产后体力的恢复,且对产后子宫的收缩、恢复、恶露的排出以及乳汁分泌等也有明显的促进作用。

鹌鹑蛋的营养价值与鸡蛋相似,含有丰富的蛋白质、脑磷脂、卵磷脂、多种维生素和矿物质,对贫血、营养不良、神经衰弱、月经不调、高血压、支气管炎、血管硬化等患者具有调补作用。特别是对于贫血、月经不调的女性,其调补、养颜、美肤功用尤为显著。

> **知识链接**
>
> **红壳鸡蛋真的比白壳鸡蛋营养价值高吗？**
>
> 　　有些人在买鸡蛋的时候很在乎蛋壳的颜色，认为红壳鸡蛋比白壳鸡蛋的营养价值高，其实不然。测定结果表明，两者营养素含量并无显著差别。白壳鸡蛋和红壳鸡蛋蛋白质含量均在12%左右；红壳鸡蛋的脂肪含量略高，为10.5%，白壳鸡蛋的脂肪含量略低，为9.0%；其他营养素含量都是白壳鸡蛋较高，而红壳鸡蛋较低。
>
> 　　蛋壳的颜色主要由一种称为"卵壳卟啉"的物质决定。有些鸡血液中的血红蛋白代谢可产生卵壳卟啉，因而蛋壳呈浅红色；而像来航鸡、白洛克鸡等鸡不能产生卵壳卟啉，因而蛋壳呈白色。蛋壳颜色完全由遗传因素决定，因此在选购鸡蛋时，无需注重蛋壳的颜色。

五、奶类及其制品的营养价值

奶类是一种营养丰富、易于消化吸收的天然食物，它们含有多种对人体健康有益的营养成分。常见的有牛奶、羊奶、马奶，其中又以牛奶最为普遍。

（一）牛奶的营养价值

1. 蛋白质

牛奶中的主要蛋白质成分包括乳清蛋白和酪蛋白。乳清蛋白是母乳中的主要蛋白质，同时也是牛奶中最容易消化的蛋白质。它具有许多生物学功能，如提供氮源、促进生长因子和生物活性分子的合成、调节免疫功能等。

牛奶中的蛋白质含量较母乳高，却以酪蛋白为主，占80%以上。酪蛋白为结合蛋白，易在胃中形成较大的凝块。酪蛋白有多种功能，如提供氮源、支持钙的吸收和转运、促进牙齿和骨骼的生长等。

除了乳清蛋白和酪蛋白外，牛奶还含有其他类型的蛋白质，如丙种球蛋白、补体等。这些蛋白质在牛奶中发挥着各自的作用，如丙种球蛋白是一种免疫防御蛋白，能够识别和攻击入侵的病原体。

2. 脂肪

奶制品富含脂肪，这些脂肪主要由甘油三酯构成，并包含少量的磷脂和胆固醇。牛奶中的脂肪含量通常在3%～4%之间，脂肪球以微粒状形式分散于乳浆中，具有较高的吸收率。此外，牛奶中的脂肪主要是饱和脂肪酸，同时还包括少量的不饱和脂肪酸，如单不饱和脂肪酸和多不饱和脂肪酸。

3. 碳水化合物

在牛奶中，主要的碳水化合物是乳糖。乳糖可调节胃酸、促进胃肠蠕动、有利于钙的吸收以及消化液的分泌。此外，它还能刺激肠道内乳酸菌的繁殖，同时抑制腐败菌的生长。

需要注意的是，当用牛奶喂养婴儿时，除了要调整蛋白质的含量和构成外，还应适当地增加甜度。有些人在饮用牛奶后会出现腹胀或腹泻的症状,这是因为他们的肠道缺乏乳糖酶,这种情况被称为乳糖不耐受。

4. 矿物质

奶类食品中含有多种矿物质,如钙、磷、铁、锌等。其中,牛奶的钙含量非常丰富,每 100 mL 牛奶中含有 110 mg 钙,是钙的良好来源。铁含量相对较低,每 100 mL 牛奶中仅含有 0.1～0.3 mg 铁,用牛奶喂养婴儿时应注意补充铁。

5. 维生素

牛奶含有多种维生素,维生素的含量会因饲养条件、季节、加工方式等因素而有所不同。例如,在夏季,奶牛的饲料中含有更多的青草和植物种子,这些食物富含维生素,因此夏季产的牛奶中维生素含量相对较高。此外,不同的加工方式也会影响牛奶中维生素的含量。例如,高温灭菌会使牛奶中的部分维生素流失。

(二)其他奶的特点

与牛奶相比,喝羊奶的人较少,很多人闻不惯它的味道,对它的营养价值也不够了解。中医一直把羊奶看作对肺和气管有益的食物。但羊奶缺乏叶酸,含量仅为牛奶的1/5,长期羊奶喂养而未补充叶酸的婴儿易患巨幼红细胞贫血。

羊奶的蛋白质含量虽然比牛奶低,但羊奶中的酪蛋白更容易被人体消化吸收。羊奶蛋白质中还含有较高的赖氨酸和谷氨酰胺,这些氨基酸对于免疫系统的支持以及肌肉的修复和生长具有重要的作用。

马奶蛋白质以乳清蛋白为主,脂肪球和乳糖粒较小,有助于消化吸收。乳糖含量也较低,适合乳糖不耐受的人群食用。

(三)奶制品的营养价值

鲜奶经过加工,可制成许多产品,如奶粉、炼乳、酸奶、奶酪和奶油等,不同奶制品的营养价值略有不同。本节着重介绍酸奶的营养价值。

酸奶是一种以牛奶为原料,经过乳酸菌发酵而成的营养丰富、风味独特的奶制品。与普通牛奶相比,酸奶独具以下营养优势和益处。

1. 调节肠道菌群平衡

酸奶是一种富含益生菌的食品,其中包括乳酸菌和双歧杆菌等。这些益生菌可以增加肠道内有益菌群的数量,从而维护肠道内的生态平衡。

2. 缓解消化问题

酸奶能刺激人体消化腺分泌消化液,使胃酸含量增加,增强消化功能。酸奶中的益菌群能调节肠道蠕动,增加菌群多样性,从而改善排便情况。酸奶中的乳糖已被乳酸菌分解,而且酸奶中含有乳糖酶,可以促进机体消化乳糖,所以乳糖不耐受者适量食用酸奶不会引起腹胀、腹痛、腹泻等症状。然而,仍不建议给一岁以内的婴儿喂食酸奶,因为他们的肠道系统尚未完全发育成熟,不能完全消化和吸收酸奶中残余的乳糖。

3. 提高矿物质的消化利用率

酸奶中的乳酸具有促进钙吸收的作用。当钙与酪蛋白结合时,乳酸可以促使其从结合形式中释放出来,并与之结合为乳酸钙,更易被人体吸收。此外,酸奶中的磷、铁等矿物质也可通过与乳酸结合形成盐类的形式,提高消化利用率。

(四)牛奶对美容的作用

牛奶中含有丰富的蛋白质、脂肪和乳糖,这些成分可以为皮肤提供营养和保湿效果,帮助保持皮肤的水分平衡。

1. 保持皮肤湿润

适当地使用牛奶或者将牛奶作为成分添加在面膜中,可以有效地滋润皮肤和保持皮肤湿润。坊间传闻,唐朝时期的杨贵妃曾经使用牛奶浴来保持肌肤的柔嫩和美白。

2. 淡化色斑

牛奶中含有乳酸和果酸,乳酸和果酸具有轻微的去角质和美白作用。定期用鲜牛奶擦拭脸部,可以帮助淡化色斑、减少黑色素沉积,使肌肤更加明亮。

3. 祛除痤疮

牛奶中的维生素A、维生素D和脂肪酸具有抗菌和抗炎作用,能够减少痤疮和暗疮的发生。将牛奶与蜂蜜混合,涂抹在痤疮上,有助于减轻炎症和促进愈合。

4. 促进头发健康

牛奶中富含蛋白质、B族维生素和钙等营养成分,可以增加头发的强度和弹性,减少发丝断裂和毛躁。定期用牛奶做头发护理,可以有效改善头发质量。

5. 强健指甲

牛奶中的蛋白质和维生素D能够加强指甲的结构,避免指甲脆弱和易碎。将手指浸泡在温牛奶中,能加强指甲的柔韧性。

6. 消除疲劳,改善睡眠

牛奶富含氨基酸和B族维生素,可以促进身体的新陈代谢,缓解疲劳。牛奶含有色氨酸,色氨酸是一种必需氨基酸,在人体内可以转化为5-羟色胺(血清素),进而被大脑吸收并转化为神经递质血清素。血清素在人体内具有多种生理功能,其中之一就是调节情绪和睡眠。因此,睡前喝一杯富含色氨酸的牛奶,可以改善睡眠质量。

六、蔬菜、水果的营养价值

蔬菜和水果种类繁多,含有人体所需的多种营养素,在我国居民膳食中的食物构成比分别为33.7%和8.4%,是膳食的重要组成部分。

(一)蔬菜、水果的主要营养成分

1. 碳水化合物

碳水化合物是蔬菜、水果的主要成分之一,包括淀粉、纤维素、果胶等。不同种类的蔬菜、水果中碳水化合物的含量存在明显差异。叶类蔬菜如菠菜、白菜等碳水化合物含量较低,而根茎类、瓜果类和豆类蔬菜则相对较高。同样,不同水果中的碳水化合物含量也有所不同,相对来说,浆果类、柑橘类和香蕉等含糖量较高的水果碳水化合物含量较高。

蔬菜、水果中的葡聚糖、纤维素、木质素、果胶等是膳食纤维的主要来源。膳食纤维可以分为可溶性和不可溶性两种类型。可溶性膳食纤维有助于控制血糖和胆固醇水平,同时提供饱腹感。不可溶性膳食纤维可促进肠道蠕动,预防便秘。

2.矿物质

蔬菜、水果中含有多种矿物质,如钙、铁、锌、钾、镁等。因种植环境、成熟度等因素的影响,不同种类的蔬菜、水果中矿物质的含量存在显著差异。绿叶蔬菜,如菠菜、芥蓝等含有丰富的钙、镁、铁,柑橘类水果和西红柿等含有较丰富的钾,海带、紫菜等海产品是碘的优质来源。

3.维生素

绿色、黄色或红色的蔬菜、水果,如胡萝卜、南瓜、苋菜、芒果等富含胡萝卜素。胡萝卜素是维生素A的前体物质,有助于维持正常视力和夜视能力,预防夜盲症。深绿色叶菜类蔬菜是叶酸的重要来源。叶酸也被称为维生素B_9,对于孕妇和胎儿尤其重要,缺乏叶酸可能导致胎儿神经管缺陷。

4.芳香物质、有机酸和色素

在蔬菜和水果中,我们常常可以发现一种或多种芳香物质和色素。这些物质的存在不仅提升了食物的口感和视觉吸引力,同时也为我们的健康带来了诸多益处。

蔬菜和水果中的芳香物质主要是油状挥发性物质,如醇、酯、醛和酮等。这些物质为蔬菜、水果提供了特殊的香味,使得不同蔬菜、水果具有独特的味道和香气。柠檬、橙子、柚子等柑橘类水果中的柠檬烯是一种常见的芳香物质,既赋予柑橘类水果鲜明的柠檬香气和风味,使其具有清新、酸甜的口感和强烈的香气,又具有一定的镇静、抗焦虑、抗氧化能力。大蒜含有挥发性的蒜素,具有促进食欲、杀菌等功效。

水果中的有机酸以苹果酸、柠檬酸和酒石酸为主,此外还有乳酸、琥珀酸等。有机酸因水果种类、品种和成熟度不同而异,柠檬酸主要存在于柑橘类水果中,苹果酸则主要存在于苹果中。有机酸能促进食欲,刺激人体消化腺的分泌,有利于食物的消化。同时有机酸可使食物保持一定酸度,对维生素C的稳定性具有保护作用。

蔬菜、水果中的色素主要是指叶绿素、类胡萝卜素和花青素等。这些色素赋予蔬菜、水果鲜艳的色彩,同时也具有许多健康益处。例如,叶绿素能够促进铁的吸收,类胡萝卜素能够转化为维生素A,对眼睛的健康有益。紫甘蓝、黑莓、蓝莓等含有丰富的花青素,有抗炎、抗氧化的作用。人们将蔬菜、水果中的色素融入米面,烹饪出五彩斑斓的美食,以激发食欲。例如,将菠菜汁、火龙果汁加入面粉,制作出翠绿欲滴、嫣红诱人的馒头和饺子。云南少数民族甚至用密蒙花、枫香叶等植物汁液浸泡糯米,烹制出令人垂涎三尺的花米饭。

(二)蔬菜、水果的美容作用

1.抗氧化作用

蔬菜和水果富含丰富的抗氧化剂,这些抗氧化剂在体内起到中和自由基的作用。自由基是一种具有高度活性的分子,它们可以损害皮肤细胞并导致氧化损伤。通过摄入富含抗氧化剂的食物,可以有效减少自由基的产生,保护皮肤免受外界环境的伤害,延缓皮肤老化。例如,蓝莓含有丰富的花青素,具有抗衰老作用;绿茶含有儿茶素,有助于防止皮肤老化,并能提亮肤色。

2.促进胶原蛋白合成

胶原蛋白是皮肤中最重要的结构蛋白,它赋予皮肤弹性和紧致度。维生素C、维生素E和β-胡萝卜素等均有助于促进胶原蛋白合成,因此,摄入富含这些维生素的蔬菜和水果,有助于保持皮肤年轻和健康。

3.保湿与滋润

蔬菜和水果中的某些成分具有保湿和滋润皮肤的功能。例如,柑橘类水果中的维生素C和柠檬酸可以提高皮肤的水分含量,从而提供持久的保湿效果。此外,一些蔬菜如黄瓜、西红柿等含有丰富的水分和天然保湿因子,可以为皮肤提供充足的水分,从而使皮肤保持水润光滑。

4.抗炎杀菌作用

炎症是皮肤问题的主要原因之一,它可以导致红肿、刺痛和痤疮等问题。通过摄入富含抗炎成分的水果和蔬菜,可以减轻炎症反应。比如薄荷含有抗菌和消炎成分,可缓解面部炎症。大蒜含有挥发性的蒜素,对葡萄球菌、痢疾杆菌及霍乱弧菌等均有很强的抑制和杀灭能力。

知识链接

野　菜

野菜是指生长在野外自然环境中的植物,其部分或全部可以作为食物食用。与市场上常见的农业种植蔬菜不同,野菜是自然生长、未经人工种植或农业管理的植物。野菜既可以是野生的植物,也可以是人工引种而成为野生状态的植物。

我国野菜资源丰富,品种繁多,常见的有蒲公英、马齿苋、野蕨菜、野苜蓿、荠菜等。这些野菜具有丰富的营养价值和独特的风味。野菜通常富含各种维生素、矿物质和膳食纤维,对于维护健康、增强免疫力和促进消化都有益处。

野菜的食用方式多样,可以凉拌、煮汤、炒、蒸或烤等。野菜的口感和味道各有特点,有些具有清爽的口感,有些则带有一丝苦涩或鲜香。

以蒲公英为例,其叶子和花朵都可以食用,富含维生素C和维生素A,以及钾、钙、镁和铁等矿物质。日常生活中可以用于制作沙拉、汤、茶或其他菜肴,也可以加入甜点中。蒲公英具有促进消化、利尿排毒和抗炎抗氧化的作用,还有助于调节血糖和胆固醇水平,在传统草药学中被广泛应用。

七、其他食品的营养价值

（一）坚果类食品

坚果是指那些有坚硬外壳的植物果实,包括种子和果仁,通常在去壳后可以食用。常见的坚果有花生、核桃、瓜子、杏仁、腰果、开心果等。坚果类食品一直是人们喜爱的健康食品,它们富含蛋白质、脂肪、矿物质、维生素和膳食纤维等营养成分。世界卫生组织将坚果称为"最佳健脑食品"。

坚果类食品中的蛋白质含量在13%～35%之间，必需氨基酸的含量和种类因坚果品种而异。例如，杏仁中含有较高的精氨酸和色氨酸，核桃则富含赖氨酸和含硫氨基酸。

杏仁、莲子等淀粉类坚果，脂肪含量相对较低；而核桃、花生等含油类坚果，脂肪含量则相对较高。坚果中的脂肪主要为不饱和脂肪酸，如ω-3和ω-6等。

含油坚果不仅脂肪含量丰富，维生素E和B族维生素的含量也相当可观。此外，坚果中还蕴藏着丰富的矿物质，如锌、铁、硒等。

坚果不仅具有多种健康益处，而且被广泛认为具有美容效果。坚果中含有大量的抗氧化物质，这些物质包括多酚类物质和黄酮类物质等。多酚类物质在人体内与自由基发生反应，将其转化为无害物质，从而保护身体免受氧化损伤。黄酮类物质不仅能减少自由基的产生，还可以促进血液循环，增强血管弹性，有助于保持皮肤的健康和年轻状态。

中医对坚果的美容功效也有独特的认识。古代医书《本草纲目》中记载，松子具有养肺益气、补肺止咳、润燥止渴的功效。核桃被赞誉能润肌肤、乌须发。杏仁能润肺止咳、清热解毒、降血压，栗子则有健脾益胃、补肾固精之效。

（二）食用菌

食用菌是指能够被人类食用，并且具有一定营养价值的真菌。常见的食用菌有蘑菇、香菇、木耳等。

食用菌具有较高的营养价值，富含蛋白质、菌多糖、膳食纤维、维生素以及多种微量元素。其中，蛋白质和菌多糖是食用菌最主要的营养成分。菌多糖是从食用菌子实体或菌丝体中提取的一类多糖，具有多种生物活性。在临床上，菌多糖主要用于免疫调节、抗肿瘤、抗感染、降血糖、抗氧化、改善神经功能和抗疲劳等。此外，菌多糖也被广泛应用于食品和保健品领域，作为营养补充剂和功能食品的成分。

需要注意的是，有些野生菌种含有毒素，不能随意食用，以免中毒。

（三）食用昆虫

昆虫作为人类的食物，具有悠久的历史。早在《尔雅》《周礼》和《礼记》中就记载了蚁、蝉和蜂三种昆虫加工后供皇帝祭祀和宴饮之用。我国不少地区都有食用昆虫的饮食习惯，常见的有蚕蛹、蜂蛹、竹节虫。

食用昆虫的蛋白质含量较高，且氨基酸组成与人体需要较为接近，是优质蛋白的来源。食用昆虫还含有丰富的矿物质，如铁、锌、钙。在维生素方面，食用昆虫是B族维生素的良好来源，包括核黄素、泛酸和生物素等。

需要注意的是，食用昆虫蛋白质含量高，还含有一些致敏成分，过敏体质的人群应谨慎食用。

> **知识链接**

黑 枸 杞

黑枸杞是枸杞属植物,也被称为紫枸杞或黑果枸杞,主要生长在中国西北地区的干旱荒漠、盐碱地以及高寒山区。与普通的红枸杞相比,黑枸杞的果实颜色较深,果皮呈紫黑色。

黑枸杞富含花青素,是一种卓越的抗氧化剂,能够中和体内自由基对细胞的损害,有助于减缓衰老过程。多数人都知道红枸杞的抗氧化功效,而黑枸杞的功效则更为强大。

黑枸杞被视为天然的眼部滋养剂。它含有丰富的维生素C、维生素E和B族维生素,这些营养素对眼睛的健康至关重要。黑枸杞还富含锌和硒等矿物质,这些矿物质是维持眼睛结构和视觉功能所必需的。长期食用黑枸杞有助于缓解眼疲劳、改善视力,特别是对于长时间使用电子设备的人群,更具意义。

此外,黑枸杞也被称为免疫增强剂。它富含多糖类物质,这些物质能够刺激人体的免疫系统,增强免疫力,提高抵抗力。坚持食用黑枸杞有助于预防感冒、减少疾病发作,并提升整体健康水平。不仅如此,黑枸杞还被认为对肝脏有保护作用,能够促进肝细胞的修复和再生。

黑枸杞的食用方式多种多样,可以直接食用,也可以泡水饮用,还可以作为炖汤的药材,或加入各种食物中制作美味的菜肴。

知识小结

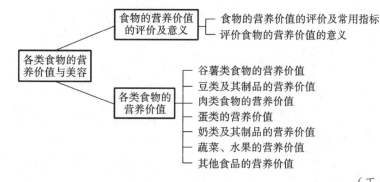

(王丹 郑晓丽)

能力检测

一、单选题

1.下列与食物的营养价值无关的是(　　)。
A.营养素的数量是否充足　　B.营养素的比例是否适宜

C.营养素的种类是否齐全　　D.食物被人体消化吸收的程度
E.食物的来源
2.以下哪种食物属于高纤维食物?(　　)
　　A.苹果　　　B.鸡蛋　　　　C.牛奶　　　D.鳕鱼　　　　E.鳄梨
3.富含叶酸的食物是(　　)。
　　A.绿豆　　　B.牛肉　　　　C.草莓　　　D.红萝卜　　　E.鸡肉
4.以下哪种食物属于低血糖指数食物?(　　)
　　A.米饭　　　B.绿豆　　　　C.牛肉　　　D.鸡肉　　　　E.鳄梨
5.以下哪种食物是维生素D的重要来源之一?(　　)
　　A.红萝卜　　B.鳕鱼　　　　C.鸡蛋　　　D.橙子　　　　E.奶酪
6.以下哪种食物富含铁,有助于预防皮肤出现苍白情况?(　　)
　　A.红枣　　　B.米饭　　　　C.南瓜　　　D.鸡蛋　　　　E.牛奶
7.有助于减少皮肤油脂分泌,富含维生素B_6的食物是(　　)。
　　A.鸡肉　　　B.糖果　　　　C.羊肉　　　D.鸭肉　　　　E.绿豆
8.富含胶原蛋白,有助于改善皮肤弹性的食物是(　　)。
　　A.红薯　　　B.鲑鱼　　　　C.黄瓜　　　D.苹果　　　　E.猪蹄
9.能滋润皮肤,富含ω-3脂肪酸的食物是(　　)。
　　A.猪腰子　　B.猕猴桃　　　C.多宝鱼　　D.绿豆　　　　E.牛奶
10.富含多种必需氨基酸的食物是(　　)。
　　A.绿茶　　　B.胡萝卜　　　C.牛油果　　D.牛肉　　　　E.蚕豆

二、多选题
1.下列与食物的营养价值有关的是(　　)。
A.营养素的数量是否充足　　B.营养素的比例是否适宜
C.营养素的种类是否齐全　　D.食物被人体消化吸收的程度
E.食物的来源
2.以下哪些食物富含维生素C?(　　)
　　A.香蕉　　　B.西兰花　　　C.鸡肉　　　D.橙子　　　　E.牛奶
3.以下哪些食物是优质蛋白的来源?(　　)
　　A.坚果　　　B.豆类　　　　C.鸡蛋　　　D.薯类　　　　E.鱼类
4.以下哪些食物富含膳食纤维?(　　)
　　A.苹果　　　B.米饭　　　　C.黄瓜　　　D.燕麦　　　　E.面包
5.以下哪些食物富含钙?(　　)
　　A.奶酪　　　B.蘑菇　　　　C.豆腐　　　D.红肉　　　　E.鸡蛋
6.以下哪些食物富含铁?(　　)
　　A.菠菜　　　B.鸡肉　　　　C.苹果　　　D.红薯　　　　E.红肉
7.以下哪些食物对皮肤健康和美容有益?(　　)
　　A.胡萝卜　　B.巧克力　　　C.绿茶　　　D.西瓜　　　　E.油炸食品
8.以下哪些食物富含抗氧化剂,有助于减少皮肤老化?(　　)

A.蓝莓　　　B.猕猴桃　　　C.牛肉　　　D.柠檬　　　E.可乐
9.以下哪些食物富含维生素E,有助于皮肤保湿和抗衰老?(　　)
A.杏仁　　　B.牛奶　　　C.花生　　　D.鸡蛋　　　E.橄榄油
10.以下哪些食物富含胶原蛋白,有助于改善皮肤弹性和延缓皱纹形成?(　　)
A.猪蹄　　　B.紫菜　　　C.黄豆　　　D.鸡肉　　　E.西兰花

能力检测答案

第四章　合理营养与美容

扫码看课件

 学习目标

知识目标
1. 掌握合理营养的定义和基本要求、中国居民膳食指南。
2. 熟悉膳食营养素参考摄入量。
3. 了解世界上主要的膳食结构。

能力目标
学会根据中国居民膳食指南和膳食宝塔进行膳食指导。

素质目标
培养学生平衡膳食的理念,为以后从事美容营养咨询和指导工作奠定良好的基础。

健康是美丽的基础,人体的肌肤、骨骼、头发等均需要各类营养物质的滋养。只有合理摄取营养,才能保证机体的健康,才能谈得上美容。不同的食物含有的营养素种类和数量不同。合理搭配食物,才能合理摄入人体所需要的营养素,保证机体有良好的物质支撑,这是健康的保证,也是美丽的基础。

第一节　中国居民膳食营养素参考摄入量

案例导入

2015年中国居民慢性病与营养监测数据显示,每标准人日烹调油和盐的摄入量分别为43.2 g和9.3 g。从烹调油和盐摄入量的长期变化趋势来看,1982—2015年烹调油的摄入量呈上升趋势,烹调盐的摄入量有下降趋势。研究显示,高盐(钠)摄入可增加高血压、脑卒中、胃癌和全因死亡的发生风险,脂肪摄入过多可增加肥胖的发生风险,摄入过多反式脂肪酸会增加心血管疾病的发生风险。

请问:
1. 如何合理摄入营养素?
2. 什么是膳食营养素参考摄入量?

为科学指导人们合理营养,很多国家根据自身国情制定了本国的推荐营养素供给量标准,并持续进行修订。1955年我国提出了"每日膳食中营养素供给量"的概念,此概念是基于预防缺乏病提出的参考值,没有考虑预防慢性病和过量的危害,故随着营养学的发展,目前用"膳食营养素参考摄入量(DRI)"来衡量日常摄入食物营养素是否适宜。

一、概述

膳食营养素参考摄入量(dietary reference intake,DRI)是为了保证人体合理摄入营养素,避免缺乏或过量,在推荐膳食营养素供给量(recommended dietary allowance,RDA)的基础上发展起来的每日平均膳食营养素摄入量的一组参考值,是帮助个体和人群制订膳食计划的依据。2000年第一版DRI共包括四个参数,即平均需要量(estimated average requirement,EAR)、推荐摄入量(recommended nutrient intake,RNI)、适宜摄入量(adequate intake,AI)和可耐受最高摄入量(tolerable upper intake level,UL)。2013年修订版增加了与非传染性慢性病相关的三个参数,即宏量营养素可接受范围(acceptable macronutrient distribution range,AMDR)、预防非传染性慢性病的建议摄入量(proposed intakes for preventing non-communicable chronic disease,PI-NCD,简称建议摄入量,PI)和特定建议值(specific proposed level,SPL)。

二、膳食营养素参考摄入量

(一)平均需要量(EAR)

平均需要量是指可以满足某一特定性别、年龄及生理状况群体中个体对某营养素需要量的平均值。营养素摄入达到平均需要量水平时,50%个体对该营养素的需要可得到满足,但不能满足群体中另外50%个体对该营养素的需要。平均需要量是制定推荐摄入量的基础,由于针对某些营养素缺乏足够的人体需要量研究资料,因此并非所有营养素都能制定其平均需要量。

(二)推荐摄入量(RNI)

推荐摄入量相当于传统使用的每日膳食中营养素供给量,是可以满足某一特定性别、年龄及生理状况群体中绝大多数(97%~98%)个体需要量的摄入水平。长期摄入推荐摄入量水平的营养素,可以满足身体对该营养素的需要,保持健康和维持组织中适当的储备。推荐摄入量的主要用途是作为个体每日摄入该营养素的目标。推荐摄入量是以平均需要量为基础制定的,故无法针对全部营养素制定推荐摄入量值,此种情况可用适宜摄入量代替推荐摄入量做膳食评估。

(三)适宜摄入量(AI)

因个体需要量的研究资料不足而不能计算平均需要量,不能求得推荐摄入量时,可设定适宜摄入量来代替推荐摄入量。适宜摄入量是通过观察或实验获得的健康人群某种营养素的摄入量。例如,纯母乳喂养的足月产健康婴儿,从出生到4~6个月,他们的营养素全部来自母乳,则母乳中供给的营养素量就是他们的适宜摄入量值。

适宜摄入量的主要用途是作为个体营养素摄入量的目标。适宜摄入量和推荐摄入量二者都用作个体摄入的目标,能满足目标人群中几乎所有个体的需要,但适宜摄入量的准确性远不如推荐摄入量,可能显著高于推荐摄入量,因此使用适宜摄入量时要比使用推荐摄入量时更加小心。

(四)可耐受最高摄入量(UL)

可耐受最高摄入量是平均每日可以摄入某营养素的最高量。这个量对一般人群中的几乎所有个体都不至于损害健康,但并不表示达到此摄入水平对健康有益。因此,可耐受最高摄入量并不是一个建议的摄入水平。目前,对于某些营养素还没有足够的资料制定可耐受最高摄入量,所以未提出可耐受最高摄入量的营养素并不意味着过多摄入这些营养素无潜在风险。

(五)宏量营养素可接受范围(AMDR)

宏量营养素可接受范围指蛋白质、脂肪和碳水化合物理想的摄入量范围,该范围可以提供这些必需营养素的需要,并有利于降低发生非传染性慢性病的风险,常用占能量的百分比表示。其显著特点之一是具有上限和下限。

(六)预防非传染性慢性病的建议摄入量(PI-NCD)

膳食营养素摄入量过高或过低可导致慢性病,一般涉及肥胖、高血压、糖尿病、血脂异常、脑卒中、心肌梗死以及某些癌症。PI-NCD是以非传染性慢性病的一级预防为目标,提出的必需营养素的每日摄入量。当非传染性慢性病易感人群某些营养素摄入量达到此值时,可降低非传染性慢性病的风险。某些营养素的PI可能高于RNI或AI,如维生素C、钾等,而另一些营养素可能低于AI,如钠。

(七)特定建议值(SPL)

特定建议值指膳食中某些营养素以外的成分摄入量达到此建议水平时,有利于维护人体健康。专用于营养素以外的其他食物成分而建议的有利于人体健康的每日摄入量。

第二节 合理营养与平衡膳食

一、合理营养与平衡膳食的定义

合理营养是指人体每日从食物中摄入的能量和各种营养素的数量及其相互间的比例,能满足在不同生理阶段、不同劳动环境及不同劳动强度下的需要,并使机体处于良好的健康状态。

平衡膳食,又称合理膳食,是指能满足合理营养要求的膳食。从食物中摄入的能量和营养素在一个动态过程中,能提供机体合适的量,避免出现某些营养素的缺乏或过多而引起机体对营养素需要和利用的不平衡。

平衡膳食是合理营养的物质基础,是达到合理营养的唯一途径,也是反映现代人类生活质量的一个重要标志。

二、平衡膳食的要求

由于食物中营养素的种类和数量各不相同,因此食物多样是平衡膳食的基本原则,多种食物组成的膳食才能满足人体对能量及营养素的需求,除此之外,种类齐全、数量充足、比例适宜的营养素摄入才能达到平衡膳食的目的。平衡膳食的基本要求如下。

(一)食物种类齐全、数量充足、比例适当

人类需要的基本食物一般可分为谷薯类、蔬菜水果类、畜禽鱼蛋奶类、大豆坚果类和油脂类五大类。不同食物中的营养素及有益膳食成分的种类和含量不同,只有多种食物组成的膳食才能满足人体对能量和各种营养素的需要,达到膳食营养素参考摄入量(DRI)标准。食物多样是平衡膳食的基本原则,此外,在数量上要满足各类食物的适宜摄入量,动物性食物和植物性食物之间的比例要适宜,从而保证能量和营养素之间的比例适当。从食物种类的角度讲,要达到几个平衡:①植物性食物与动物性食物比例的平衡;②植物性食物中谷类、薯类、豆类、坚果类、水果、蔬菜等之间的比例平衡;③动物性食物中的畜禽肉类、鱼虾类、蛋类、奶类之间比例的平衡。

从能量和营养素的角度讲,有几个比例也要达到平衡:①产能营养素供能比例的平衡;②与能量代谢有关的B族维生素和能量消耗比例的平衡;③优质蛋白与总蛋白质之间比例的平衡,以保证必需氨基酸之间比例的平衡;④必需脂肪酸与总能量摄入之间比例的平衡;⑤饱和脂肪酸、单不饱和脂肪酸及多不饱和脂肪酸之间比例的平衡;⑥复合碳水化合物与总碳水化合物之间比例的平衡;⑦钙与磷的比例以及其他矿物质之间比例的平衡。

(二)合理的烹调加工

食物经科学的加工与烹调的目的在于消除食物中的抗营养因子与有害微生物,提高食物的消化率,改变食物的感官性状和促进食欲。因此,加工和烹调时应最大限度地减少营养素损失,提高食物的消化吸收率,改善食物的感官性状,增进食欲,消除食物中的抗营养因子、有害化学物和微生物。

(三)保证食品安全

食物不得含有对人体造成危害的各种有害因素,且应保持食物的新鲜卫生,以确保居民的生命安全。食品中的微生物及其毒素、食品添加剂、化学物质及农药残留等均应符合食品安全国家标准的规定。一旦食物受到有害物质污染或发生腐败变质,食物中的营养素就会被破坏,不仅不能满足机体的营养需求,还会造成人体急、慢性中毒,甚至致癌。

(四)合理的用餐制度

根据不同人群的生理条件、劳动强度以及作业环境对用餐制度给予合理安排。合理的用餐制度可促进食欲和有助于消化液定时分泌,使食物得到充分消化吸收和利用。成年人应采用一日三餐制,并养成不挑食、不偏食、不暴饮暴食等良好的饮食习惯。

第三节 膳食结构与膳食指南

> **案例导入**
>
> 2019年,《柳叶刀》发布了全球饮食领域首个大规模研究——195个国家和地区饮食结构造成的死亡率和疾病负担。结果显示,全球近20%的死亡案例是由吃的食物不健康导致的。2017年,中国因为饮食结构问题造成的心血管疾病死亡率、癌症死亡率均位于世界人口前20位国家中的首位。造成死亡的不合理饮食习惯中排在前三位的是高钠饮食、低全谷物饮食和低水果饮食。
>
> 请问:
>
> 1.什么是膳食结构?
>
> 2.如何指导居民平衡膳食?

一、膳食结构

(一)膳食结构的概念及类型

1.膳食结构的概念

膳食结构又称膳食模式,是一个国家、一个地区或个体日常膳食中各类食物的种类、数量及其所占的比例。一个国家的膳食结构受多种因素影响,如经济、生产、文化、科学发展等,因此膳食结构可以衡量一个国家或地区经济发展水平、社会发展程度及膳食质量。

2.膳食结构的类型

根据动物性食物和植物性食物在膳食中的构成比例以及三大产能营养素的供能比例,可将世界不同地区膳食结构分为四种类型:经济发达国家膳食结构、东方膳食结构、日本膳食结构、地中海膳食结构。

(1)经济发达国家膳食结构:多数欧美发达国家的膳食结构,属于营养过剩型膳食结构。在该膳食结构中动物性食物和食糖占比较大,粮谷类食物占比较小,因此出现了高能量(3300~3500 kcal)、高脂肪(130~150 g)、高蛋白(100 g)、低膳食纤维的"三高一低"的特点。谷物人均摄入160~190 g/d,肉类人均摄入280 g/d,奶及奶制品人均摄入300 g/d以上,蛋类人均摄入40 g/d。这种膳食结构的优点是优质蛋白在膳食中占比较高,脂溶性维生素和B族维生素含量较高,矿物质如铁、锌等利用率高。其缺点是能量过剩、食糖摄入过多,容易造成肥胖、高血压、冠心病、糖尿病等。

(2)东方膳食结构:多数发展中国家的膳食结构属于此种。该膳食结构以植物性食物为主,动物性食物为辅。谷物年人均消费200 kg,动物性食物年人均消费10~20 kg。植物性食物约提供近90%的蛋白质,动物性食物提供10%~20%的蛋白质。该膳食结构的特点是能基本满足人体的能量需求,蛋白质、脂肪摄入不足,易导致蛋白质-

能量营养不良、缺铁性贫血、维生素A缺乏症等营养缺乏症,但心血管疾病(冠心病、脑卒中)、2型糖尿病、肿瘤等慢性病的发病率较低。

(3)日本膳食结构:该膳食结构是一种动植物性食物较为平衡的膳食结构,以日本为代表。该膳食结构的特点是谷类的消费量平均每天300～400 g,动物性食物消费量平均每天100～150 g,其中海产品的比例达到50%,奶类100 g左右,蛋类、豆类各50 g左右,能量和脂肪的摄入量低于欧美发达国家,平均每天能量摄入量为2000 kcal左右,蛋白质70～80 g,动物性蛋白质占总蛋白质的50%左右,脂肪50～60 g。该膳食结构既保留了东方膳食结构的特点,又吸取了经济发达国家膳食结构的长处,少油,少盐,多海产品,蛋白质、脂肪和碳水化合物的供能比例合适,有利于避免营养缺乏病和营养过剩性疾病、心血管疾病、糖尿病和癌症,膳食结构基本合理。

(4)地中海膳食结构:该膳食结构为以希腊为代表的地中海沿岸国家所特有,该地区心、脑血管疾病发病率低、死亡率低、平均寿命高。该膳食结构的特点:①富含植物性食物,包括谷类(每天350 g左右)、水果、蔬菜、豆类、果仁等;②每天食用适量的鱼类、禽肉,少量的蛋类、奶酪、酸奶;③每月食用畜肉(猪肉、牛肉、羊肉及其产品)的次数不多;④主要的食用油是橄榄油;⑤大部分成年人有饮用葡萄酒的习惯;⑥脂肪提供能量占膳食总能量的25%～35%,其中饱和脂肪酸所占比例较低,为7%～8%。此膳食结构的突出特点是饱和脂肪酸摄入量低,不饱和脂肪摄入量高,膳食含大量复合碳水化合物,蔬菜、水果摄入量高。

(二)我国的膳食结构

1.我国居民的膳食结构现状

我国传统膳食结构的特点是以植物性食物为主,膳食纤维含量丰富,缺点是谷类食物摄入量过多(以前高达80%以上),动物性食物摄入量偏少,且奶类和水果长期缺乏。随着我国居民生活水平的不断提高,膳食结构发生变化,总体上膳食结构仍不尽合理,主要表现为肉类和油脂消费过多,而粗杂粮、薯类食物消费锐减,从而导致营养素摄入失衡和肥胖等慢性病高发等新营养问题。

2.东方健康膳食结构

《中国居民膳食指南科学研究报告(2021年)》显示,在浙江、上海、江苏、广东、福建等采用南方膳食结构的人群中发生超重、肥胖、2型糖尿病代谢综合征和脑卒中等疾病的风险均较低,心血管疾病和慢性病的死亡率较低。该地区居民期望寿命较高。中国东南沿海很多地区社会经济发展综合水平较高,居民膳食营养状况相对较好,形成了东方传统膳食结构向东方健康膳食结构转变的良好范例。为了方便描述和推广,把我国东南沿海一带的代表性饮食统称为东方健康膳食结构,其主要特点是清淡少盐,食物多样,谷类为主,蔬菜、水果充足,鱼虾等水产品丰富,奶类、豆类丰富,并提供较高的能量供身体活动。

3.应采取的措施

为了纠正我国目前膳食结构存在的问题,达到平衡膳食的目标,需要全社会多部门联合采取措施。

(1)加强政府的宏观指导,建立和完善国家营养及慢性病监测体系,尽快制定国家营养改善相关法律法规,将国民营养与健康改善纳入国家与地方政府的中长期发展规划。

(2) 发挥农业、食品工业、销售(市场)等领域在改善居民营养中的重要作用。发展豆类、奶类、禽肉类和水产类的生产和食品深加工,增加这些食品的消费量,改变牲畜肉类消费过快增长的局面。

(3) 加强营养健康教育,广泛宣传《中国居民膳食指南(2022)》,提高公众对平衡膳食和健康生活方式的认识水平,并付诸行动。

(4) 加强营养与食品领域专业队伍能力建设,培养高素质专业人才。培训乡镇卫生院、村卫生室和社区卫生服务中心(站)等基层医疗卫生机构的相关工作人员,以便更好地解决目前我国居民营养过剩和营养缺乏双重问题。

二、膳食指南

膳食指南是由政府和科学团体根据营养科学的原则和人体的营养需要,结合当地食物生产供应情况及人群生活实践,专门针对食物选择和身体活动提出的指导意见。

为了适应居民营养与健康的需要,帮助居民合理选择食物,1989年我国首次发布了《中国居民膳食指南》,1997年、2007年和2016年进行了三次修订,2022年发布了《中国居民膳食指南(2002)》系列指导性文件。《中国居民膳食指南(2022)》由一般人群膳食指南、特定人群膳食指南、平衡膳食模式和膳食指南编写说明三部分组成。

(一) 一般人群膳食指南

一般人群膳食指南适用于2岁以上的健康人群,结合我国居民的营养问题,提出了平衡膳食八准则。

1. 准则一:食物多样,合理搭配

平衡膳食模式是最大程度上保障人类营养需要和健康的基础,食物多样是平衡膳食模式的基本原则。多样的食物应包括谷薯类、蔬菜水果、畜禽鱼蛋奶和豆类食物等。建议平均每天摄入12种以上食物,每周25种以上,合理搭配。谷类为主是平衡膳食模式的重要特征,建议每天摄入谷类食物200~300 g,其中包含全谷物和杂豆类50~150 g;薯类50~100 g。每天的膳食应合理组合和搭配,平衡膳食模式中碳水化合物供能占总能量的50%~65%,蛋白质占10%~15%,脂肪占20%~30%。

实践应用:如何做到食物多样

1) 小份量多几样

选"小份"是实现食物多样的关键措施。同等能量的一份午餐,"小份"菜肴可以增加食物种类。尤其是儿童用餐时,选"小份"可以让儿童吃到品种更多、营养素来源更加丰富的食物。与家人一起吃饭有利于食物多样,将食物分量变小。

2) 同类食物常变换

同类食物中都包含丰富的品种,可以彼此进行互换,避免食物品种单调,也有利于丰富一日三餐,从而做到食物多样,每天享受色、香、味不同的美食。例如,主食可以在米饭、面条、小米粥、全麦馒头、杂粮饭间互换;红薯和马铃薯互换;猪肉与鸡肉、鸭肉、牛肉及羊肉等互换;鱼可与虾、蟹贝等水产品互换;牛奶可与酸奶、奶酪、羊奶等互换。

3)不同食物巧搭配

(1)粗细搭配:主食应注意增加全谷物和杂豆类食物。烹调主食时,大米可与糙米、杂粮(燕麦、小米、荞麦、玉米等)以及杂豆(红小豆、绿豆、芸豆、花豆等)搭配。二米饭、绿豆饭、红豆饭、八宝粥等都是粗细搭配、增加食物品种的好选择。

(2)荤素搭配:"荤"指动物性食物,"素"指植物性食物。有肉、有菜,搭配烹调,可以在改善菜肴色、香、味的同时,提供多种营养成分,如什锦砂锅、炒杂菜等。

(3)深浅搭配:食物呈现的丰富色彩能给人视觉上美的享受,刺激食欲,使食物营养搭配简单易行,如什锦蔬菜,五颜六色代表了蔬菜不同植物化学物、营养素的特点,同时满足了食物种类多样化。

2.准则二:吃动平衡,健康体重

体重是评价人体营养与健康状况的重要指标,运动和膳食平衡是保持健康体重的关键。各年龄段人群都应每天进行身体活动,维持能量平衡、保持健康体重。体重过轻和过重均易增加疾病的发生风险。推荐每周至少进行5天中等强度的身体活动,累计150分钟以上;坚持日常身体活动,主动进行身体活动,最好每天运动6000步;注意减少久坐时间,每小时起来动一动。

1)实践应用一:如何做到食不过量

食不过量主要指每天摄入的各种食物所提供的能量,不超过也不低于人体所需要的能量。不同食物提供的能量不同,如蔬菜是低能量食物,油脂、畜肉和高脂肪的食物能量较高。因此,要做到食不过量需要合理搭配食物以保持能量平衡,同时保持营养素的平衡。

以下方法可以帮助我们做到食不过量,建立健康的饮食行为。

(1)定时定量进餐:可避免过度饥饿引起的饱中枢反应迟钝而导致进食过量。

(2)吃饭要细嚼慢咽,避免进食过快,导致无意中进食过量。

(3)提倡分餐制:不论在家或在外就餐都提倡分餐制,根据个人的生理条件和身体活动量进行标准化配餐和定量分配。

(4)每顿少吃一两口:体重的增加或减少不会因为短时间的一两口饭有大的变化,但日积月累,从量变到质变就可以影响体重的增减。如果能坚持每顿少吃一两口,对预防能量摄入过多而引起的超重和肥胖有重要作用。容易发胖的人,应适当限制进食量,不要完全吃饱,更不能吃撑,最好在感觉还欠几口的时候就放下筷子。

(5)减少高能量加工食品的摄入:学会看食品包装上的营养成分表,了解食品的能量值,避免选择高脂肪、高糖食品。

(6)减少在外就餐:在外就餐或聚餐时,一般时间较长,从而会不自觉增加食物的摄入量,导致进食过量。

2)实践应用二:身体活动量多少为宜

成年人的能量消耗包括基础代谢、身体活动和食物热效应。身体活动包括职业性身体活动、交通往来活动、家务活动和休闲时间进行的身体活动。通常身体活动量应占总能量消耗的15%以上。建议每天主动运动6000步,或中等强度运动30分钟以上,可以1次完成,也可以分2~3次完成。成年人每天摄入能量1600~2400 kcal时,身体活动消耗15%(240~360 kcal)。一般来说,每天日常家务和职业活动等(消耗能量相当于2000~2500步),按标准人体重计算的消耗能量为60~80 kcal;主动运动6000步(以5.4~6.0 km/h速度快走),需要约42分钟,消耗能量170 kcal。将两者加起来可知每天消耗能量230~250 kcal。年龄超过60岁的老年人完成6000步的时间可以更长些。体重越重,进行同等强度运动时消耗的能量越多。

进行不同强度身体活动消耗的能量不同,身体活动强度越大,消耗的能量越多。身体活动强度用来描述进行身体活动时费力/用力的大小,可以用代谢当量(MET)、心率或者自我感知的疲劳程度来衡量。通常中等强度身体活动的MET为3~5.9,活动时心率为最大心率的60%~80%(最大心率=220-年龄(岁)),自觉疲劳程度或用力程度为"有点费力,或者有点累、稍累"。换句话说,中等强度身体活动是指需要用一些力,心跳、呼吸加快,但仍可以在活动时轻松讲话的活动,如快速步行、跳舞、休闲游泳及做家务(如擦窗子、拖地板)等。中等强度的身体活动,常以快走为代表。中等强度身体活动的下限为中速(4 km/h)步行。高强度身体活动需要更多的力,心跳更快,呼吸急促,如慢跑、跳健身操、快速蹬车、打网球、比赛训练以及进行重体力劳动,如举重、搬重物或挖掘等。高强度身体活动适合有运动习惯的健康成年人和青少年。

3. 准则三:多吃蔬果、奶类、全谷、大豆

蔬菜、水果、全谷物和奶制品是平衡膳食的重要组成部分,坚果是膳食的有益补充。蔬菜和水果是维生素、矿物质、膳食纤维和植物化学物的重要来源,奶类和大豆富含钙、优质蛋白和B族维生素,对降低慢性病的发病风险有重要作用。餐餐有蔬菜,保证每天摄入不少于300 g的新鲜蔬菜,深色蔬菜应占1/2。推荐天天吃水果,保证每天摄入200~350 g的新鲜水果,果汁不能代替鲜果。吃各种各样的奶制品,摄入量相当于每天300 mL以上液态奶。经常吃全谷物、大豆制品,适量吃坚果。

1) 实践应用一:如何挑选蔬菜、水果

蔬菜、水果品种很多,不同蔬菜、水果的营养价值也相差很大。只有选择多种多样、五颜六色的蔬菜、水果,合理搭配,才能做到食物多样,平衡膳食。

(1)重"鲜":新鲜应季的蔬菜、水果,颜色鲜亮,不但水分含量高、营养丰富、味道清新,而且仍在进行着呼吸和成熟等植物生理活动。食用这样的新鲜蔬菜、水果对人体健康益处多。每天早上买好一天的新鲜蔬菜,用于当日食用;如果购买的新鲜蔬菜量较多时,应将它们按照每次食用量分别用厨房用纸包起来放入冰箱冷藏,进行保鲜并尽早食用。无论是蔬菜还是水果,如果放置时间过长,不但水分丢失,口感也不好。蔬菜发生腐烂时,还会导致亚硝酸盐含量增加,对人体健康不利。放置过久或干瘪的水果,不仅水分丢失,营养素和糖分同样有较大变化。腌菜和酱菜是蔬菜储存的一种方式,也是风味食物,因为制作的过程中需要使用较多的食盐,不建议多吃。

(2)选"色":根据颜色深浅,蔬菜可分为深色蔬菜和浅色蔬菜。深色蔬菜指深绿色、红色、橘红色和紫红色蔬菜,具有营养优势,富含β-胡萝卜素(膳食维生素A的主要来源),应注意多选择。深绿色蔬菜有菠菜、油菜等;橘红色蔬菜有胡萝卜、西红柿等;紫红色菜有紫甘蓝、红苋菜等。每天深色蔬菜的摄入量应占蔬菜总摄入量的1/2。选择不同颜色的蔬菜也是方便易行的实现食物多样化的方法之一。

(3)多"品":蔬菜的种类有上千种,含有的营养素和植物化学物种类也各不相同,因此挑选和购买蔬菜时要多变换,每天至少3种。例如,土豆、芋头等根茎类蔬菜淀粉含量较高;叶菜、十字花科蔬菜如油菜、西兰花、各种甘蓝等,富含膳食纤维和异硫氰酸盐等有益物质,应该多选;番茄、青椒、南瓜、茄子等瓜茄类蔬菜,维生素C和类胡萝卜素含量较高;鲜豆类是居民常选蔬菜之一,蚕豆、豌豆、菜豆、豇豆等风味独特,含有丰富的氨基酸、多种矿物质和维生素。菌藻类食物如香菇、平菇等,维生素B_2、铁、锌、钾等的含量都很高;海带、紫菜富含碘。每种蔬菜的特点都不一样,所以应该不断更换品种,享受大自然的丰富馈赠。水果的种类也很繁多,除了根据颜色和甜度区别水果种类外,还可根据季节来区别。夏季和秋季属水果最丰盛的季节,不同的水果甜度和营养素含量有所不同,每天至少1种,首选应季水果。

2)实践应用二:怎样才能达到足量蔬果目标

(1)餐餐有蔬菜:对于三口之家来说,一般全家每天需要购买3种或不少于1 kg新鲜蔬菜,并将其分配在一日三餐中。中、晚餐时每餐至少有2种蔬菜,适合生吃的蔬菜,可作为饭前饭后的"零食"和"茶点",这样既保留了蔬菜的原汁原味,又能带来健康益处。在一餐的食物中,首先保证蔬菜重量大约占1/2,这样才能满足一天"量"的目标。膳食讲究荤素搭配,做到餐餐有蔬菜。在食堂就餐,每顿饭的蔬菜也应占整体膳食餐盘的1/2。

(2)天天吃水果:一个三口之家一周应该采购4.5~7 kg的水果。选择新鲜应季的水果,变换种类购买,在家中或工作单位把水果放在容易看到和方便拿到的地方,这样随时可以吃到。有小孩的家庭,应注意培养孩子吃水果的兴趣。家长以身作则,可以将水果放在餐桌上,或加入酸奶中,成为饭前饭后必需的食物;注意培养孩子对水果的兴趣,通过讲述植物或水果的神奇故事、摆盘做成不同造型吸引孩子,从而增加其水果摄入量。

(3)蔬果巧搭配:以蔬菜菜肴为中心,尝试一些新的食谱和搭配,让五颜六色的蔬菜、水果装点餐桌,愉悦心情。单位食堂也应提供如什锦蔬菜、大拌菜等菜肴,从而利于人们进食更多的蔬菜、水果。深色叶菜应占蔬菜总量的1/2,红、绿叶菜和十字花科蔬菜更富含营养物质。自己制作水果蔬菜汁(不要去掉渣)是多摄入蔬菜、水果的好办法。蔬菜、水果各有营养特点,不能替代或长期缺乏。多吃蔬果也是减少能量摄入的好办法。

3)实践应用三:如何多吃奶类和大豆

奶类和大豆制品都富含优质蛋白,是膳食中的重要食物。

(1)选择多种奶制品:常见奶有牛奶、羊奶、马奶等,其中以牛奶的消费量最大。鲜奶经加工后可制成各种奶制品,市场上常见的有液态奶、奶粉、酸奶、奶酪等,与液态奶相比,酸奶、奶酪、奶粉有不同风味,又有不同的蛋白质浓度,可以多品尝,保证饮食多样性,但是应该注意的是乳饮料不属于奶制品。

(2)可以换着花样经常吃大豆及其制品:大豆包括黄豆、青豆和黑豆,我国大豆制品有上百种,通常分为非发酵豆制品和发酵豆制品两类。非发酵豆制品有豆浆、豆腐、豆腐干、豆腐丝、豆腐脑、豆腐皮、香干等,发酵豆制品有腐乳、豆豉等,一般家庭和餐馆都将豆腐作为常见菜肴,可凉拌,也可热炒,三口之家,一块豆腐(300 g左右)正好可做一盘菜肴。每周可用豆腐、豆腐干、豆腐丝等制品轮换使用,如早餐安排豆腐脑和豆浆,午餐、晚餐可以使用豆腐、豆腐丝(干)等做菜,既变换口味,又能满足营养需求。家庭泡发大豆也可与饭一起烹饪,提高蛋白质的利用率,家庭自制豆芽和豆浆也是常吃豆制品不错的方法。

(3)把牛奶制品、豆制品当作膳食组成的必需品:每天摄入300 mL液态奶或相当于300 mL液态奶的牛奶制品其实并不难,例如,早餐饮用一杯200~250 mL的牛奶,午饭加一杯酸奶(100~125 mL)即可。对于儿童来说,早餐可以食用2~3片奶酪,课间再饮一瓶牛奶或酸奶。食堂可以考虑在午餐提供酸奶、液态奶等并宣传和鼓励就餐者选择奶类食物。奶粉、奶酪更容易储存,运输不便的地区,可采用奶粉冲调饮用;奶酪、奶皮也是不错的浓缩奶制品;喝奶茶时应注意不要放太多盐。超重和肥胖者宜选用脱脂奶或低脂奶。儿童应该从小养成饮用牛奶、早餐吃奶酪、喝酸奶等习惯,增加钙、优质蛋白和微量营养素的来源。

4. 准则四:适量吃鱼、禽、蛋、瘦肉

鱼、禽、蛋、瘦肉可提供人体所需要的优质蛋白、维生素A、B族维生素等,有些也含有较多的脂肪和胆固醇。目前我国肉消费量高,过多摄入对健康不利,应当适量食用。动物性食物优选鱼类和禽类,鱼类和禽类脂肪含量相对较低,鱼类含有较多的不饱和脂肪酸。蛋类各种营养成分齐全,瘦肉脂肪含量较低。过多食用烟熏和腌制肉类可增加部分肿瘤的发生风险,应当少吃。推荐成年人平均每天摄入动物性食物总量120~200 g,相当于每周摄入鱼类2次或300~500 g,蛋类300~350 g,畜禽肉300~500 g。

1)实践应用一:如何把好适量摄入关

(1)控制总量,分散食用:成年人每周水产品和畜禽肉摄入总量不超过1.1 kg,鸡蛋不超过7个,应将这些食物分散在每天各餐中,避免集中食用,最好每餐有肉,每天有蛋,以便更好地提供优质蛋白和发挥蛋白质互补作用。设计食谱:食谱定量设计,能有效控制动物性食物的摄入量。建议家庭和学校都应该制定食谱。1周内鱼和畜禽肉、蛋可以互换,但不可用畜肉全部取代其他,每天最好摄入不少于3类动物性食物。

(2)小份量,量化有数:在烹制肉类时,可将大块肉菜切成小块后再烹饪,以便使用者掌握摄入量。肉可切成片或丝烹饪,少做大排、红烧肉、红烧鸡腿等。了解食材重量,便于烹饪时掌握食块的大小及食用时主动设计食物的摄入量。小份量是食物多样和控制总量的好办法,一般40~50 g为一份,原则上成年人每人每天3~5份。

(3)在外就餐时,减少肉类摄入:在外就餐时会不自觉地增加动物性食物的摄入量,应当尽量减少在外就餐的次数。如果需要在外就餐,点餐时需要做到荤素搭配,以清淡为主,尽量用鱼类和豆制品代替畜禽肉。

2) 实践应用二：如何合理烹调鱼类和蛋类

(1) 鱼虾等水产品：可采用蒸、煮、炒、熘等方法。煮对营养素的破坏相对较小，但可使水溶性维生素和矿物质溶于水中，其汤汁鲜美，不宜丢弃。蒸与水接触比煮要少，所以可溶性营养素损失也较少，因此提倡多采用蒸的方法。蒸后浇汁，既可减少营养素丢失，又可增加美味。

(2) 鸡蛋：鸡蛋营养丰富，蛋黄是营养素种类和含量集中的部位，不能丢弃。可采用煮、炒、煎、蒸等方法，蛋类在加工过程中营养素损失不多，但加工方法不当可影响消化吸收和利用。煮蛋一般在水烧开后小火继续煮5~6分钟即可，时间过长会使蛋白质过分凝固，影响消化吸收。煎蛋时火不宜过大，时间不宜过长，否则会使鸡蛋变硬变韧，既影响口感又影响消化。鸡蛋的大小不一，一般鸡蛋的重量为45~55 g，但有的鸡蛋小于40 g，有的则较大，了解鸡蛋的大小、重量有利于掌握摄入量。

3) 实践应用三：畜禽肉吃法有讲究

一般而言，市场上常见的畜禽肉有鲜肉、冷却鲜肉、冷冻肉，其中冷却鲜肉较常见。畜禽肉可采用炒、烧、爆、炖、蒸、熘、焖、炸、煨等方法。在滑炒或爆炒前可挂糊上浆，既可增加口感，又可减少营养素丢失。

(1) 多蒸煮，少烤炸：肉类在烤和油炸时，由于温度较高，使营养素遭受破坏，如果方法掌握不当，如连续长时间高温油炸、油脂反复使用、明火烧烤等，容易产生一些致癌化合物，污染食物，影响人体健康。

(2) 既要喝汤，更要吃肉：我国南方地区居民炖鸡有喝汤弃肉的习惯，这种吃法不能使食物中的营养素得到充分利用，造成食物资源的极大浪费。实际上，肉质部分的营养价值比鸡汤高得多。

5. 准则五：少盐少油，控糖限酒

我国多数居民食盐、烹调油和脂肪摄入过多，是目前肥胖、心脑血管疾病等慢性病发病率居高不下的重要因素，因此应当培养清淡饮食习惯。推荐成年人每天摄入食盐不超过5 g，烹调油25~30 g。避免摄入过多动物性油脂和饱和脂肪酸。过多摄入添加糖可增加龋齿和超重的发生风险，建议不喝或少喝含糖饮料。推荐每天摄入添加糖不超过50 g，最好控制在25 g以下。儿童青少年、孕妇、乳母以及慢性病患者不应饮酒。成年人如饮酒，一天饮用的酒精量不超过15 g。

1) 实践应用一：如何做到食盐减量

(1) 选用新鲜食材，巧用替代方法：烹调时应尽可能保留食材的天然味道，这样就不需要加入过多的食盐等调味品来增加食物的滋味。另外，可通过不同味道的调节来减少对咸味的依赖。如在烹制菜肴时放少许醋，提高菜肴的鲜香味，有助适应少盐食物；也可以在烹调食物时使用花椒、八角、辣椒、葱、姜、蒜等天然调味料来调味。高血压风险较高的人群可以酌情使用高钾低钠盐，这样既可满足咸味的要求，又可减少钠的摄入。

(2) 合理运用烹调方法：烹制菜肴可以等到快出锅时或关火后再加盐，能够在保持同样咸度的情况下减少食盐用量。对于炖、煮菜肴，由于汤水较多，更要减少食盐用量。烹制菜肴时加糖会掩盖咸味，所以不能仅凭品尝来判断食盐是否过量，而应该使用量具。用咸菜做烹调配料时,可先用水冲洗或浸泡,以减少盐的含量。

(3)做好总量控制:在家烹饪时的用盐量不应完全按每人每天5 g计算,也应考虑成年人、儿童青少年的差别,还有日常的零食、即食食品、黄酱、酱油等的食盐含量,以及在外就餐,也应该计算在内。如果在家只烹饪一餐,则应该按照餐次食物分配比例计算食盐用量,如午餐占三餐的40％,则一餐每人的食盐用量不超过2 g(5 g×40％),老年人更要减盐。60岁以上或有家族性高血压的人对食盐摄入量的变化更为敏感,膳食中的食盐如果增加或减少,血压就会随之改变。吃盐过多可导致高血压,年龄越大,这一危害越大,在外就餐或者点外卖更应注意少盐清淡。

(4)注意隐形盐(钠)问题,少吃高盐(钠)食品:鸡精、味精、蚝油等调味料,含钠量较高,应特别注意。一些加工食品,虽然吃起来咸味不大,但在加工过程中都添加了食盐,如挂面、面包、饼干等;某些腌制食品、盐渍食品以及加工肉制品等预包装食品往往属于高盐(钠)食品。为控制食盐摄入量,最好的办法是少买高盐(钠)食品,少吃腌制食品。钠是预包装食品营养标签中强制标示的项目,购买时应注意食品的钠含量。一般而言,少购少吃超过30％NRV(营养素参考值)的食品。

(5)要选用碘盐:为了预防碘缺乏对健康的危害,我国从20世纪90年代实施食盐加碘的措施,有效控制了碘缺乏病的流行。除高碘地区外,所有地区都应推荐食用碘盐,尤其有儿童青少年、孕妇、乳母的家庭更应食用碘盐,预防碘缺乏,我国除个别地区属于外环境高碘地区外,大部分地区外环境碘含量较低。

2)实践应用二:如何减少烹调油摄入量

4岁以上人群,总脂肪的供能比最好不超过30％,也就是说一个成年人每天摄入50～70 g脂肪较为适宜,其中,烹调油占很大比例。

(1)学会选择用油:根据国家相关标准,大多数食用油按照品质从高到低,一般可分为一级、二级、三级、四级。等级越高的食用油,精炼程度越高,但这并不等于油的营养价值就越高。精炼是一个去除毛油中有害杂质的过程,该过程中维生素E、胡萝卜素、角鲨烯和β-谷固醇等营养成分也会流失。不同食用油的脂肪酸组成差异很大。一般来说,饱和性高的食用油脂耐热性较好,适用于煎炸食品,能打造酥脆的口感。大豆油、玉米油、葵花籽油等油脂不耐热,经煎炸或反复受热后易氧化聚合,适合炖、煮、炒类菜肴。家里采购食用油时注意常换品种,食用油品种的多样化能为我们提供脂肪酸和营养平衡保障。

(2)定量巧烹饪:练习和学会估量油的多少,烹饪用油定量取用,逐步养成习惯,培养自觉的行为和健康美食方法。烹调方法多种多样,不同烹调方法用油量有多有少,选择合理的烹调方法,如蒸、煮、炖、焖、水滑、熘、拌等,可以减少用油量,有些食物如面包、鸡蛋等煎炸时,会吸取较多的油,最好少用煎炸的方法。

(3)少吃油炸食品:油炸食品口感好,香味浓,对食用者有很大诱惑力,容易过量食用。油炸食品为高脂肪高能量食品,容易造成能量过剩,此外,反复高温油炸会产生多种有害物质,可对人体健康造成危害。

(4)动物油脂和饱和脂肪酸:动物油脂富含饱和脂肪酸,应特别注意限制加工零食和油炸香脆食品摄入。常温下"脆"和"起酥"的食品如薯条、土豆片、饼干、蛋糕、加工肉制品,都可能有富含饱和脂肪酸的黄油、奶油、人造黄油、可可脂和棕榈油等。日常饱和脂肪酸的摄入量应控制在总脂肪摄入量的10%以下。

6.准则六:规律进餐,足量饮水

规律进餐是平衡膳食的前提,应合理安排一日三餐,定时定量,饮食有度,不暴饮暴食。早餐提供的能量应占全天总能量的25%~30%,午餐占30%~40%,晚餐占30%~35%。水是构成人体成分的重要物质,并发挥着多种生理作用,水的摄入和排出的平衡可以维护机体适宜的水合状态和健康。建议低身体活动水平的成年男性每天喝水1700 mL,成年女性每天喝水1500 mL。每天主动、足量饮水,推荐喝白水或茶水,不喝或少喝含糖饮料,不用饮料代替白水。

1)实践应用一:如何安排一日三餐的时间和食物量

规律进餐是指一日三餐,定时定量,饮食有度。规律进餐是健康生活方式的组成部分,是平衡膳食的具体饮食生活实践。在日常生活中,人们的作息、饮食、工作或学习等社会活动形成了一定的规律,人体的生理功能,特别是消化系统等也形成了与之相适应的规律。因此,应根据实际情况来合理安排一天的餐次和食物量。

通常情况下,上班、上学时间都相对固定,综合考虑消化系统生理特点和日常生活习惯,应一日三餐,两餐的间隔以4~6小时为宜。早餐安排在6:30—8:30,午餐11:30—13:30,晚餐18:00—20:00。学龄前儿童除了保证每日3次正餐外,还应安排2次零点。用餐时间不宜过短,也不宜太长。用餐时间过短,急急忙忙、狼吞虎咽,不仅不能享受到食物的味道,还不利于消化液的分泌及消化液和食物的充分混合,从而影响食物的消化吸收;用餐时间太长,容易导致食物摄取过量。建议早餐用餐时间为15~20分钟,午餐、晚餐用餐时间为20~30分钟。应细嚼慢咽,享受食物的美味。

进食环境会影响消化液的分泌和食物的消化吸收,应营造轻松、愉快的进餐氛围,可以播放轻音乐,谈论轻松的话题;进餐时应相对专注,不宜边进餐边看电视、看手机等。合理分配一日三餐的食物量,通常以能量作为分配一日三餐进食量的标准。早餐提供的能量占全天总能量的25%~30%,午餐占30%~40%,晚餐占30%~35%。每人每天摄入的能量应根据职业、劳动强度和生活习惯进行相应调整,中、高身体活动水平者应分别比低身体活动水平者每天多摄入300 kcal、800 kcal的能量。

2)实践应用二:日常生活如何适量饮水

体内水的主要来源包括饮水、食物中的水。在温和的气候条件下,低身体活动水平成年男性每天适宜摄入的总水量为3000 mL(饮水1700 mL,从食物中获得水1300 mL);女性每天适宜摄入的总水量为2700 mL(饮水1500 mL,从食物中获得水1200 mL)。

不同年龄、性别人群的适宜摄入水量不同。孕妇因孕期羊水以及胎儿水分需要量多,每天适宜摄入的总水量为3000 mL,乳母每天适宜摄入的总水量为3800 mL。不同环境下,如高温、高湿、寒冷、高海拔等特殊环境下,机体对于水分的需求也会发生改变,需要及时补充水分甚至电解质。

应主动喝水,少量多次,感觉口渴已经是身体明显缺水的信号,不要等到口渴了再喝水。喝水可以在一天的任意时间,每次一杯,每杯约200 mL。建议成年人饮用白水或茶水,儿童不喝含糖饮料。可早晚各饮一杯水,其他时间每1～2小时喝一杯水。睡前喝一杯水,有利于预防夜间血液黏稠度增加。睡眠时由于呼吸作用、隐性出汗和尿液分泌等,不知不觉会丢失水分。起床后虽无口渴感,但体内仍会因缺水而使血液变得黏稠,喝水可降低血液黏度,增加循环血容量。建议早晨起床后空腹喝一杯温开水。进餐前不要大量饮水,否则会冲淡胃液,影响食物的消化吸收。

饮水的温度不宜过高,机体口腔和食管表面黏膜的温度一般为36.5～37.2℃,建议饮水的适宜温度在10～40℃。水温超过65℃,会对机体口腔和消化道造成慢性损害,增加食管癌的患病风险。在进行身体活动时,要注意身体活动前、中和后水分的摄入,可分别喝水100～200 mL,以保持良好的水合状态。当身体活动强度较大、时间较长时,需要根据机体排汗量等补充水分,并酌情补充电解质。

7. 准则七:会烹会选,会看标签

食物是人类获取营养,赖以生存和发展的物质基础,在生命的每一个阶段,都应该规划好膳食。应了解各类食物的营养特点,挑选新鲜的、营养密度高的食物,学会通过比较食品标签选择购买较健康的包装食品。烹饪是平衡膳食的重要组成部分,可通过学习烹饪和掌握新工具,传承当地美味佳肴,做好一日三餐,在家庭实践平衡膳食,享受营养与美味。如在外就餐或选择外卖食品,应按需购买,注意适宜分量和荤素搭配,并主动提出健康诉求。

实践应用:选购食品看食品标签

在预包装食品(即通常所说的包装食品)外包装上,都会有食品标签信息,包括食品配料、净含量、适用人群和使用方法、营养成分表及相关的营养信息等。因此购买食品时要注意这些内容,从而比较和选择适合自己的食品。

(1)看配料表:配料表是了解食品的主要原料,鉴别食品组成的最重要途径。配料表告诉消费者食品是由哪些原料制成的,并按配料用量高低依次列出食品原料、辅料、食品添加剂等。

(2)看营养成分表:预包装食品上有很多信息说明食品的营养特征,如营养成分表,另外还有营养声称、营养成分功能声称。营养成分表是预包装食品标签上采用三列表形式标示的营养成分含量表,说明每100 g(或每100 mL)食品提供的能量以及蛋白质、脂肪、饱和脂肪、碳水化合物、钠等营养成分的含量值,及其占营养素参考值的百分比。

(3)利用营养声称选购食品:营养声称是对营养成分含量水平高或低、有或无的说明,如高钙、低脂、无糖等;或者与同类食品相比的优势特点,比如增加了膳食纤维,或减少了盐用量等。这些可以很好地帮助消费者选择食品。

8. 准则八:公筷分餐,杜绝浪费

日常饮食卫生应首先注意选择当地的、新鲜卫生的食物,不食用野生动物。食物制备时生熟分开,储存得当,多人同桌时应使用公筷公勺,采用分餐或份餐等卫生措施。勤俭节约是中华民族的传统美德,人人都应尊重和珍惜食物,在家在外按需备餐,不铺张,不浪费。从每个家庭做起,传承健康生活方式和饮食文明新风。餐饮行业应多措并举,倡导文明用餐方式,促进公众健康和食物系统可持续发展。

实践应用:珍惜食物、杜绝浪费

不浪费食物,涉及多个环节,对于家庭和个人来说应做到以下4点。

(1)按需选购,合理储存。

购买食物前做好计划,尤其是保质期短的食物。根据当天的就餐人数、每人的食物喜好等因素做好统筹,按需购买,既保证食物新鲜又避免浪费。对于短期储存的食物,应根据食物特性和标识的储存条件存放,并在一定期限内吃完,避免食物不新鲜或变质。例如,肉类可以切成小块,分别装袋后放入冰箱冷冻室,食用时取出一袋即可;袋装米面可在取用后将袋口扎紧,并存放在阴凉干燥处。

(2)小份量、光盘行动。

小的食物份量是实现每个人食物多样化和减少浪费的良好措施。餐馆、食堂因为不可提供"半份菜""小份菜",应避免浪费。在家烹饪比较容易掌握食材的消耗量和控制食量,应按需备餐,合理分餐,这样既可以减少浪费,又容易实现膳食的营养搭配。一般来说,一家三口一餐准备三菜一汤即可满足需求。一盘纯肉热菜和冷盘的重量为100 g左右;一盘素菜或荤素搭配的菜肴为150~200 g。一次烹饪的食物不宜太多,应根据就餐人数和食量合理安排,践行光盘行动,避免浪费。

(3)合理利用剩饭剩菜。

家庭用餐后剩余饭菜难以避免,扔掉自然不可取,适当处理即可变为下一餐的美味佳肴。对于餐后剩余的肉类食物,应用干净的器皿盛放并尽快加盖冷藏保存,在短期内食用完;剩余的米饭可以放凉后尽快放入冰箱以避免不适宜的储存温度造成发霉或变质,再造成食物"垃圾"。再次利用剩饭时最好是直接加热食用,也可以做成稀饭、蔬菜粥、炒饭以及其他菜肴的配料。可以把大块肉切成小块肉或肉丝,加入新鲜蔬菜,再次入锅做成新菜;还可以与米饭一起烹饪,做成炒饭。对于烹饪过的蔬菜,尤其是叶菜类,不宜储存,因蔬菜能量极低,并不影响能量摄入量,最好一次吃掉。对于瓜果、根茎类蔬菜,可以加入肉类,再次做成新菜肴。注意在安全卫生的前提下食用剩余饭菜。

(4)外出就餐,按需点菜不铺张。

公共餐饮应推行分餐、简餐、份饭,倡导节约、卫生、合理的饮食"新食尚";也可以通过提供半份菜以及准确标注菜量的标准化菜品,并按食物多样、营养均衡的要求配置,标注具体菜量,方便消费者自主调节食物量,以减少浪费。我们每个人也应是"新食尚"的实践者和推行者。外出就餐时提倡点小份菜、半份菜,理性点餐,适量点餐。一般推荐的每份每盘菜品的标准量(按可食部计算):纯肉类100~150 g,肉类(为主)混合蔬菜的菜肴150~200 g。点餐时建议根据用餐人数和菜量,估计蔬菜和肉类的合理摄入量,先确定凉菜、热菜的点菜数量;再结合荤素搭配、蔬菜种类丰富、颜色多样、口味清淡、烹调方法健康的原则,合理搭配菜品;可以先少点一些,不够再加,响应光盘行动。如有剩余饭菜,应打包带走,自觉抵制铺张浪费。自助餐消费时也应估量自我需要,少量多次取用,避免一次性取用过多,食用不完而造成不必要的浪费。

(二)特定人群膳食指南

特定人群膳食指南是根据不同年龄阶段人群的生理特点及其膳食营养素需要制

定的。特定人群膳食指南包括孕妇膳食指南、乳母膳食指南、0～6月龄婴儿母乳喂养指南、7～24月龄婴儿母乳喂养指南、学龄前儿童膳食指南、学龄儿童膳食指南、一般老年人膳食指南、高龄老年人膳食指南、素食人群膳食指南9个人群的补充说明。除了24个月以下的婴幼儿和素食人群外，其他人群都需要结合平衡膳食八准则而应用。

（三）可视化图形

1. 中国居民平衡膳食宝塔

中国居民平衡膳食宝塔形象化的组合，遵循了平衡膳食的原则，见图4-1。中国居民平衡膳食宝塔共分5层，通过宝塔各层面积展示5类食物每日所需数量。5类食物分别是谷薯类、蔬菜水果类、畜禽鱼蛋奶类、大豆和坚果类以及烹饪用油盐，宝塔旁边的文字注释标明了在1600～2400 kcal能量需要量水平时，一段时间内成年人每人每日各类食物摄入量的建议值范围。

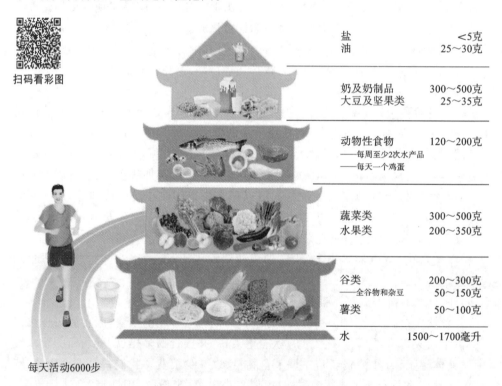

图4-1　中国居民平衡膳食宝塔（2022）

（图片来源：《中国居民膳食指南（2022）》）

1）第一层：谷类、薯类

一般人群膳食应食物多样、合理搭配。谷薯类是膳食能量的主要来源，同时也是多种矿物质、维生素和膳食纤维的良好食物来源。一段时间内，成年人每人每日应摄入谷类200～300 g，其中全谷物和杂豆50～150 g；薯类50～100 g。

谷薯类是碳水化合物的主要来源，常见谷类包括稻米、小麦、玉米、高粱等，以及馒头、面包、饼干、麦片等谷类制品。常见薯类包括马铃薯、红薯等，可代替部分主食。杂豆包括大豆以外的其他干豆类，如芸豆、绿豆、红小豆等。全谷物保留了天然谷物的全部成分,是膳食纤维和其他营养素的来源,是理想膳食模式的重要组成部分。我国常见的全谷物包括玉米、小米、高粱、荞麦、燕麦等。为保证获得更多的营养素、膳食纤维及健康益处,2岁以上所有年龄的人都应保证全谷物的摄入量。

2)第二层:蔬菜类、水果类

鼓励多摄入蔬菜、水果,在1600~2400 kcal能量需要量下,推荐每人每日摄入蔬菜类300~500 g,水果类200~350 g。蔬菜、水果是膳食纤维、维生素、矿物质和植物化学物的良好来源。蔬菜中深绿色、深黄素、紫色、红色等有色蔬菜被称为深色蔬菜,每类深色蔬菜提供的营养素略有不同,深色蔬菜一般富含维生素、植物化学物和膳食纤维,推荐每天摄入量占蔬菜摄入总量的1/2。

新鲜水果提供多种维生素、矿物质和膳食纤维,故建议吃新鲜水果,在鲜果供应不足时可选择一些含糖量低的干果制品和纯果汁。蔬菜、水果各有优势,故不能相互替代。水果是平衡膳食的重要部分,多吃蔬菜、水果也是降低膳食能量较好的选择。

3)第三层:畜、禽、鱼、蛋等动物性食物

畜、禽、鱼、蛋等动物性食物是膳食指南推荐适量食用的一类食物,在1600~2400 kcal能量需要量下,推荐每人每日摄入畜、禽、鱼、蛋等动物性食物共计120~200 g。新鲜的动物性食物是优质蛋白、脂肪和脂溶性维生素的良好来源,建议每日摄入畜禽肉40~75 g,减少加工类肉制品摄入量。目前我国汉族居民摄入肉类以猪肉为主,且增长趋势明显。猪肉脂肪含量较高,应尽量选择瘦肉或禽肉。鱼、虾、蟹和贝类为常见水产品,此类食物优质蛋白、脂类、维生素和矿物质含量高,推荐每日摄入40~75 g,有条件者可以多吃一些代替禽肉类。

蛋类可分为鸡蛋、鸭蛋、鹅蛋、鹌鹑蛋、鸽蛋及其加工制品,蛋类的营养价值高,推荐每日摄入1个鸡蛋(50 g左右)。蛋黄中富含胆碱、卵磷脂、胆固醇、维生素A、叶黄素、锌、B族维生素,对各年龄段人群均有健康益处,因此吃鸡蛋不能弃蛋黄。

4)第四层:奶及奶制品、大豆及坚果类

奶及奶制品、大豆及坚果类营养素密度高,是蛋白质和钙的良好来源。在1600~2400 kcal能量需要量下,推荐每人每日摄入相当于鲜奶300 g的奶及奶制品;为改善我国奶制品摄入量低的问题,建议多吃多种多样的奶制品,从而提高奶类摄入量。

大豆可分为黄豆、黑豆、青豆,豆腐、豆浆、豆腐干、千张为常见的豆制品。推荐大豆及坚果类的摄入量为25~35 g。坚果可分为花生、核桃、杏仁、榛子等,部分坚果蛋白质与大豆相似,富含必需脂肪酸和必需氨基酸,作为菜肴、零食都是实现食物多样化的良好选择,建议每周摄入坚果70 g左右(每日10 g左右)。10 g坚果仁相当于2~3个核桃、4~5个板栗、1把松子仁。

5)第五层:烹调油和盐

油和盐作为烹饪调料必不可少,但建议尽量少用,推荐成年人每人每日烹调用油为25~30 g,食盐不超过5 g。各种动植物油均属烹调用油,包括花生油、豆油、菜籽油、芝麻油、调和油等,动物油包括猪油、牛油、黄油等。使用烹调用油应多样化,经常更换种类,以满足人体对各种脂肪酸的需求。

盐与高血压关系密切,我国居民食盐摄入量普遍较高,限制盐的摄入量是我国的长期目标。除了减少食盐使用量外,也需要控制酱油、味精、香肠等隐形高盐食品的摄入量。

6)身体活动和饮水

中国居民平衡膳食宝塔图示中包含身体活动和水,强调增加身体活动和足量饮水的重要性。水是生命必需的物质,是膳食的重要组成部分,其需要量主要受年龄、身体活动、环境温度等因素影响。饮水不足或过多都会对人体健康带来危害,轻体力活动者每人每日饮水1500~1700 mL(7~8杯)。在高温或强体力活动条件下,应适当增加饮水量。

身体活动或运动是保持身体健康及能量平衡的重要手段。身体活动或运动能有效消耗能量,保持精神和机体代谢活跃性。推荐成年人每日至少进行相当于快走6000步以上的身体活动,每周最好进行150分钟中等强度的运动,如骑车、跑步、农田劳动等。一般轻体力活动者能量消耗占总能量消耗的1/3左右,重体力劳动者能量消耗占总能量消耗的1/2左右。加强和保持能量平衡,需要通过不断摸索,关注体重变化,找到食物摄入量和运动消耗量之间的平衡点。

2.中国居民平衡膳食餐盘

中国居民平衡膳食餐盘是按照平衡膳食的原则,在不考虑烹调用油和盐的基础上,描述一人一餐膳食食物组成及其大致比例(图4-2)。餐盘共分为4部分,即谷薯类、鱼肉蛋豆类、蔬菜类和水果类,餐盘旁摆放一杯奶提示奶及奶制品的重要性。此餐盘适用于2岁以上人群,是对一餐中食物基本构成的描述。

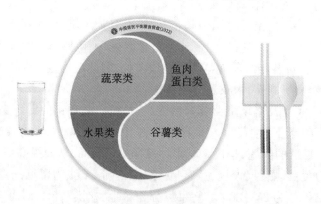

图 4-2 中国居民平衡膳食餐盘(2022)

(图片来源:《中国居民膳食指南(2022)》)

3.中国儿童平衡膳食算盘

中国儿童平衡膳食算盘面向儿童,根据平衡膳食原则将膳食指南的内容转变为各类食物分量的图形。将食物分为6类,用不同颜色的彩珠表示各类食物,浅棕色珠子代表谷薯类,绿色珠子代表蔬菜类,黄色珠子代表水果类,橘红色珠子代表畜禽肉蛋水产品类,蓝色珠子代表大豆坚果奶类,橘黄色珠子代表油盐类,跑步的儿童身挎水壶,表达鼓励儿童多喝白开水、天天运动、积极活跃地生活和学习(图4-3)。算盘中的食物分量按8~11岁儿童能量需要量平均值大致估算得到。

扫码看彩图

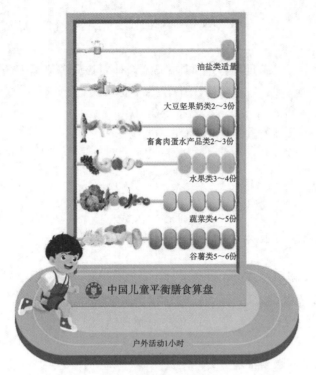

图 4-3　中国儿童平衡膳食算盘（2022）

（图片来源：《中国居民膳食指南（2022）》）

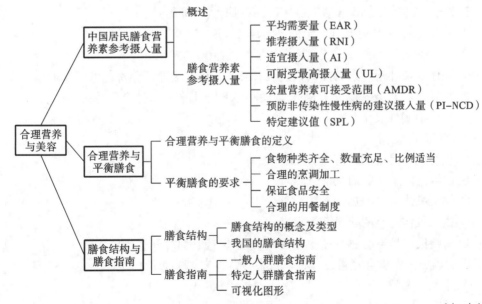

（何清懿）

能力检测

一、单选题

1. 下列指标中可以满足某特定群体中50%个体对该营养素需要的是( )。
   A.平均需要量　　　　　B.推荐摄入量　　　　　C.适宜摄入量
   D.可耐受最高摄入量　　E.特定建议值

2. 合理分配一日三餐食量,早餐食量一般应占( )。
   A.10%~20%　　　　　B.20%~25%　　　　　C.25%~30%
   D.35%~40%　　　　　E.30%~35%

3. DRI指的是( )。
   A.平衡需要量　　　　　　B.推荐摄入量
   C.膳食营养素参考摄入量　D.可耐受最高摄入量
   E.适宜摄入量

4. 下列膳食结构中容易发生营养素缺乏疾病的是( )。
   A.东方膳食结构　　　　B.经济发达国家膳食结构
   C.日本膳食结构　　　　D.地中海膳食结构
   E.以上都是

5. 中国居民平衡膳食宝塔分为几层?( )
   A.3　　　　B.4　　　　C.5　　　　D.6　　　　E.7

6. 中国居民平衡膳食宝塔的第二层包括( )。
   A.谷类、薯类及杂豆类　　B.蔬菜、水果
   C.动物性食物　　　　　　D.奶类、大豆类和坚果类
   E.烹调油和食盐

7. 关于居民膳食营养素参考摄入量,下列说法正确的是( )。
   A.RNI是以EAR为基础制定的,RNI=1.5 EAR
   B.RNI是作为个体每日摄入某营养素的目标值
   C.个体对某种营养素的摄入量达到EAR时,缺乏这种营养素的可能性很小
   D.每日营养素摄入量大于RNI,即使小于UL,也会对人体产生危害
   E.AI的准确性高于RNI

8. 合理营养是指( )。
   A.供给机体足够的营养素
   B.供给机体所需要的全部营养素
   C.供给机体足够的热量
   D.供给机体足够的热量和营养素
   E.供给机体足够的热量和各种营养素,并保持它们之间适当的比例

9. 中国居民膳食营养素参考摄入量中与营养素无关的指标是( )。
   A.平均需要量　　　　　B.推荐摄入量
   C.适宜摄入量　　　　　D.可耐受最高摄入量
   E.特定建议值

10.中国居民膳食平衡宝塔(2022)建议在温和气候下,轻体力活动成年人每日饮水量为(　　)。

A.800~1000 mL B.1100~1200 mL

C.1300~1500 mL D.1500~1700 mL

E.1800~2000 mL

11.中国居民膳食平衡宝塔(2022)建议每人每天烹调油的摄入量不宜超过(　　)。

A.15 g　　B.20 g　　C.30 g　　D.35 g　　E.40 g

能力检测答案

第五章　皮肤美容与营养膳食

　学习目标

扫码看课件

知识目标
1.掌握皮肤健美与营养的关系。
2.掌握衰老皮肤的膳食原则与膳食调养方法。
3.熟悉不同年龄人群的皮肤特点及膳食原则。
4.了解季节、性别因素对皮肤的影响及膳食原则。

能力目标
1.能够根据目标对象的皮肤特点进行食物的选择与指导。
2.能够对衰老皮肤人群进行膳食指导及建议。

素质目标
1.引导学生发现和解决与食物选择相关的各种问题,为以后从事美容营养咨询工作奠定良好的基础。
2.培养学生服务他人,耐心、细致的职业精神。

　　均衡营养素的摄入是机体健康的重要保证,同样,健美的肌肤也离不开合理的营养与膳食。长期膳食结构不合理、营养素缺乏,会影响皮肤的正常结构及功能,从而影响皮肤健美,甚至引发各种皮肤问题。

第一节　皮肤健美与营养膳食

　　在不同的季节,我们的皮肤常会出现不同的问题,比如:春季容易出现皮肤红肿、瘙痒等过敏症状;夏季皮肤油腻,容易出现毛孔粗大、黑头、痤疮等皮肤问题;秋冬季皮肤干燥、紧绷感则较明显。
　　请问:
　　1.影响皮肤状况的因素有哪些?
　　2.进入不同季节,如何通过调整饮食结构缓解皮肤问题?

一、概述

皮肤是人体最大的器官,直接同外界环境接触,具有保护、排泄、调节体温和感受外界刺激等作用,由水、蛋白质、脂类、碳水化合物(糖类)、矿物质等营养素构成,这些物质在人体皮肤中有其特定的构成比例,它们共同参与了人体皮肤的新陈代谢活动。

蛋白质、脂类、糖类、水、维生素、矿物质等维持人体健康和健美的营养素广泛地分布在各类食物中,合理的膳食不仅可以补充人体健康和美容所必需的营养素,还可防治各种不利于人体健康和健美的疾病,因此,全面合理的膳食,是健体美容最重要的物质保障。

(一)蛋白质

蛋白质是参与细胞构成的重要物质,还参与真皮层结缔组织构成弹力蛋白、网状蛋白、胶原蛋白等,在维持皮肤的弹性、韧性等方面具有重要作用。如果饮食中长期缺乏蛋白质,不但影响机体器官的功能,使机体对各种致病因子的抵抗力降低,还会导致皮肤的生理功能减退,使皮肤弹性下降、韧性差,出现皮肤松弛、下垂、失去光泽,引发肌肤早衰。

(二)维生素

1. 维生素A

维生素A能够促进黏膜细胞中糖蛋白的生物合成,从而影响黏膜的正常结构,缺乏时

皮肤可表现为表皮细胞增生、过度角化及脱屑,由于皮脂腺分泌减少,上皮细胞变性、干燥、皱缩、弹力下降,而在上臂外侧、腿、肩等部位出现毛囊周围棘状丘疹,影响皮肤美观。

富含维生素A的食物主要为动物性食物,如动物的肝脏、蛋黄和奶类。植物性食物中的维生素A原可转换成维生素A,含维生素A原丰富的食物有菠菜、胡萝卜、苋菜、韭菜、南瓜等。

2. 维生素E

维生素E具有保护生物膜免受过氧化物和自由基损害的作用,有良好的抗氧化活性。此外,维生素E还能促进人体新陈代谢,加速沉积物排出,改善皮肤弹性,促进蛋白质的合成,增强蛋白质的功能。因此,维生素E在延缓细胞衰老进程中具有一定的作用。

维生素E主要分布在动植物油及肉类、蛋类、大豆、全麦等谷类食物中。

3. B族维生素

B族维生素的主要功能为参与人体能量代谢过程,所以B族维生素缺乏往往容易引发肥胖等损害形体美的疾病。B族维生素中的维生素B_2不仅参与脂肪的代谢,还可以促进皮肤细胞的生长,影响皮脂腺油脂的分泌。维生素B_2缺乏时,在皮脂分泌旺盛的部位容易出现脂溢性皮炎,影响美容。

维生素B_2食物来源广泛,主要集中在各种动物肝脏、蛋类、奶类以及海产品中,但

是维生素B_2在烹饪过程中损失较大,应采用合理的烹饪方法以尽量减少其损失。

4.维生素C

维生素C的美容功效主要表现在两个方面。首先,维生素C具有极强的还原性,可使维生素E、叶酸的稳定性加强,共同在细胞膜中起抗氧化作用,从而保护细胞膜,减少氧化剂对皮肤的损害;其次,维生素C还能促进人体皮肤中胶原纤维和弹力纤维的形成。缺乏维生素C可使胶原蛋白合成障碍,导致皮肤弹性降低、出现皱纹,皮肤及黏膜干燥。

新鲜的蔬菜、水果中维生素C含量较高,如柿子椒、柚子、酸枣等。

(三)矿物质

矿物质中与美容联系较大的有铁、锌、硒等微量元素。

铁是人体造血的重要原料,缺铁会引起缺铁性贫血,导致面色苍白、没有光泽,身体倦怠乏力等,不仅影响健康,也影响皮肤健美。含铁丰富的食物如动物肝脏、动物全血制品、红肉等,为铁的最好食物来源,植物性食物如海带、菠菜等中铁的吸收率较低。

锌是人体内多种酶的重要成分之一,参与人体核酸及蛋白质的合成,与维生素A的代谢和性腺、脑垂体的活动有密切关系。缺锌会引起皮炎,诱发痤疮、皮肤干燥和各种丘疹,还会影响第二性征的发育。含锌丰富的食物有牡蛎、海参、海带等,动物内脏、粗粮、干豆、坚果等食物也富含锌元素,但应注意,食物经过精制后锌的含量大为减少。

硒在人体内作为良好的抗氧化剂,具有清除自由基和过氧化氢的作用,还能保护视觉器官,并对某些化学致癌物有拮抗作用。含硒丰富的食物有谷类、肉类、奶类、蛋类,以及香菇、木耳、芝麻等食物,但食物中硒的含量随地域不同而异,尤其是植物性食物受土壤中含硒量影响较大。

二、不同皮肤类型与营养膳食

尽管每个人皮肤的组织结构都一样,但皮肤的性质却不尽相同。根据皮肤角质层的含水量、皮脂含量、皮脂腺及色素细胞分布状况等因素,可将皮肤分为中性皮肤、干性皮肤、油性皮肤、混合性皮肤和敏感性皮肤。

皮肤类型受很多因素的影响,但也不是一成不变的,可随年龄、气候、饮食习惯而发生变化。如青春期,皮脂腺分泌旺盛,多表现为油性皮肤,随着年龄的增长,皮脂腺功能减退,油脂的分泌量逐渐减少,皮肤可呈中性甚至干性;炎热的夏季,皮脂分泌较多,而到了冬季,皮脂分泌明显减少;嗜食辛辣、肥甘厚腻者通常皮肤油腻,而饮食清淡者则油脂分泌正常。因此,通过饮食调养,可以改变皮肤的性质,起到健美皮肤的作用。

(一)中性皮肤

中性皮肤是理想的皮肤类型。其特点表现为角质层含水量与皮脂分泌量适宜,皮肤既不干燥也不油腻,表面光滑细腻、富有弹性,皮肤厚薄适中,对外界刺激不敏感。

拥有中性皮肤的人群应注意饮食均衡、补充水分,充足均衡的营养素的摄入可维持皮肤的健美状态。

(二)干性皮肤

干性皮肤的特点表现为角质层水分含量较低(≤10%),皮脂分泌量较少,皮肤表面干燥、粗糙,皮肤缺乏光泽、弹性差,皮肤通常较薄,对外界刺激缺乏抵抗力,易生皱纹,容易过敏。

干性皮肤人群饮食应避免辛辣刺激性食物,可适当选择油脂含量丰富及富含维生素A、维生素E的食物,如坚果、动物肝脏等,同时还要注意补充足量的水分。

(三)油性皮肤

日常饮食中脂类摄入过多的成年人多为油性皮肤,由于皮脂腺分泌皮脂过多,面部皮肤通常外观油腻、光亮、毛孔粗大,容易发生痤疮、脂溢性皮炎等皮肤问题,但油性皮肤弹性好,不易产生皱纹,对外界刺激因素耐受性较好,且不易出现衰老现象。

油性皮肤人群日常饮食应多摄入新鲜的蔬菜、水果,避免过多摄入高脂、高糖、辛辣、刺激性食物,以减少油脂的分泌。

(四)混合性皮肤

混合性皮肤兼具油性和干性皮肤的双重特征,但面部油性区域与干性区域分界明显,通常在面部中央如额头、鼻及下颌部表现为油性皮肤的特质,而两侧面颊、颞部则表现为干性皮肤的特质。

混合性皮肤人群应均衡饮食,避免高热量、高油脂、辛辣刺激性食物及温热性质食物的过量摄入。

(五)敏感性皮肤

敏感性皮肤多见于过敏体质人群,也可由干性皮肤或不当护肤发展而来。敏感性皮肤的特点主要表现为角质层较薄、水分含量少、皮脂分泌量低,因此,在接触外界各种刺激如日光、冷、热及化妆品时,较容易出现红肿、脱皮、发痒或刺痛等反应。

敏感性皮肤人群可以通过饮食结构的变化改善皮肤状况。如常食用紫甘薯、洋葱、葡萄、苹果等蔬菜、水果,其中富含的花青素可阻止组胺的释放,减轻过敏反应;此外,富含维生素C及锌元素的食物也可减轻过敏症状;B族维生素中维生素B_2等的摄入,有助于控制脂溢性皮炎引发的皮肤过敏症状。

三、不同年龄人群的皮肤与营养膳食

随着年龄的增长,皮肤中不同组织成分也在不断发生变化,因此,皮肤的色泽、质地也都在缓慢地发生着变化,呈现岁月流逝的痕迹。

(一)婴幼儿时期

婴幼儿时期是指从出生后至满2周岁之间的阶段。其中,出生到1周岁之间属于婴儿时期,1周岁到满2周岁之前属于幼儿期。

婴儿期是人类生长发育最快的时期,婴儿皮肤薄弱,角质层含水量较高,皮脂分泌量低,真皮结缔组织纤维细弱,毛细血管网丰富,皮肤总体pH偏中性,顶泌汗腺无分泌,汗腺发育不完全,体温调节能力不完备,皮肤的屏障功能也较弱,易受外界刺激因素侵袭。

婴幼儿脏腑娇嫩,应加强防护,合理的喂养有利于增强婴幼儿的抗病能力。婴幼儿的消化器官正处于发育阶段,胃容量小,各种消化酶种类不齐全且分泌量少,所以消化吸收能力相对较差,因此,对营养素的摄入既要保证数量又要保证质量。

1.婴幼儿的营养需求

(1)能量:要保证充足的能量的供应。婴幼儿时期基础代谢率高,基础代谢消耗的能量约占总能量的60%,能量供应不足可导致婴幼儿生长发育迟缓,但若能量供应过多,又会导致婴幼儿肥胖。中国营养学会推荐婴儿能量供应的适宜量为每天每千克体重0.38 MJ(0~0.5岁)、0.31 MJ(0.5~1岁)。

(2)蛋白质:婴幼儿机体生长发育迅速,需要充足的蛋白质满足机体蛋白质的合成和更新需要。婴幼儿蛋白质的摄入应以优质蛋白为主,膳食中优质蛋白的摄入量应占总蛋白质的50%以上。

(3)脂类:脂类可为婴幼儿提供能量、必需脂肪酸,且有利于脂溶性维生素的吸收,因此,要足量供应。婴儿胃容量小,脂肪是婴儿能量的主要来源,在供应能量比例中占较大比重。中国营养学会推荐婴儿膳食中脂肪供能占总能量的适宜比例为6个月内45%~50%,7~12个月30%~40%。

(4)碳水化合物:碳水化合物是婴幼儿的主要供能物质,每日由碳水化合物供给的能量占总能量的50%左右。但3个月以内的婴儿体内缺乏淀粉酶,不能很好地消化吸收含淀粉类较多的粮谷类。因此,他们主要以乳类中的乳糖为碳水化合物的来源。

(5)矿物质:婴幼儿生长发育迅速,需要大量的矿物质来满足机体生长的需要。但总体来讲,婴幼儿喂养食物中绝大部分矿物质能够满足身体需要,且婴儿在母体中时自身也储存了一部分的矿物质,基本能满足6个月以内婴儿的需要,但6个月以后对各种矿物质的需求会增加。因此,6个月以后要开始逐步给婴儿添加辅食以补充所需矿物质。

(6)维生素:母乳中缺乏维生素D,纯母乳喂养的婴幼儿容易缺乏维生素D,而维生素D又是调节钙磷代谢、促进生长发育的重要物质,适当的阳光照射可以促进体内维生素D的合成,因此,在条件适宜的情况下,婴幼儿要适当接触日光,同时也可适量补充维生素D制剂。维生素A与婴幼儿的生长、骨骼发育、生殖、视觉功能密切相关,缺乏维生素A也会影响婴幼儿的发育,要注意通过辅食或维生素A制剂补充,但应注意,维生素A和维生素D过量补充可引起中毒,服用维生素A、维生素D制剂补充这两类营养素时应严格按照规定剂量补充。

6个月以内婴儿的喂养方式分为母乳喂养、人工喂养和混合喂养三种方式,但总体都是以母乳、牛乳、羊乳、婴儿配方奶粉等为主。6个月之后,要开始逐渐添加辅食,以满足婴儿对营养素的需求并让婴儿熟悉、适应新的食物品种,为后期断奶及过渡到成年人饮食打好基础。

2. 婴幼儿喂养指南

1)《中国居民膳食指南(2022)》0~6月龄婴儿母乳喂养指南

(1)母乳是婴儿最理想的食物,坚持6月龄内纯母乳喂养。

母乳喂养是婴儿出生后的最佳喂养方式,婴儿出生后应坚持让婴儿直接吸吮母乳,只要母婴不分开,就不用奶瓶喂哺人工挤出的母乳,坚持纯母乳喂养婴儿至6月龄。特殊情况需要在婴儿满6月龄之前添加母乳以外食物的,可咨询医护人员后谨慎决定。配偶和家庭成员应支持并鼓励母乳喂养,但对于因乳母身体等原因不能纯母乳喂养的,也应多理解包容。

(2)出生1小时内开奶,重视尽早吸吮。

分娩后母婴即刻开始不间断地肌肤接触,观察新生儿觅食表现,帮助开始母乳喂养,婴儿的吸吮可以刺激母乳分泌。

(3)回应式喂养,建立良好的生活规律。

及时识别婴儿饥饿及饱腹信号并尽快做出喂养回应,哭闹是婴儿表达饥饿信号的最晚表现。按需喂养,不强求喂奶次数和时间,婴儿异常哭闹时应考虑非饥饿原因。

(4)适当补充维生素D,母乳喂养无需补钙。

纯母乳喂养的婴儿出生后数日开始每日补充维生素D 10 μg,不需要补钙,出生后应注意补充维生素K。

(5)有条件者应坚持纯母乳喂养。

任何婴儿配方奶粉都不能与母乳相媲美,只能作为母乳不足时的补充,若母乳喂养遇到困难,可以寻求医生和专业人员的帮助。不能直接用普通液态奶、成年人和普通儿童奶粉、蛋白粉、豆奶粉等喂养6月龄内婴儿。

(6)定期监测婴儿体格指标,保持健康生长。

身长和体重是反映婴儿喂养和营养状况的直观指标,6月龄内婴儿应每月测量一次身长、体重和头围,病后恢复期可适当增加测量次数。可参考国家卫生标准《5岁以下儿童生长状况判定》(WS/T423—2013)判断生长状况,但婴儿生长有自身规律,不宜追求参考值上限。

2)《中国居民膳食指南(2022)》7~24月龄婴幼儿喂养指南

(1)满6月龄须添加辅食,从富含铁的泥糊状食物开始。

婴儿满6月龄后继续母乳喂养至2岁或以上,从满6月龄起逐步引入各种食物,辅食添加过早或过晚都会影响健康,在添加辅食时首先添加肉泥、肝泥、强化铁的婴儿谷粉等富含铁的泥糊状食物。有特殊需要时须在医生指导下调整辅食添加时间。

由于婴儿对新的食物适应能力有限,可能发生食物过敏反应或对一些食物产生不耐受反应,所以添加辅食要遵循循序渐进的原则,先尝试一种食物,如无不良反应,再添加另一种,食物量由少到多、食物性状由稀到稠、食物种类由单一到多种。天气炎热或婴儿患病时应暂缓添加新品种。制作辅食时应单独操作,注意卫生。

(2)及时引入多样化食物,重视动物性食物的添加。

每次只引入一种新的食物,逐步达到食物多样化;不盲目回避易过敏食物,1岁内适时引入各种食物；从泥糊状食物开始，逐渐过渡到固体食物；逐渐增加辅食频次和进食量。

(3) 尽量少加糖、盐，油脂适当，保持食物原味。

保持食物原味，尽量少加糖、盐及各种调味品，但应有适量的油脂。1岁以后可逐渐尝试淡口味的家庭膳食。

(4) 提倡回应式喂养，鼓励但不强迫进食。

进餐时父母或喂养者与婴幼儿应有充分的交流，识别其饥饱信号，并及时回应。耐心喂养，鼓励进食，但绝不强迫喂养，鼓励并协助婴幼儿自主进食，培养进餐兴趣，进餐时不看电视、不玩玩具，每次进餐时间不宜过长，一般不超过20分钟。同时，父母或喂养者也要保持自身良好的进餐习惯，做好榜样。

(5) 注重饮食卫生和进食安全。

选择安全、优质、新鲜的食材，制作过程中注意清洁卫生，生熟分开。不吃剩饭，妥善保存和处理剩余食物，防止进食意外。饭前洗手，进食时有成年人看护，并注意进食环境安全。

(6) 定期监测体格指标，追求健康生长。

体重、身长、头围等是反映婴幼儿营养状况的直观指标，每3个月测量一次身长、体重、头围等体格生长指标以判断婴幼儿的营养摄入状况并及时调整膳食。同时，鼓励婴儿爬行、自由活动。

(二) 儿童时期

儿童包括学龄前儿童和学龄儿童，前者指的是2～5岁的儿童；后者根据《中国学龄儿童膳食指南(2022)》界定为6～17岁儿童青少年，包括中小学阶段，也常分为学龄期儿童和青少年。

1. 学龄前儿童时期

1) 学龄前儿童的营养需求

(1) 能量与宏量营养素：学龄前儿童需要充足的能量以满足其基础代谢、体力活动、食物热效应及生长发育。如果能量长期摄入不足，将会导致生长发育迟缓、消瘦、活力减弱。如果能量摄入过剩，则多余的能量将会以脂肪形式储存堆积在体内，引起超重或肥胖。中国营养学会推荐的学龄前儿童每日能量需要男童高于女童。3～6岁儿童的蛋白质RNI为30 g/d，主要来源于动物性食物，优质蛋白应占50%以上。3岁儿童脂肪提供的能量由婴幼儿时期的35%～40%减少到35%，但仍高于一般成年人；考虑到3～6岁儿童膳食已接近成年人膳食，为预防慢性病，推荐膳食脂肪供能比与成年人相同，为20%～30%。碳水化合物是学龄前儿童能量的主要来源，其供能比为50%～65%，其供应应以富含复合碳水化合物的谷类为主，如大米、面粉等。糖和甜食是添加糖的主要来源，应限量摄入。

(2) 矿物质：为满足学龄前儿童的骨骼生长，需要提供充足的钙。儿童钙的最佳食物来源是奶及奶制品，为保证学龄前儿童钙的适宜水平，建议每日奶的摄入量在

300～600 mL。中国营养学会推荐4～6岁儿童钙、铁、锌和碘的RNI分别为600 mg/d、10 mg/d、5.5 mg/d和90 μg/d。

(3)维生素：学龄前儿童骨骼生长需要维生素D，以促进钙的吸收，学龄前儿童钙缺乏仍然常见。中国营养学会推荐4～6岁儿童维生素D的RNI为10 μg/d(400 IU/d)，维生素A的RNI为390 μgRAE/d(男)、380 μgRAE/d(女)，维生素B_1的RNI是0.9 mg/d，维生素B_2的RNI是0.9 mg/d(男)、0.8 mg/d(女)，烟酸的RNI是7 mg NE/d(男)、6 mg NE/d(女)。

2) 学龄前儿童膳食指南

学龄前儿童的食物种类和膳食结构已开始接近成年人，但与成年人相比，其对各种营养素的需要量相对较高，消化系统尚未完全成熟，咀嚼能力仍较差，因此其食物的烹调加工应与成年人有一定的差异。《中国居民膳食指南(2022)》中关于学龄前儿童的膳食指南在一般人群膳食指南基础上增加以下5条核心推荐：①食物多样，规律就餐，自主进食，培养健康饮食行为；②每天饮奶，足量饮水，合理选择零食；③合理烹调，少调料少油炸；④参与食物选择与制作，增进对食物的认知和喜爱；⑤经常户外活动，定期体格测量，保障健康成长。

2. 学龄儿童时期

1) 学龄儿童的营养需求

(1)能量：学龄期儿童依然处在生长发育阶段，能量的供应应处于正态平衡状态。长期能量摄入不足会导致儿童营养不良，生长发育迟缓，而能量摄入过多，多余的能量就会以脂肪的形式储存在体内而引发肥胖。儿童阶段可根据儿童的性别、年龄、活动量等情况综合判断对总能量的需求量。

(2)蛋白质：儿童摄入蛋白质主要是为了满足细胞、组织的增长，因此对蛋白质的质量，尤其对必需氨基酸的种类和数量要求较高，优质蛋白应占总蛋白质供应量的50％。长期蛋白质供应不足会导致蛋白质营养不良，影响儿童的生长发育。

(3)脂类：脂类对于维持学龄儿童的发育与健康必不可少，而膳食脂肪摄入过多会增加超重、肥胖、高血压、血脂异常甚至心血管疾病等的风险。因此，学龄儿童在总脂肪供能比适宜的前提下，应适当减少饱和脂肪酸的摄入，严格控制反式脂肪酸，保证必需脂肪酸的摄入。应减少油炸食品和加工食品的摄入，适量摄入畜禽肉类，尤其要保证鱼虾的摄入，有利于学龄儿童脑力、智力发育。膳食脂肪的适宜供能比为20％～30％。

(4)碳水化合物：学龄儿童碳水化合物的供能比与成年人相同，为总能量的50％～65％。以满足体内糖原消耗和脑组织需要为目标，6～10岁学龄儿童碳水化合物平均需要量为120 g/d。

(5)矿物质：钙是构成骨骼、牙齿的重要成分，处于生长发育期的学龄儿童比成年人需要更多的钙。

(6)维生素：维生素是学龄儿童生长发育必需的营养素，参与机体物质代谢和能量代谢，具有促进免疫功能、促进黏膜细胞分化和骨骼钙化等作用。尤其要重视维生素A和维生素B_2的供给。

2) 学龄儿童膳食指南

中国营养学会颁布的《中国学龄儿童膳食指南(2022)》在一般人群膳食指南基础上增加以下5条核心推荐：①主动参与食物选择和制作，提高营养素养；②吃好早餐，合理选择零食，培养健康饮食行为；③天天喝奶，足量饮水，不喝含糖饮料，禁止饮酒；④多户外活动，少屏视时间，每天60分钟以上中高强度身体活动；⑤定期监测体格发育，保持适宜体重增长。

3. 青少年时期

青春期体格生长加速，性征出现，大脑的功能和心理的发育也逐步成熟，独立活动能力逐步加强，可以接受成年人的大部分饮食。这一时期充足的营养是智力和体格正常发育乃至一生健康的物质基础，养成良好的饮食行为将使他们受益终生。

1) 青春期的营养需求

进入青春期后，生理发育相对之前逐渐发生变化，机体生长发育进入第二个高峰，性腺发育逐渐成熟，性激素促使生殖器官发育，出现第二性征。青少年的抽象思维能力加强，思维活跃，记忆力强，心理发育成熟，追求独立愿望强烈，心理改变可导致饮食行为改变。

(1) 能量及宏量营养素：为了满足生长发育需要，青少年的能量、蛋白质均处于正平衡状态，对能量、蛋白质的需要量与生长发育速率相一致，蛋白质的RNI为70～75 g/d(男)和60 g/d(女)，脂肪的摄入量占总能量的20%～30%，11～17岁人群碳水化合物平均需要量为150 g/d。

(2) 矿物质：青春期是影响峰值骨量最敏感的时期，人体50%的峰值骨量是在此时期形成，青少年期钙的营养状况决定成年后的峰值骨量，每天钙摄入量高的青少年的骨量和骨密度均高于钙摄入量低者，青春期使骨量增长最大化是预防骨质疏松的重要措施。因此，12～17岁人群钙的RNI为1000 mg/d。

青春期男生体内比女生增加更多的肌肉。肌蛋白和血红蛋白需要铁来合成，而青春期女生在月经期丢失大量铁，需要通过膳食增加铁的摄入量。

由于生长发育迅速，特别是肌肉组织的迅速增加以及性的成熟，青少年体内锌的储存量增多，需要增加锌的摄入量。

青春期碘缺乏所致的甲状腺肿发病率较高，故这一时期应注意保证碘的摄入。

(3) 维生素：和学龄儿童一样，生长发育相关的维生素对于青少年也同样重要。此外，维生素E与青少年生殖功能的发育具有紧密联系。

2) 青春期膳食指南

《中国学龄儿童膳食指南(2022)》同样适用于青少年期。青少年的合理膳食原则如下。

(1) 多吃谷类，供给充足的能量。

青少年的能量需要量大，可因活动量大小而有所不同，宜选用加工较为粗糙、保留大部分B族维生素的谷类，适当选择杂粮及豆类。每日谷类摄入量以250～300 g为宜，可搭配50～100 g薯类，同时包含50～100 g全谷物和杂豆。

(2)保证足量的鱼、禽、蛋、奶、豆类和新鲜蔬菜水果的摄入。

优质蛋白质应达50%以上,鱼、禽、肉、蛋每日供给量保证在150～200 g,奶量不低于300 mL。每日蔬菜的供给量为450～500 g,水果为300～350 g。

(3)平衡膳食,鼓励参加体力活动,避免盲目节食。

青少年肥胖率逐年增高,对于超重或肥胖的青少年,应引导他们通过合理控制饮食,少吃高能量的食物(如肥肉、糖果和油炸食品等),同时增加体力活动,使能量摄入少于能量消耗,逐步减轻体重。

(三)青中年时期

青中年时期一般指年满18周岁至即将进入老年阶段这一时期,其中,18～44周岁为青年时期,年满45周岁即进入中年时期。青中年时期是人生的黄金年龄段,生理和心理均已发育成熟,尤其是青年时期,是生理功能的全盛时期。但在30岁左右,皮肤开始逐渐衰老,出现细纹;进入中年时期后,机体新陈代谢逐渐减慢,表皮中角质形成细胞更替时间延长,天然保湿因子、神经酰胺等含量下降;真皮中胶原纤维再生不明显,透明质酸含量下降。因此,皮肤含水量降低、弹性下降,皮肤变得干燥、松弛。在某些特定部位,如眼角、前额等处开始出现皱纹,部分女性进入更年期后还会出现色斑、肤色暗沉等皮肤问题。

青中年时期若能达到平衡膳食、合理营养,对保证健康、保持体形、改善肌肤、延缓衰老都有重要意义。青中年人群的营养需求及膳食可参考《中国居民膳食指南(2022)》平衡膳食八项准则。

总之,青中年人群皮肤的养护应从生活、饮食、心理、运动等多方面综合进行。应养成良好的生活习惯,保持心态平和,适当运动。在饮食方面,应注意适当多摄入含抗氧化功效营养素的食物,如富含维生素C、维生素E、硒等的食物,减少糖、油脂的摄入量,同时还要养成良好的饮食习惯,饮食规律,不暴饮暴食,荤素搭配,不迷信素食主义。

(四)老年时期

我国老年人群是指年满65周岁的群体。老年时期表皮角质层变薄,表皮萎缩伴真皮乳头层扁平,基底细胞分裂能力降低,皮脂腺、汗腺分泌减弱;角质形成细胞合成功能减弱,表皮更新速度减慢,皮肤的自我修复能力降低,对外界特别是紫外线的抵御能力降低,易出现色斑;真皮层弹性蛋白和胶原蛋白降解增多,皮肤的伸展性、弹性和回缩性下降,胶原纤维含量减少,细胞间基质的黏多糖合成减少,加之皮下脂肪组织含量下降,使皮肤出现松弛、皱纹等老化症状。

老年人胃肠道功能较弱,因此,饮食上应以清淡、易消化食物为主,可适当食用富含维生素C的蔬菜、水果以淡化色素沉着斑,同时,良好的作息习惯、规律的饮食、适当的锻炼也可有效改善皮肤状况。

1. 老年人的营养需求

(1)能量:进入老年阶段,基础代谢减慢,体力活动也逐渐减少,对能量的需要量相对减少。能量摄入过多,剩余的能量转变为脂肪储存在体内会引起肥胖。因此,随年龄增长,老年人应相应减少总能量的摄入。但应注意,部分刚刚步入老年阶段的人群,他们的体力、脑力各方面仍较旺盛,依然能够承担部分体力及脑力活动,这部分人群应参照中年人,保证充足能量的供应以保证能量消耗。日常可通过体重检测来判断老年人能量需要与供给之间是否平衡。

(2)蛋白质:老年人由于消化吸收能力减弱,蛋白质的合成能力较差,体内蛋白质的分解代谢大于合成代谢,对食物中蛋白质的利用率低,容易出现负氮平衡。因此,蛋白质的摄入应做到量足而质优。根据我国的饮食结构,提倡老年人多食用豆类及豆制品,适量摄入瘦肉、鱼类、蛋类,身体允许的情况下还可适当饮用奶类。

(3)脂类:老年人胆汁酸减少,脂肪酶活性降低,对脂肪的消化功能下降,故脂肪的摄入量不宜过多。为减少心脑血管疾病的发生,老年人还应减少猪油、牛羊油等动物油脂的摄入,选择富含多不饱和脂肪酸的植物油。类脂中的磷脂能改善脂肪的吸收和利用,防止胆固醇的沉积,促进血液循环,预防心脑血管疾病,是老年人适宜食用的脂类。富含磷脂的食物有大豆、花生、蛋黄等,但脂类属于高热量食物,应控制摄入量。

(4)碳水化合物:老年人糖耐量降低,胰岛素分泌减少且对血糖的调节作用减弱,高糖食物,尤其是蔗糖、葡萄糖等简单糖类摄入过多会使糖尿病及动脉粥样硬化等心血管病的发病率增高。精制碳水化合物由于消化吸收快,升糖指数高,容易引起血糖升高。故老年人在选择主食时应注意粗细搭配,适当增加杂粮等的摄入,对于一些含糖量高的水果如荔枝、桂圆、葡萄等也要注意控制摄入量。此外,老年人日常还要多吃蔬菜以增加膳食纤维的摄入,充足的膳食纤维不仅可以调节血糖水平,还能促进肠道蠕动,防止便秘。

(5)矿物质:老年人胃肠道功能减弱,对钙、铁等矿物质的吸收利用能力下降,因此,骨质疏松、缺铁性贫血在老年人中是常见的营养缺乏病。中国营养学会推荐老年人每日钙的摄入量为800 mg,可通过摄入奶类、鱼、虾、黑芝麻、花生酱等食物补充钙,也可通过老年人专用钙片补充钙。铁的最优食物来源主要为动物性食物,如红肉、动物全血等,但在补充钙、铁的时候都需要注意,钙、铁摄入过量会引起中毒,应严格按照推荐剂量补充。

微量元素中的硒不仅具有抗氧化作用,还能保护心血管,维护心肌健康,具有延年益寿的作用,日常可从肉类、奶类、香菇、木耳、芝麻等食物中获得硒。

(6)维生素:维生素E、维生素C都具有良好的抗氧化活性,通过清除体内的氧自由基及抑制氧化反应的发生而延缓衰老;维生素D能促进钙的吸收和利用,缺乏维生素D可引起骨质疏松,导致骨折发生率增加,这些维生素都是老年人应注意补充的营养素。脂溶性维生素主要分布在油脂丰富的食物中,因此,在补充该类营养素的时候还要注意避免过量摄入油脂而引起能量摄入过剩。

虽然老年人能量消耗减少,与能量代谢有关的B族维生素的需求量也相应地减少,但老年人对B族维生素的代谢利用率差,因此,推荐摄入量与中年人群相同。

(7)植物化学物:部分蔬菜、水果等食物中含有的植物化学物如类胡萝卜素、大豆异黄酮、多酚类物质、花青素、硫化物等具有抗氧化、调节免疫功能、抗癌、降低血浆胆固醇等作用,可保护人体,预防心血管疾病的发生,老年人应注意摄入这些食物。

2. 老年人膳食指南

《中国老年人膳食指南(2022)》是《中国居民膳食指南(2022)》重要组成部分,适用于65岁及以上的老年人,分为一般老年人膳食指南(适用于65~79岁人群)和高龄老年人膳食指南(适用于80岁及以上人群)两部分。两个指南是在一般人群膳食指南基础上,针对老年人特点的补充建议。

1)一般老年人膳食指南

(1)食物品种丰富,动物性食物充足,常吃大豆制品。

(2)鼓励共同进餐,保持良好食欲,享受食物美味。

(3)积极户外活动,延缓肌肉衰减,保持适宜体重。

(4)定期健康体检,测评营养状况,预防营养缺乏。

2)高龄老年人膳食指南

(1)食物多样,鼓励多种方式进食。

(2)选择质地细软、能量和营养素密度高的食物。

(3)多吃鱼禽肉蛋奶和豆类,适量蔬菜配水果。

(4)关注体重丢失,定期营养筛查评估,预防营养不良。

(5)适时合理补充营养,提高生活质量。

(6)坚持健身与益智活动,促进身心健康。

四、不同性别人群的皮肤与营养膳食

不同性别人群的皮肤差异主要受体内激素水平的影响,在青春期之前,男女两性的皮肤状况差别不明显。进入青春期后,由于内分泌因素的影响,男女两性生理特点出现较大的差异,呈现出不同的皮肤特点。如男性的皮肤通常角质层较厚,油脂分泌量更多,因而皮肤相对粗糙、毛孔较大、肤色更深,更容易发生粉刺、痤疮等炎症性皮肤疾病;女性则毛孔较细小,肤质更为细腻,但受内分泌因素的影响,女性相对男性更容易出现色斑等皮肤问题。

(一)女性皮肤特点与营养膳食

进入青春期的女性,雌激素分泌逐渐旺盛,体内脂肪含量逐渐增加,皮肤开始变得润泽、光滑、富有弹性,体形也逐渐显露出女性特有的曲线美。青少年时期,是女性皮肤最健美的阶段,此后,随着年龄增长以及受内分泌因素的影响,皮肤状况会发生周期性的变化,如女性在月经期,皮肤会相对敏感,也略显粗糙,而在排卵期,皮肤则较光滑细腻。此外,不同生理状况下女性的皮肤也会发生变化,如孕期容易出现黄褐斑,哺乳期色斑慢慢淡化。总之,女性皮肤的总体特点表现为细柔、娇嫩,角质层较薄;皮脂的分泌量较少;毛囊皮脂腺开口较小;毛发细少;黑色素含量较少。这些特点增加了女性皮肤的柔美特质,但也更易受紫外线等外界因素的伤害而引起损容性皮肤问题。同时,遗传、膳食等因素也使得女性群体中不同个体皮肤呈现出显著的差异。

25岁之前,皮肤柔韧性、弹性良好,尤其在青春期,皮肤的各项功能处于鼎盛阶段。但由于皮脂分泌增加,易生痤疮。因此,饮食上要减少高脂食物的摄入,补充足量的维生素及蛋白质,多吃蔬菜、水果,摄入足量的水分。

25~39岁,女性的皮肤状态开始下降,胶原结缔组织含量逐渐下降。在面部的特定部位如眼角、额部会出现细纹,皮脂腺的活跃性下降,但由于面部T区皮脂腺分布较为密集。因此,这一部位油脂分泌还是很旺盛。饮食上,可以多摄入橙子、柑橘、柠檬、葡萄等水果及西兰花、紫甘蓝等蔬菜以补充维生素C;同时还要注意铁、钙等矿物质的补充;富含维生素A及胡萝卜素的食物的足量摄入可缓解皮肤干燥、角质分化异常等皮肤问题;油炸、高糖食物会加速细胞衰老,应尽量少吃。

40岁以后,基础代谢率逐渐下降,肌肉实体组织随之减少,脂肪组织随年龄增加而增多。女性在45岁左右开始进入绝经期,卵巢功能逐渐衰退,雌激素分泌水平下降。身体出现一系列变化,皮肤的再生能力及自我修复能力下降。皮脂分泌减少,真皮层胶原蛋白含量减少,皮肤变得干燥、较敏感,出现明显的松弛、皱纹。这一时期在饮食方面需要特别注意各类维生素的摄入,同时,钙的补充可增加骨密度,有效预防骨软化症及骨质疏松的发生。除此之外,中年阶段的女性膳食中还应增加大豆的摄入,大豆中的异黄酮类物质对改善女性更年期的不适症状有明显作用。

(二)男性皮肤特点与营养膳食

男性群体以油性皮肤居多,主要与男性体内雄性激素的分泌水平高有关。雄性激素会刺激皮脂腺分泌油脂,因此,男性皮肤的皮脂分泌量更多。除此之外,男性的汗腺也更发达,皮脂及汗液的大量分泌使得男性毛孔更为粗大,加之男性皮肤角质层也较女性厚,所以,总体而言,男性皮肤质地较女性更为粗糙,毛孔更大,肤色也较深。由于男性皮肤的这些特点,他们更容易出现粉刺、痤疮等皮肤问题,但油脂的润泽作用也使得男性皮肤相对女性而言不易出现干燥、皱纹,皮肤老化痕迹出现的时间比女性要晚。

但进入中年阶段之后,由于机体新陈代谢减慢和各组织器官功能减退,男性皮肤也开始逐渐衰老,尤其是有抽烟、酗酒等不良生活习惯的人群,皮肤衰老更为明显。为延缓皮肤衰老进程,饮食上应注意以下几点。

1.适当摄入肉类食物

由于男性能量消耗更大,对产能营养素的需求量更高,因而应适当多摄入肉类食物。但应注意以瘦肉为主,摄入过量肥肉容易增加心脑血管疾病的发病率。

2.补充足量的维生素

脂溶性维生素多分布在富含油脂的食物,如动物内脏、坚果等食物中,而水溶性维生素则主要分布在蔬菜、水果、谷类等食物中。对部分爱吃肉的男性而言,需特别注意水溶性维生素的补充,做到荤素搭配,以保证各类维生素的均衡摄入。

3.注意钙、铁、锌等矿物质的摄入

男性运动量较大,足量的运动及饮食中充足的钙质来源,可显著增加骨密度,有效预防骨软化病及骨质疏松,尤其是进入中老年阶段之后,要特别注意钙的补充。男性对铁的需求量相对女性较低,但也应注意足量摄入,在补铁时可选择动物性食物,补铁效率更高。锌参与了性激素的合成,缺乏会引起第二性征发育不良及影响男性精子的质量,因此,生育年龄的男性要特别注意锌元素的补充。

4.摒弃不良的生活习惯

不可酗酒,过量饮酒不仅会引起酒精中毒性肝硬化,还会诱发其他多种疾病;长期抽烟不仅损害机体健康,干扰部分营养素的吸收,还可导致皮肤晦暗、松弛,引发皮肤早衰。因此,应尽量戒除不良的生活习惯。

五、不同季节与营养膳食

我国大部分地区位于北温带,且南北跨纬度大,因此,气候差异明显,四季变化分明,不同的气候条件不仅影响机体生理,还会直接影响皮肤的健美。如春季多风,是过敏性皮肤病的高发季节;夏季多暑湿,常见粉刺、痤疮、湿疹等皮肤问题;秋季气候干燥,皮肤干燥、脱屑等问题频发;冬季气候寒冷,由于皮肤新陈代谢减慢,皮脂分泌减少,肤色暗沉、干燥、抵抗力下降。

《黄帝内经》关于养生的内容有"故智者之养生也,必顺四时而适寒暑",意思是顺从春夏秋冬四季阴阳消长的规律,适应一年寒热温凉的气候变化,人体才能保持健康。这是中医养生学的一个重要思想。作为其中一个重要组成部分的饮食养生,则要根据不同季节的气候特点和人体生理病理特点,采取不同的饮食原则和要求。

(一)春季气候特点与营养膳食

春季,是指我国农历从立春到立夏这一段时间,即农历一月、二月、三月,包括了立春、雨水、惊蛰、春分、清明、谷雨6个节气。春季的主要气候特点为温暖、潮湿。中国古代哲学认为,立春之后,自然界阳气开始生发,万物复苏,带来了生气勃发、欣欣向荣的景象,自然界的一切生物迅速地生长起来。"人与天地相应",当自然界阳气开始生发之时,人体之阳气也顺应自然,向上向外疏发。在生理上表现为气血活动加强,新陈代谢开始旺盛。春季,随着气候的转暖和户外活动的增多,人们的精神活动亦开始活跃起来。这些生理上的变化,都给春季的饮食营养提出了新的要求。

孙思邈说:"春七十二日,省酸增甘,以养脾气。"中医学认为,春季肝气升发本就旺盛,五味入五脏,酸味属肝,酸味食物能增强肝功能,使本来就偏旺的肝气更旺,而根据五行相克的原理,肝气过旺会损伤脾脏的功能。因此,春季要减少酸性食物的摄入。甘味属脾,可补益脾脏,所以可以适当增加甘味食物的摄入,如大枣、山药。同时,春季食补应以温补为要,如鸡、鸽、鲫鱼、鲤鱼、荔枝、龙眼肉、糯米、红糖等。总体来说,春季饮食宜清淡,少吃油腻、生冷、辛辣食物,减酸增甘,适当温补。

(二)夏季气候特点与营养膳食

夏季,是指从立夏至立秋的这一段时间,即农历四月、五月、六月,包括立夏、小满、芒种、夏至、小暑、大暑6个节气。夏季的气候特点主要为炎热、潮湿。中医学认为夏季主阳,是阳升之极,阳气盛、气温高,充于外表,则人体生理变化表现为气血运行旺盛。由于夏季气候炎热,人体腠理开泄、津液外泄,出汗量远远大于其他季节,因此,夏季人体营养素的消耗明显增加,但夏季闷热的气候常常使人食欲下降。所以,很多人常会出现食欲不振、精神不济的状况，也就是我们常说的"苦夏"。

为了增强体质，更好地在夏季进行饮食养生，应注意多选择清淡、生津、解暑食物，如苦瓜、黄瓜、丝瓜、西瓜、绿豆、海带、豆腐等。夏季蔬菜瓜果种类繁多，要多吃新鲜的蔬菜、水果，保证充足的维生素的摄入，尤其是水溶性维生素；夏季出汗量大，大量的钠、钾等微量元素随汗液排泄，所以还要注意补充水和矿物质，如餐前可饮用适量的汤，两餐之间可补充一定量的电解质水，也可通过食用含钾量高的食物补充丢失的钾，如香蕉、橙子、油菜、毛豆、土豆、紫菜等。

（三）秋季气候特点与营养膳食

秋季，是指从立秋到立冬这一段时间，即农历七月、八月、九月，包括立秋、处暑、白露、秋分、寒露、霜降6个节气。秋季的气候特点主要是干燥，人们常以"秋高气爽""风高物燥"来形容它。进入秋季，由于天气不断收敛，空气中缺乏水分的滋润而成为肃杀的气候，中医学认为，秋季主燥，其气清肃，其性干燥，常见口干、唇干、鼻咽干、舌干少津、大便干结、皮肤干燥。

秋季，人们从酷暑中解脱出来，食欲逐渐增强，同时，这个季节的食物种类也较丰富，蔬菜、水果齐全，豆类、肉类、蛋类货源充足。因此，在秋季饮食安排上，要注意营养平衡搭配。秋季空气干燥，多食芝麻、核桃、银耳、百合、糯米、蜂蜜、枇杷、菠萝、甘蔗等食物，可以起到滋阴润肺养血的作用；少吃胡椒、葱、姜等辛辣之品；还可适当多吃些酸味水果，如石榴、葡萄、山楂等；初秋季节气温仍较高，要注意少吃寒凉生冷食物，以养护胃气。

（四）冬季气候特点与营养膳食

冬季，始于农历的立冬，止于次年的立春，包括立冬、小雪、大雪、冬至、小寒、大寒6个节气，即农历的十月、十一月、十二月。冬季的气候特点主要是寒冷。冬季是万物生机潜伏闭藏的季节，此时天寒地冻、万物凋零，一派萧条零落的景象。进入冬季，人体阳气收藏，气血趋向于里，皮肤致密。冬季的寒冷天气会影响人体的内分泌系统，使甲状腺素、肾上腺素等分泌增加，从而加速蛋白质、碳水化合物、脂类三大类产能营养素的分解，以增加机体的御寒能力。

因此，冬季膳食首先应保证热量的供给，增加产能营养素的摄入。但要注意，对于老年人及部分特殊人群来说，脂肪的摄入量不能太多，以免诱发其他疾病。蛋白质应以优质蛋白为主，如蛋类、奶类、瘦肉、豆类及豆制品等。冬季还可食用温补之品，如羊肉、鸽子肉、牛肉、龙眼肉、海参、红枣等，以散寒扶正。药膳常用药材有人参、黄芪、白扁豆、黄精、熟地黄、肉苁蓉、菟丝子、骨碎补、沙苑子等。除此之外，冬季还要忌食生冷寒凉之品，多吃温热食物，如我国民间有冬至吃赤豆粥及腊月初八吃"腊八粥"的习惯，冬季常吃此类粥有补充营养、增加热量的作用。

总之，季节不同，营养膳食会有差异，还应考虑个人体质特点，做到饮食有节、适时定量；结构合理、不可偏嗜，同时注意食物的清洁卫生，不论是哪一种类、何种味道的食物，都要适度适量，才能保障机体的健康及皮肤的健美。

第二节　皮肤衰老与营养膳食

随着年龄的增长,机体的皮肤与其他器官一样,也会逐渐衰老。老化肌肤在保持水分、维持皮肤润泽度、弹性等方面的功能都会显著减弱。老化是皮肤状态发展的自然规律,但是合理的营养膳食能够有效改善皮肤的营养状态,从而延缓皮肤的衰老进程。

一、皮肤衰老的表现与机制

皮肤衰老,是指在外源性因素或内源性因素的影响下,皮肤的外部形态、内部结构以及生理功能出现衰退的现象。

（一）皮肤衰老的原因

1. 内在因素

（1）器官功能减退：皮肤的附属器官如汗腺、皮脂腺随着年龄的增长,功能会自然减退,分泌功能减弱,分泌物减少,使皮肤的皮脂膜、角质层缺乏滋润而变得干燥,造成干纹、脱皮现象。

（2）新陈代谢减慢：随着年龄的增长,由于皮肤新陈代谢减慢,真皮内的保湿因子减少,使得真皮内弹力纤维和胶原纤维功能减退,造成皮肤张力、弹力减弱,使皮肤容易出现皱纹。

（3）营养素缺乏：皮肤的张力、弹性与真皮层中结缔组织息息相关,皮下组织中脂肪在充盈皮肤及维持皮肤的弹性方面也有重要作用。当人体营养素缺乏时,由于结缔组织形成障碍、脂肪流失,皮肤的弹性、韧性下降,就会出现松弛、皱纹,引起皮肤衰老。

（4）自由基学说：自由基学说认为,人体的衰老过程其实是一个氧化过程。自由基,化学上也称为"游离基",是含有一个不成对电子的原子团。由于原子形成分子时,化学键中电子必须成对出现,因此,自由基就到处夺取其他物质的一个电子,使自己形成稳定的物质,这种现象被称为"氧化"。生物体内的自由基主要是氧自由基,它是机体氧化反应中产生的有害化合物,具有强氧化性,可损害机体的组织和细胞,进而引起慢性病及衰老。人体内部分活性酶具有清除氧自由基的作用,但是随着年龄的增长及其他各种不良因素的影响,人体内活性酶数量减少,大量的自由基就会破坏人体细胞,使细胞死亡。超氧自由基更会引发体内脂质过氧化,加快皮肤的衰老进程,并可诱发皮肤病变等。

2. 外在因素

（1）养护不当：缺乏对皮肤的护理,或不正确的皮肤护理方法,如选用了不适合的护肤品、化妆品等引起皮肤过敏、干痒、脱屑、红肿,久而久之皮肤的屏障功能受损,就会出现皮肤衰老。

（2）环境因素：长期生活在布满粉尘颗粒的环境中,使得皮肤的各项功能减退,或长时间的紫外线照射等原因,导致真皮层胶原结缔组织受损,从而引发皮肤衰老。

(3)生活习惯:长期睡眠不足、生活不规律等使皮肤细胞的各种调节功能失常;长期吸烟、饮酒等不良生活习惯也会影响皮肤的正常功能,加速皮肤的衰老。

(4)缺乏锻炼或减肥过速:强健有力的肌肉组织可支撑皮肤,使皮肤充盈、强健。长期缺乏体育锻炼,皮下肌肉组织萎缩,支撑作用减弱,皮肤松弛而显得衰老。此外,不当的减肥方式,如短时间内减肥过快,也会因为皮肤缺乏营养及失去皮下脂肪的充填而出现皮肤松弛。

(5)其他因素:丰富的面部表情、长期心情不畅、过度劳累、性情暴躁等因素都可以引起皮肤的衰老。

中医学认为,疾病等因素导致肾精消耗、脾胃功能虚弱、饮食不节、劳逸失度、情志不畅等都会加速皮肤衰老。

知识链接

紫外线(ultraviolet)通常用"UV"表示,它指的是太阳光线中波长在200~400 nm之间的光线。根据波长的长短和对皮肤的不同作用,可将紫外线分为三个波段:长波紫外线(UVA),波长为320~400 nm;中波紫外线(UVB),波长为290~319 nm;短波紫外线(UVC),波长为200~289 nm。

长波紫外线(UVA):又称为晒黑段。UVA的透射力可达人体皮肤真皮层,对玻璃、衣物、水等具有较强的穿透力,作用缓慢、持久。UVA到达皮肤真皮层,长时间的刺激累积可以造成体内的氧化游离基(自由基)增多,损害弹性纤维和其他组织,导致弹性纤维变性、断裂等,引起皮肤松弛、下垂、出现皱纹和色斑等。

中波紫外线(UVB):又称为晒红段。UVB的透射力可达皮肤表皮层,易引起皮肤红肿、疼痛,严重时可产生水疱、红斑等炎症反应,炎症消退后易留下色素沉着。

短波紫外线(UVC):又称为杀菌段。一般能被大气中的臭氧层阻隔,很少刺激到皮肤,少量到达皮肤表面的UVC也会被角质层吸收,所以不会对皮肤产生危害。

(二)皮肤衰老的表现

衰老皮肤的特点主要表现为皮肤变薄、弹性降低、皮肤无光泽、出现细小皱纹、肤色暗黄、色素分布不均匀甚至出现色斑、皮肤及皮下组织结构松弛、下垂等。具体表现如下。

1.角质层

角质层水分含量降低,通常低于10%,角质细胞分化速度变慢,老化细胞开始增多,角质层增厚、变硬,皮脂膜的保护作用下降,皮肤变得暗沉无光泽、干燥、脆弱。

2.基底层

基底细胞新陈代谢减慢,表皮变薄、通透性增加,易受外界不良因素的刺激而出现皮肤过敏、丘疹等现象；皮肤的抵抗力、再生修复能力均下降；基底细胞间夹杂的黑素细胞功能不稳定，引起局部黑色素分泌增多或脱失，出现肤色不均、色素沉着斑等。

3. 真皮层

真皮层胶原蛋白合成量减少、弹性纤维变性，具有保持功能的基质黏多糖合成减少，使皮肤变薄、弹性下降、支撑性变差，出现松弛、皱纹。

4. 皮下组织及附属器官

皮下脂肪含量减少，皮肤失去支撑而变得松弛，皮脂腺分泌功能减退，汗腺功能退化，毛囊退化，指甲生长迟缓，导致毛发稀少，皮肤水分易流失，皮肤干燥及指甲变脆、易折断等。

（三）皮肤衰老对其生理功能的影响

1. 屏障作用减弱

表皮角质层致密柔韧、真皮层中胶原纤维和弹力纤维及皮下脂肪组织的软垫效应，使皮肤能够抵消和缓冲外界各种机械性刺激；角质层细胞排列致密，不仅能够防御各种化学物质的渗透，还能滤掉部分透入表皮的紫外线，保护皮肤免受外界不良因素的刺激。此外，由皮脂腺分泌的皮脂与汗腺分泌的汗液在皮肤表面混合形成一层薄薄的乳化膜，称为皮脂膜。皮脂膜可以防止皮肤内外水分的蒸发及渗入，维持皮肤正常的含水量。皮肤老化使得表皮角质层变薄、角质细胞排列疏松，屏障作用减弱；老化的皮肤的皮脂腺、汗腺功能减退，皮脂膜的防护作用也会减弱。

2. 代谢减慢

皮肤参与了机体对糖类、蛋白质、脂肪、水、电解质和黑色素等的新陈代谢过程，随着年龄的增长，皮肤细胞分裂更新的速度减慢，皮肤的自我修复能力下降，其参与其他各类物质代谢的过程也显著减慢。

3. 吸收功能减退

皮肤吸收外界物质的途径主要为两个方面：一是通过皮肤角质层细胞膜和角质层细胞间隙，是皮肤吸收的主要途径；二是通过毛囊、皮脂腺和汗腺导管，此途径吸收的主要是大分子物质。对于老化性肌肤而言，随着角质细胞老化和毛囊、皮脂腺及汗腺导管的退化，皮肤的吸收功能也随之减退。

4. 分泌和排泄功能减退

皮肤的分泌和排泄功能主要通过汗腺、皮脂腺完成。汗腺排出汗液，汗液的主要成分是水，还含有人体代谢产生的废物如尿素、尿酸、肌酐、磷酸盐等；皮脂腺分泌和排泄皮脂，皮脂中含有油脂、软脂、脂肪酸及蛋白质。汗液和皮脂混合形成皮脂膜，滋润、保护皮肤、毛发。但是当肌肤进入老化状态后，皮脂腺和汗腺的分泌和排泄功能就会下降，因而不能有效形成皮脂膜保护皮肤及排除体内部分代谢产物。

5. 感觉功能减退

皮肤内广泛分布着感觉神经和运动神经末梢及特殊感受器，可将体内外刺激通过神经反射，传送至大脑皮质中央后回而产生痛觉、触觉、压觉、痒感、冷暖觉等，机体通过这些感觉，产生相应反应来减少外界对皮肤的伤害。老化的皮肤感觉功能减退，各种感觉阈值增大，对外界刺激不敏感，因而老年人群常见由于感觉不敏感而出现的各种皮肤损害。

6.再生功能减退

皮肤有很强的再生功能,尤其是表皮。皮肤再生能力的活跃度与皮肤的血供充足与否、代谢旺盛程度密切相关。老化的皮肤由于新陈代谢减慢、血液供应量减少,再生能力明显下降,当皮肤出现破损时,修复时间也显著延长。

二、衰老皮肤的营养膳食

(一)膳食原则

对于衰老皮肤,可以选择具有强身健体、延缓皮肤衰老等功效的食物,具体膳食原则如下。

1.增加富含蛋白质食物的摄入

蛋白质是机体组织细胞的重要成分,也是产能营养素之一。同时,皮肤真皮层胶原结缔组织的形成也要依赖食物中的蛋白质。多食用蛋白质含量丰富的食物可以促进机体新陈代谢,使皮肤柔嫩、具有光泽、富有弹性,防止皮肤过早松弛,延缓皮肤衰老。富含蛋白质的食物有瘦肉、蛋类、奶类、豆类及鱼类。

2.多吃富含维生素E的食物

维生素E具有抗氧化作用,可以清除体内的氧自由基,对胶原纤维和弹性纤维有一定的修复作用,可维持皮肤弹性,促进皮肤血液循环,使皮肤光滑、有弹性,毛发、指甲光滑润泽,可淡化色斑及抑制黑色素的合成,延缓衰老。维生素E在绿叶蔬菜、各种坚果如核桃仁、杏仁、花生、榛子及植物油中含量丰富。

3.多食用富含维生素C的食物

维生素C具有较强的抗氧化活性,不仅能抑制黑色素的合成、淡化色斑,还能促进真皮层胶原蛋白的合成,从而预防色素沉着,防止黄褐斑、老年斑的发生,以及增强皮肤的弹性,延缓皮肤衰老。维生素C主要分布在蔬菜、水果中,如柠檬、猕猴桃、橘子、柚子、冬枣、柿子椒、花菜等。但应注意,天然维生素C的稳定性较差,不耐受光、热、氧、碱等因素,因此,应选择新鲜的蔬菜、水果。

4.多吃富含铁、锌、碘、硒等矿物质的食物

铁的主要生理功能为参与造血,充足的血液不仅能使皮肤光泽红润,还能增加皮肤的营养供应。锌以辅酶形式参与体内各种生理活动,如蛋白质的合成,碳水化合物、维生素A的代谢,以及性腺的活动。锌还能维持皮肤的健康,缺锌会导致皮肤伤口愈合延迟。碘在人体内主要分布在甲状腺,参与甲状腺激素的合成,而甲状腺激素参与三大产能营养素的代谢,缺碘会导致机体新陈代谢速度减慢,皮肤因血液循环减弱而缺乏光泽和弹性。硒参与构成谷胱甘肽过氧化酶,具有清除自由基和过氧化氢的作用,保护细胞和细胞膜免受过氧化物的损害,是体内良好的抗氧化剂。此外,硒还具有抗衰老作用,被广泛应用于各种保健食品中。

含铁丰富的食物有动物肝脏、全血制品、瘦肉等;含锌丰富的食物有牡蛎、动物内脏、全谷类、坚果、蛋类等;含碘丰富的食物主要为各种海产品,如海带、紫菜、海白菜、海参等;食物中硒的含量随地域不同而异,富硒土壤中种植出来的农作物一般都含有较丰富的硒,日常生活中,可以从谷类、肉类、奶类和蛋类及香菇、木耳、芝麻等食物中获取硒元素。

5.增加含异黄酮类食物的摄入量

异黄酮是黄酮类化合物中的一种,是植物生长过程中形成的一类次级代谢产物,与雌激素有相似结构,因此称为植物雌激素。异黄酮对雌激素水平具有双向调节作用,女性在绝经前后,由于卵巢功能减退,体内雌激素水平下降,引起各器官组织的功能调整不相适应,出现一系列病症,增加异黄酮类食物的摄入可以有效缓解这些症状。同时,异黄酮还具有预防、改善骨质疏松的作用;大豆异黄酮的雌激素样作用可使女性皮肤光滑、细腻、柔嫩、富有弹性,从而延缓衰老。异黄酮主要存在于豆科植物中,尤以大豆中含量为高。

(二)衰老皮肤膳食推荐

1.何首乌红枣粥

【配料】粳米100 g,何首乌50 g,红枣3~5枚,红糖适量。

【制作和用法】先将何首乌用砂锅煎取浓汁,去渣备用,何首乌汁与淘洗过的粳米、红枣一同入锅,加入适量水,武火烧开后,再转用文火熬煮成粥,待粥即将熟时加入红糖搅拌均匀即可。

【功效】蛋白质、脂肪、维生素含量较高,能促进血液循环,抗氧化作用明显,可提高老化性肌肤的修复能力,增加皮肤弹性,延缓衰老。

2.花生牛蹄筋粥

【配料】牛蹄筋80 g,花生米80 g,粳米100 g。

【制作和用法】先将牛蹄筋切成小块,糯米淘洗干净后,与花生米、牛蹄筋一同入锅,加入适量水,煮至牛蹄筋熟烂,米开汤稠即可。

【功效】此粥含有丰富的蛋白质、脂肪、矿物质,能增加皮肤弹性,补充皮肤营养,使皮肤的皱纹变浅、消失。

3.小米山药粥

【配料】小米100 g,山药200 g,大枣5枚。

【制作和用法】先将山药去皮切成小块备用,小米淘洗干净后放入凉水中煮开,加入切好的山药和洗净的大枣同煮,至米开汤稠即可。

【功效】此粥含有丰富的蛋白质、维生素及微量元素,可促进皮肤的新陈代谢,提升肌肤的保湿能力,淡化皱纹、色斑,减少色素沉着。

4.干果山药泥

【配料】鲜山药或马铃薯500 g,桃仁、红枣、山楂、青梅各15 g,蜂蜜适量。

【制作和用法】鲜山药或马铃薯500 g煮熟,去皮,压泥,再挤压成团饼状,上置桃仁、红枣、山楂、青梅等果料,上蒸锅蒸约10分钟,出锅时浇适量蜂蜜。

【功效】山药补脾健胃,桃仁补肺益肾、润燥健脑,红枣养血补气,能使皮肤皱纹舒展、光滑润泽。

5.胡椒海参汤

【配料】水发海参750 g,鸡汤750 g,香菜20 g,酱油、精盐、味精、胡椒粉、香油各少许,料酒15 g,葱20 g,姜末6 g,猪油25 g。

【制作和用法】海参去肚黑膜,洗净,切大抹刀片,开水汆透,捞出控去水分;葱切丝;香菜洗净切寸段;猪油入锅烧热,放葱丝、胡椒粉稍煸,烹入料酒,加鸡汤、调料;海参片放入汤内,汤开撇去浮沫,调好口味,淋入香油,撒入葱丝和香菜段即成。不拘时服用。

【功效】补肾益精,养血润燥,润肤美颜防皱。

知识小结

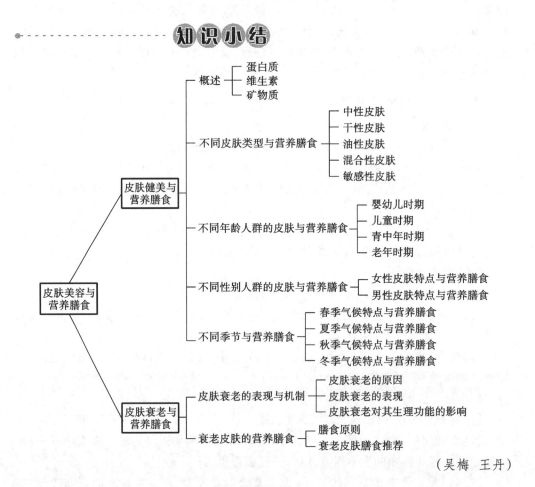

(吴梅 王丹)

能力检测

一、单选题

1.理想的皮肤类型是( )。

　　A.干性皮肤　　　　　　B.中性皮肤　　　　　　C.油性皮肤
　　D.混合性皮肤　　　　　E.混合偏油性皮肤

2.皮肤的韧性下降、松弛、有明显皱纹是( )类型皮肤的典型表现。

　　A.干性皮肤　　　　　　B.中性皮肤　　　　　　C.油性皮肤
　　D.混合性皮肤　　　　　E.老化的皮肤

3.不属于敏感性皮肤形成原因的是( )。
A.清洁过度　　　　　　B.遗传因素　　　　　　C.饮食因素
D.不当护理　　　　　　E.环境因素
4.油性皮肤人群日常饮食应注意( )。
A.减少蛋白质的摄入量　　B.减少碳水化合物的摄入量
C.减少油脂的摄入量　　　D.补充维生素
E.多喝水
5.以下皮肤问题中多见于青春期的是( )。
A.皮肤敏感　B.色素斑　　C.细纹　　　D.痤疮　　　E.毛孔粗大
6.机体生长发育最迅速的时期是( )。
A.婴儿期　　　　　　　B.儿童时期　　　　　　C.青少年时期
D.青中年时期　　　　　E.老年时期
7.男性皮肤相对于女性皮肤而言,更常见的皮肤问题是( )。
A.角质层偏薄　　　　　B.色素较少　　　　　　C.油脂分泌量更多
D.韧性更好　　　　　　E.角质层含水量更高
8.老年人日常饮食应注意( )。
A.减少蛋白质的摄入量　　B.减少碳水化合物的摄入量
C.减少膳食纤维的摄入量　D.多吃油脂含量丰富的食物
E.控制总能量的摄入
9.6个月以上的婴儿需要特别注意( )的补充。
A.钙　　　　B.铁　　　　C.锌　　　　D.碘　　　　E.硒
10.中年人机体代谢减弱,因此应控制( )的摄入。
A.蛋白质　　B.碳水化合物　　C.维生素　　D.矿物质　　E.总能量
11.中医学认为,减酸增甘,适当温补,是适合( )的饮食养生原则。
A.春季　　　B.夏季　　　C.长夏季节　　D.秋季　　　E.冬季
12.具有滋阴润肺功效的食物是( )。
A.牛奶　　　B.桂圆　　　C.银耳　　　D.大豆　　　E.花生
13.能够促进胶原蛋白合成的营养素是( )。
A.维生素B_2　B.维生素C　C.维生素B_6　D.维生素E　E.维生素D
14.具有良好抗氧化、防衰老功效的矿物质是( )。
A.钙　　　　B.铁　　　　C.锌　　　　D.硒　　　　E.碘
15.不属于衰老皮肤饮食原则的是( )。
A.多食用富含蛋白质的食物　B.多吃富含维生素C的食物
C.多吃富含维生素E的食物　D.多吃富含油脂的食物
E.多吃含铁丰富的食物

二、多选题
1.食物中铁的常见来源有( )。
A.动物肝脏　B.瘦肉　　　C.猪血　　　D.海带　　　E.芝麻酱

2.具有抗氧化、延缓衰老功效的营养素有(　　)。
A.维生素A　B.维生素B_2　C.维生素C　D.维生素E　E.硒
3.皮肤衰老的形成原因包括(　　)。
A.过度日晒　B.养护不当　C.环境因素　D.营养缺乏　E.年龄
4.参与皮肤新陈代谢的营养素包括(　　)。
A.蛋白质　　　　　　B.脂类　　　　　　C.碳水化合物
D.矿物质　　　　　　E.水
5.受膳食结构的影响,我国儿童容易缺乏的矿物质主要为(　　)。
A.钙　　　B.铁　　　C.锌　　　D.碘　　　E.硒

能力检测答案

第六章 美发与营养膳食

扫码看课件

 学习目标

知识目标
1. 掌握健康头发与营养膳食的关系。
2. 熟悉发质分类及常见头发问题与膳食的关系。

能力目标
学会根据目标对象的发质与营养需求进行食物的选择与指导。

素质目标
培养学生健康支撑美丽、美丽依托于合理饮食的价值观,为以后从事美容营养顾问工作奠定良好的基础。

古代常以"头上青丝如墨染"来形容女性头发的美丽。健康的中国人头发应该乌黑、均匀、发亮、光滑,不分叉,油分适中,色泽一致,无头屑、头垢,头发不粗不硬,也不纤细过软,在手感上,健美的头发润泽,松软,富有弹性,易于梳理。如果你拥有乌黑油润、柔软光亮的头发,那么你一定能给人留下健康、充满活力和魅力的印象。反之,如果你的头发枯黄稀疏、干燥而没有光泽,那么你就会显得憔悴疲劳,甚至营养不良。如《医述》说"察其毛色枯润,可以觇肺之病",古人早就认识到头发的生长、脱落、色泽变化与健康美容息息相关。乌黑亮丽的头发不仅把人衬托得容光焕发,给人美感,而且还是健康的标志之一,通过对头发色、质、量的观察,可以了解是否患有疾病。

第一节 头发的分类及特点

 案例导入

李某,45岁,女性,先天性头发偏稀少,发质细软,近年来工作压力大,熬夜多,头发容易出油,头皮瘙痒,头屑较多,有明显脱发现象。李女士非常着急,尝试了不同的防脱发洗发水,效果并不理想。希望能通过日常生活方式和饮食解决当前的烦恼。

请问:
李女士的头发属于何种发质?

一、头发的生理知识

(一)头发的成分

头发是指长在人类头部上的毛发,是毛发的一种,属于长毛,是人体皮肤的一种附属器,主要成分是角质蛋白,由18种氨基酸组成,它们为头发生长提供所需的营养与成分,各种氨基酸原纤维通过螺旋式、弹簧式的结构相互缠绕交联,形成角质蛋白的强度和柔韧,从而赋予了头发所独有的刚韧性能。其中以胱氨酸的含量最高,可达15.5%,蛋氨酸和胱氨酸的比例为1:15。自然头发中,胱氨酸含量为15%~16%。另外水、类脂、维生素和微量元素也是组成头发不可缺少的成分。在头发中可以检测到的微量元素有20多种,如锌、钙、锰、硒等,其中铜、钴、铁、钛、钼、镍可影响头发本身的颜色。

(二)头发的结构

1.头发的外部结构

头发在纵向切面从上向下是由毛干、毛根、毛囊、毛球及其根端的毛乳头五个部分组成(图6-1)。头发的生理特征和功能主要取决于毛乳头、毛囊等。毛干是我们肉眼看见的头发露在皮肤外面的部分。埋在皮肤里面的是毛根。毛囊为毛根在真皮层内下端略微膨大的部分,由内毛根鞘、外毛根鞘和结缔组织鞘组成,内毛根鞘在毛发生长期的后期是与头发直接相邻的鞘层。内毛根鞘是硬直的、厚壁角蛋白化的管,它决定毛发生长时截面的形状。毛乳头是毛囊的最下端向内凹入部分,连有毛细血管和神经末梢。在毛囊底部,表皮细胞不断分裂和分化,这些表皮细胞分化的途径不同,形成毛发不同的组分(如毛皮质、表皮和毛髓质等)。毛乳头对维持毛发营养和生长有重要影响。当毛乳头遭破坏或毛囊退化时,毛发即停止生长,并逐渐枯萎脱落,难以再生新毛发。

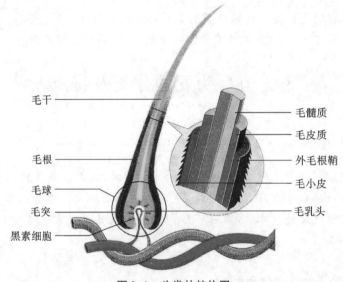

图6-1 头发的结构图

2. 头发的内部结构

头发的横切面从外到里可分为三个部分。从外至内由毛表皮、毛皮质、毛髓质组成(图6-1)。其中毛表皮由多层鳞片或瓦状的角质细胞构成,进一步可以区分为上表皮、外表皮与内表皮,其角蛋白种类与组成有所不同,可以保护头发不受外界环境的影响,保持头发乌黑、亮泽和柔韧。毛皮质是头发的主体部分,占75%~90%,是决定头发的粗细和颜色等性能的重要组成部分。它具有复杂的结构,首先,蛋白质高分子链互相缠绕形成原纤维,原纤维汇集在一起便形成了小纤维。以角蛋白为主的小纤维嵌合在角蛋白相关蛋白基质中形成大纤维,然后大纤维结合成肉眼可以看到的纤维体,即毛皮质。毛皮质内存在水分、黑色素等成分。它是染发、烫发等时需要化学处理的地方。毛髓质位于头发的中心,占比很小,由真空状的海绵体组成,而毛表皮和毛皮质的主要成分都是角蛋白,两者占到了头发的90%以上。角蛋白可以提高头发的强度和刚性,防止日光直接照射进来。较硬的头发含有的毛髓质较多,汗毛和新生儿的头发往往没有毛髓质。

(三)头发的生长和更新

正常成年人的头发有10万~15万根,头发的生长速度为每天0.32~0.35 mm。新生儿头发比较柔软、纤细,到了20岁左右,头发开始变得浓密、粗壮,毛孔变大,生长最为旺盛。进入中老年后,由于衰老的原因,黑色素减少,毛发逐渐由黑变白,且逐渐稀疏。

头发的生长与毛囊是分不开的,毛囊的存在是保证头发生长更换的前提。头发的生长周期分为生长期、退行期、休止期。生长期一般为4~6年,85%~90%的头发处于此期,此时毛囊功能活跃,毛球底部的细胞分裂旺盛,分生出的细胞持续不断地向上移位,当毛囊中的软囊角质变化为硬蛋白质时,头发被推出皮肤外,成为肉眼可见的头发。生长期的头发颜色较深,毛干粗而有光泽。退行期一般为2~3周,仅1%的头发处于此期,当头发生长接近生长期末时,毛球的细胞停止增生,毛囊开始皱缩,头发停止生长。休止期一般为3个月,9%~14%的头发处于此期。头发进入休止期后,细而干燥,色淡无光,这时的毛发较易脱落。

正常人头皮中有10万~12.5万个终毛囊,假设有10万根头发,按照10%头发处于休止期来计算,平均每天脱发量约100根,这也是我们平常所说的脱发自测时,为什么用100根来作为衡量标准。要判断脱发是否正常,可借助拉发实验,因为正常人每天会有大概50~100根头发进入生长期而长出,也有50~100根头发进入休止期而脱落,休止期的头发相当于已经死掉的头发,它们没有"根",不牢固,洗头会把休止期的头发洗掉,建议受试者5天不洗头,以拇指和示指用轻力拉起含有50~60根毛发的一束头发,计算脱落的毛发数量,多于6根为阳性,表示有活动性脱发。

(四)影响头发生长的因素

头发的生长调节主要依靠毛囊周围的血管和神经内分泌系统。每个正常毛囊的基底部分或乳头部分,均有数量不等的血管伸入毛球,这些血管和毛囊下部周围的血管分支相互交通,构成向乳头部的毛细血管网,而毛囊两侧乳头下的毛细血管网,以及毛囊结缔组织层的毛细血管网，又形成丰富的血管丛，血液通过这些血管网和血管丛，为毛发生长提供所需要的营养物质。毛发生长除依靠毛囊周围的血液循环供给营养以外，还依靠神经及内分泌系统控制和调节。头发的生长速度还与部位、性别、年龄、季节、昼夜等因素有关。

毛发的生长与下列因素有关：首先是毛囊，毛囊的数量和大小由遗传因素决定。其次，在日常饮食中，有50多种营养素与头发的健康生长有关，如蛋白质、脂类、维生素、微量元素及水等。毛干几乎都由蛋白质组成，健康的毛发生长有赖于摄入蛋白质的成分和质量。毛囊细胞储存在外毛根鞘细胞中，它的能量主要由糖原提供，细胞的有丝分裂对饮食的能量非常敏感。毛囊的生物合成和能量代谢与维生素有关。微量元素对毛囊的生化、能量代谢、免疫、修复等很多方面起着重要的作用。因此，蛋白质、碳水化合物、维生素和微量元素的正常供给、运输和吸收是毛囊生物活性的基础，缺乏这些物质时，头发生长会受影响。头发的质量与个体营养状况密切相关，营养缺乏既可因吸收或代谢失常，也可因后天环境不利。营养平衡是美发的关键。

二、头发的分类

头发按发质可分为5种，包括干性发质、油性发质、中性发质、混合性发质和受损发质（表6-1）。

表6-1　头发的种类及特点

头发种类	特点
油性发质	头部皮脂腺较丰富，分泌比较旺盛，致使头发油亮发光。发干直径细小，比较脆弱
中性发质	属于最理想的发质类型，是健康正常的头发。柔滑光亮，不油腻、不干枯，油和水适中，容易造型
干性发质	头部皮脂分泌少，头发粗壮，僵硬无弹性，暗淡无光
混合性发质	头皮油但头发干，在靠近头皮1cm以内的发根多油，越往发梢越干燥
受损发质	发尾开叉、枯黄、脆弱无弹力，易折断，头发粗涩，无光泽。多由过度烫发、染发导致

三、健康头发的标准

衡量一个人的头发是否健康，一般要从头发的洁净度、颜色、润泽性、质地等方面判断。健康的头发清洁、整齐，没有头垢，没有头皮屑，发黑柔润，有自然光泽，富有弹性，色泽统一，不夹杂斑白、黄、棕等颜色，不粗不硬，不分叉，不打结，疏密适中，发长而不枯萎，发质不因阳光灼晒、染发、烫发而发生变化。

第二节 美发的营养膳食

案例导入

张女士,35岁,剖腹产后2个月,出现明显的脱发现象,头发干枯,时常感觉疲乏,面容憔悴,出汗多,月子期间以肉食为主,消化功能欠佳,因此心情抑郁。

请问:

张女士出现脱发、疲乏、憔悴是否与营养素缺乏有关?

美发就是使头发粗壮、乌黑、光亮。每个人都希望自己的头发健康、有光泽,但是我们的头发总是不能如自己所愿,经常出现干枯、毛躁、暗淡发黄、脱发、早白等种种问题,现代营养学认为这与膳食质量低,缺乏某些微量营养素有关。

一、各类发质与营养

(一)油性发质与营养

油性发质者头部皮脂腺较丰富,分泌比较旺盛,致使头发油亮发光。发干直径细小,比较脆弱,易产生头皮屑,大多与内分泌功能紊乱、遗传、精神压力大以及经常进食高脂食物有关,这些因素可使油脂分泌增加。

饮食建议:需要控制饮食,减少动物油、奶酪、牛奶、内脏等高脂食物及辛辣食物的摄入,以清淡食物为主,多食用含膳食纤维和维生素的食物,从而平衡内分泌,减少油脂的分泌。可适当选择富含维生素A、维生素B_6、碘、钙和铁的食物。维生素A对头皮细胞组织的发育有重要作用,人体若缺乏维生素A,会影响头皮健康,导致头发变细。含维生素A的食物有胡萝卜、菠菜、西红柿、西兰花、甜椒等。维生素B_6能调节脂肪及脂肪酸合成,对抑制皮脂分泌、刺激毛发再生有重要的作用。含有维生素B_6的食物有鸡肉、鱼肉、小麦、玉米、蘑菇、黄豆、绿豆、香蕉、橙子等。海藻类食物如紫菜、龙须菜、裙带菜、海带等含有丰富的碘、钙和铁,有助于细软、衰老的头发恢复健壮粗硬的状态,长期食用,可增加头发重量和弹性,让头发乌黑、富有光泽。

(二)干性发质与营养

干性发质者头皮皮脂分泌少,头发干枯、无光泽、缠绕、容易打结,特别在浸湿的情况下难于梳理,松散,头皮干燥,容易产生头皮屑。通常头发根部颇稠密,但至发梢则变得稀薄,有时发梢还开叉。头发僵硬,弹性较低。与皮脂分泌不足或头发角蛋白缺乏水分,或经常漂染或用过高温度的水洗发及天气干燥有关。

饮食建议:需要多食用富含优质维生素B_5、维生素E和蛋白质的食物,加强营养供给。维生素B_5能够帮助毛囊细胞的再生,加强头发的韧度,强化发根,减少头发的断裂、脱落,并保持头发中的水分含量,让头发亮丽顺滑,减少梳理时的拉扯,避免毛囊受损。含有维生素B_5的食物有牛肉、牛心、羊心、猪肉、猪心、虾米、鸡肉、羊肉、芝麻酱、花生等。维生素E是天然的抗氧剂,不仅对皮肤有着抗氧化作用,也是头发生长很重要的营养因子。头发长期暴露在紫外线下时,空气中的灰尘可能会引起毛囊受损,而维生素E可以减少毛囊受损。富含维生素E的食物有核桃、腰果、开心果、松子仁、花生、瓜子仁、柚子、橙子、杨梅、西红柿、西兰花、丝瓜、菠菜、豆浆、豆腐等。蛋白质可以加强头发的强度和韧度,在健康的头发中,氨基酸占毛干总重的90%。缺乏氨基酸可以通过补充蛋白质来改善,富含蛋白质的食物有瘦猪肉、鸡蛋、牛肉、鱼肉、奶制品等。

(三)混合性发质与营养

混合性发质者头皮油但头发干,靠近头皮1 cm以内的发根多油,越往发梢越干燥甚至开叉。

饮食建议:应遵循油性发质的饮食,适当增加黑色食物的摄入,如黑豆、黑芝麻。

(四)受损发质与营养

头发的主要成分为蛋白质,过度烫发、染发,蛋白质因高温、化学试剂等因素而受损,矿物质减少,出现发尾开叉、枯黄、脆弱无弹力,易折断,头发粗涩,无光泽。

饮食建议:需要多食用富含优质蛋白、维生素A、碘、铜等的食物,植物油和黑色食物,加强饮食营养供给。优质的蛋白质经过胃肠的消化吸收,可形成各种氨基酸,进入血液后被头发根部的毛乳头吸收,合成角蛋白,再经过角化后,变成头发。富含优质蛋白的食物有瘦猪肉、鸡蛋、牛肉、鱼肉、奶制品等。维生素A是一种脂溶性维生素,在维持头皮正常分泌油脂方面起着重要作用。缺乏维生素A会引起头发干枯、无光泽,甚至脱发,富含维生素A的食物有胡萝卜、菠菜、西红柿、西兰花、甜椒等。碘可刺激甲状腺分泌甲状腺素,甲状腺素可使头发乌黑秀美。富含碘的食物有海带、紫菜、海参等海产品。铜是头发合成黑色素必不可少的元素,如果人体内铜含量低于正常水平,头发则生长停滞、褪色和产生白发。富含铜的食物有动物肝脏、瘦肉、蛋类、大豆、柿子、坚果类、根茎类。

二、常见头发问题与现代营养学

(一)头发枯黄

头发枯黄的主要原因:一是营养摄入不足,二是大病初愈或甲状腺功能低下、重度营养不良、贫血等疾病导致黑色素减少,黑发逐渐变为黄褐色或淡黄色。头发在生成黑色素过程中需要一种重要的含有铜的酪氨酸,体内铜缺乏会影响这种酶的活性,使头发变黄,阳光中的紫外线、过度烫发和染发也会使头发受损发黄。

头发枯黄的营养调理:头发的主要成分是角蛋白,故补充蛋白质很重要,可多摄入牛奶、蛋类、大豆、瘦肉、植物油等。头发枯黄者应补充维生素A、B族维生素、铁、铜、钙、磷,从而加速黑素颗粒的合成,促进并保持黑发的生长。此外,头发的光泽也与甲状腺的分泌作用有关。碘可刺激甲状腺分泌甲状腺素,甲状腺素可使头发乌黑秀美,而碘属于水溶性元素,因此可以常食用在海水中生长的富含碘的海藻类食品促进甲状腺的分泌功能。还应注意清淡饮食,少吃油炸食品,少喝咖啡,多吃碱性食物。

(二)头皮屑

头部的表皮细胞底层的细胞增殖后,会逐渐成熟并向外推挤,最后会变成无核、无生命的角质层。当表皮新陈代谢加速或成熟过程不完全时,表皮细胞会成群大片脱落,即头皮屑。其发生原因是头皮分泌油脂的腺体发生障碍。头皮分泌油脂过多,导致慢性的头皮屑过多,甚至出现脱发。头皮屑过多可能是由于受伤、激素不平衡、摄取过多的碳水化合物引起,也与缺乏营养素有关。

头皮屑增多的营养调理:应避免食用发酵食品、油炸食品及乳制品,大量食用淀粉食品对头发也不利,应增加碱性食物的摄入,多食新鲜水果和蔬菜。维生素A和B族维生素能促进头发生长,维生素A及胡萝卜素缺乏会导致头皮发红、疼痛、头发脱落和头皮屑增多,B族维生素缺乏会引起蛋白质及脂类的代谢异常。少摄入或不摄入辛辣和刺激性食物,如辣椒、芥末、生葱、生姜、酒及含酒精饮料等,因为头皮屑产生较多时,会伴有头皮刺痒,而辛辣和刺激性食物会使头皮刺痒加重。避免食用脂肪含量高的食物,尤其是油性发质的人更应注意,脂肪摄入多,会使皮脂腺分泌过多皮脂,从而使头皮屑更快形成。

(三)脱发

脱发是一种常见的难治性疾病,分为非瘢痕性脱发和瘢痕性脱发,主要受雄激素、压力、环境、代谢、年龄和营养等因素的影响,其中最常见的是雄激素性脱发(脂溢性脱发)、斑秃和休止期脱发。要想拥有健美的头发,保持头发浓密,必须实行"综合治理",除了保持良好的精神状态、加强护发和保养外,还要讲究饮食平衡,保证充足的睡眠,戒除烟、酒。此外,脱发患者常存在部分营养成分摄入不足,如维生素、微量元素缺乏等。

脱发的营养调理:蛋白质是生成和营养头发的主要物质,保持头发浓密的关键是保证蛋白质摄入的充足,限制人工合成的糖制品的摄入,控制糕点、苏打水、饮料、巧克力等食物的摄入。夏秋季是头发最易脱落的季节,应注意多吃些对头发有滋养作用的富含铁、锌、钙和维生素A的食物,如海产品、豆类及豆制品、芝麻等以及新鲜的蔬菜、水果。青年人中脂溢性脱发者较多,在饮食上可多吃些富含维生素B_6和泛酸的食物。

(四)头发早白

白种人在20岁之前,亚洲人在25岁之前,非洲人在30岁之前头发变白称为头发早白。病理性头发早白的机制目前尚未确切,但已有研究发现病理性头发早白受内、外因素共同影响。内在因素包括遗传、内分泌、营养状况、慢性消耗性疾病、情感因素,外在因素主要包括空气污染、紫外线辐射、吸烟等。若头发色素颗粒中含铜和铁的混合物减少,或黑色头发中含镍量增多,头发也会变为灰白色。因此头发色素的流失与微量营养素缺乏密切相关。

头发早白的营养调理:首先,要注意B族维生素的摄入,缺乏维生素B_1、维生素B_{12}、维生素B_6是头发早白的一个重要因素。尤其是维生素B_{12},它是健康头发必需的营养素,动物性食物富含维生素B_{12},部分菌类食物(蘑菇等)和发酵食品(全麦面包、酸奶、纳豆、豆豉等)均含有丰富的维生素B_{12}。其次，多摄入富含酪氨酸的食物，因为头发中的黑色素是由酪氨酸合成的，严重的酪氨酸缺乏会导致头发颜色变浅，甚至变白。富含酪氨酸的食物包括肉类、蛋类、大豆类和奶制品。最后，针对慢性消耗性疾病引起的营养问题，如胃肠道疾病，消化吸收能力差，造成微量营养素吸收量过低导致头发早白；甲状腺疾病导致T_3、T_4减少，进而导致黑色素生成减少，出现脱发和头发早白，也需要干预和纠正。

总之，营养与头发密切相关，合理食用营养物质可使头发健康、有光泽。美发的膳食调理首先应做到适当摄入高蛋白食物，如肉类、奶制品、蛋类等，保证头发健康生长所需的蛋白质充足。其次，要多吃富含钙、铁、锌、碘的食物，富含钙、铁的食物能使头发滋润；含钙丰富的食物有奶制品、海产品等，含铁丰富的食物有动物血、肝脏、木耳等，海产品含碘丰富，能促进甲状腺激素的分泌，使头发光亮，富有光泽。再次，摄入富含铜、酪氨酸、钴的食物，如动物内脏、海产品、坚果等可以防止头发发黄、早白，使头发乌黑发亮。最后，还应多吃富含维生素的食物，如新鲜蔬菜、水果。

三、中医膳食营养与美发

中医认为"发为血之余""肾其华在发"，头发与人体的肾、肝、脾、胃都有密切关系。肝主藏血，肝血充足，头发受到滋养才不容易脱发；脾为后天之本，脾主运化，输布水谷精微于毛发；肾气充足是头发健康的根本。头发早白、枯槁、毛糙或脱发与肝肾不足、血虚精亏、肝胆火旺或脾胃失调有关。只有滋肾益精、补气养血、疏肝利胆、调和脾胃才能使肾精充足、气血充沛、气机调畅，养出健康的头发。此外，中医认为，黑色在五行中属肾，黑色食物可以补益人体肾精，精血充足则头发乌黑而光亮，不易早白。常选用的食物有黑芝麻、黑豆、核桃、黑米、黑木耳、乌枣、桑葚等。

四、美发的推荐膳食

(一)核桃仁芝麻粥

【配料】核桃仁200 g，芝麻、粳米各100 g。

【制作和用法】将核桃仁及芝麻各研末，备用。粳米加水煮至七成熟，再加入核桃仁、芝麻30 g，煮熟即可食用。

【功效】使头发有光泽。

(二)乌发散

【配料】黑芝麻、花生、杏仁、松子、核桃仁、熟绿豆各250 g。

【制作和用法】将上述材料碾成末之后，装于消过毒的瓶子中，每日早、晚各冲服50 g。

【功效】长久坚持下去，头发就会逐渐变得光泽、乌黑。

(三)芝麻粳米粥

【配料】黑芝麻50 g，粳米20 g，白糖200 g。

【制作和用法】将粳米、黑芝麻炒熟，研成末，拌白糖，开水冲服，每日2次。

【功效】长期服用可补养生发。

（四）龙眼芝麻粥

【配料】龙眼肉、黑芝麻(或白芝麻)适量。

【制作和用法】芝麻炒熟碾末，装入去核的龙眼肉内，每日食5～6颗。或将芝麻加少许白糖同煮成芝麻糊，每日饮2杯。

【功效】养发、生发。

（五）美发羹

【配料】何首乌30 g，黑豆50 g，黑芝麻50 g，核桃肉100 g，红糖适量。

【制作和用法】将黑豆、黑芝麻及核桃肉用搅拌机打成粉状备用，锅内加水煮沸放入何首乌，煮30分钟后捞出，将上述食材粉末加到何首乌水中煮15分钟至羹糊状，最后加入红糖，糖尿病患者不用放红糖。

【功效】缓解白发、脱发、头发干枯。

（六）山药玫瑰泥

【配料】山药200 g，玫瑰20 g，牛奶100 mL，蜂蜜适量。

【制作和用法】将山药洗净放入蒸锅内蒸煮30分钟；再将蒸煮好的山药去皮，倒入蜂蜜，用勺子压制成泥状；再将牛奶、玫瑰倒入山药泥中搅拌均匀；最后用模具压制成型即可食用。

【功效】美容、养颜、乌发。

（七）花生大枣炖猪蹄汤

【配料】猪蹄1000 g，花生米(带红衣)100 g，大枣40枚，黄酒、酱油、白糖、葱、生姜、大茴香、味精、食盐各适量。

【制作和用法】花生米、大枣洗净；葱、生姜洗净，葱切段，生姜切片，备用；先用砂锅将猪蹄煮至四成熟后捞出，用酱油涂擦均匀，用油炸成黄棕色，再将花生米、大枣及其他佐料一同放入砂锅内，注入清水，旺火烧开，文火炖至熟烂。

【功效】改善头发枯黄，养发生发。

（八）黑豆杜仲猪尾汤

【配料】黑豆50 g，杜仲15 g，猪尾1条，枸杞5 g，生姜、食盐适量。

【制作和用法】黑豆洗净后用清水提前浸泡，猪尾斩成小段、焯水，生姜切片。将上述所有材料放入炖盅，加清水1.5 L，隔水炖1.5小时，最后加入食盐调味即可食用。

【功效】滋养肝肾，补虚乌发。

（九）美发汤

【配料】乌鸡半只，制何首乌30 g，黑芝麻30 g，桑叶20 g，黑豆50 g，生姜3片，食盐适量。

【制作和用法】乌鸡洗净后焯水备用；黑豆放入铁锅，无须加油，炒至豆衣裂开，再用清水洗净；向锅内加入适量清水煮沸，再将制何首乌、黑豆、桑叶、黑芝麻放入锅内，再次煮沸后慢火煮45分钟,把汤渣捞起隔去,最后把乌鸡及生姜片放入汤中慢火浸熟,加入食盐调味即可食用。

【功效】补益肝肾,乌发生发。

(十)海带粥

【配料】海带、粳米适量。

【制作和用法】取适量海带,洗净或晒干,晒干后碾碎,与粳米一起煮粥食用。

【功效】滋润头发,乌须黑发。

知识小结

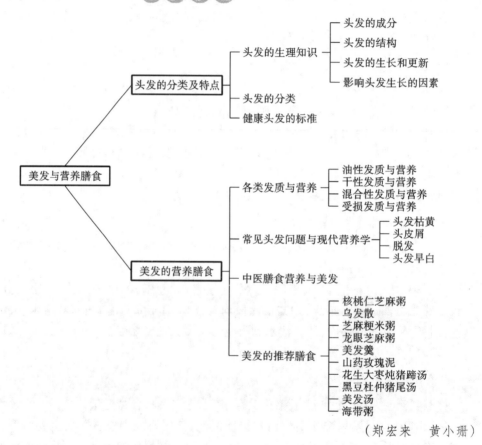

(郑宏来　黄小珊)

能力检测

一、单选题

1.头发的主要成分是(　　)。

　　A.维生素　　B.水　　C.脂类　　D.蛋白质　　E.微量元素

2.美发、健发的膳食调理首先应做到适当摄入(　　)。

　　A.水　　B.维生素　　C.脂类　　D.微量元素　　E.蛋白质

3.头发的横切面从外至内由哪几部分组成?(　　)
A.毛乳头、毛干、毛囊　　　B.毛表皮、毛皮质、毛髓质
C.毛囊、毛皮质、毛髓质　　D.毛干、毛囊、毛皮质
E.毛乳头、毛干、毛球

二、多选题

1.发质可以分为哪几类?(　　)
A.干性发质　　　　　　B.油性发质　　　　　　C.混合性发质
D.中性发质　　　　　　E.受损发质
2.头发在纵向切面从上向下由哪几部分组成?(　　)
A.毛干　　　B.毛根　　　C.毛囊　　　D.毛球　　　E.毛乳头
3.脱发的营养调理方法有哪些?(　　)
A.补充蛋白质　　　　　B.控制人工合成糖的摄入　　　C.补充铁、锌、钙
D.补充新鲜蔬菜　　　　E.补充维生素

三、填空题

1.衡量一个人的头发是否健康,一般要从头发的_____、_____、_____、
_____等方面判断。
2.生成和营养头发的主要物质是_____。
3.头发生成黑色素过程中需要的一种重要营养素是_____。
4.头发的生长周期分为_____、_____、_____。

能力检测答案

第七章 肥胖与营养膳食

 学习目标

扫码看课件

知识目标
1. 掌握肥胖症的概念、分类、营养膳食总原则与营养干预要求。
2. 熟悉肥胖症的病因、诊断和不同人群肥胖症的预防措施。
3. 了解肥胖症的临床特点、表现及危害,常见饮食减肥的误区。

能力目标
具备通过营养指导管理体重的能力。

素质目标
具备分析和解决实际问题的能力。

随着人们生活水平的日益提高,饮食结构不断变化,以及体力劳动的减少,一种力量强大的生命杀手——肥胖症,逐渐成为危害人们身体健康的疾病。肥胖症是由异常发育所引起的疾病。肥胖不仅影响美观,而且常常诱发各种严重的疾病。世界卫生组织(WHO)提出,肥胖症是人类目前面临的最容易被忽视但发病率急剧上升的一种疾病。肥胖是仅次于吸烟的第二个可以预防的危险因素,与艾滋病、吸毒、酗酒并列为世界性四大医学社会问题。

第一节 概 述

张某,女,30岁,近期出现体形发胖,食欲好,喜食荤食、甜食及油炸食品。伴有关节疼痛和走路气喘,怀疑自己患有肥胖症。

请问:
1. 如何判断张女士是否患肥胖症?
2. 针对张女士的情况,美容营养师应如何给出科学合理的指导?

肥胖,在医学上称为肥胖症(obesity),也称脂肪过多症,是由遗传和环境因素共同作用引起的体内脂肪积聚过多和(或)分布异常,并常伴有体重增加的慢性代谢性疾病。

WHO将肥胖定义为可能导致健康损害的异常或过多的脂肪堆积。

肥胖症是一组常见的代谢症候群。当人体进食热量多于消耗热量时,多余热量以脂肪形式储存于体内,其量超过正常生理需要量,且达一定值时逐渐演变为肥胖症。

不少肥胖者认为,减肥就是减轻自己的体重,但是,医生和肥胖者都应该认识到:肥胖症不是一种亚健康状态,而是一种非传染性慢性病,肥胖症对肥胖者的健康威胁不是肥胖本身,而是因肥胖引发的代谢紊乱综合征。

一、病因

除遗传因素外,肥胖的根本原因是能量的摄入量超过消耗量,主要与不良生活习惯有关。

(一)遗传因素

单纯性肥胖与遗传因素有一定关系,双亲中一方肥胖,其子女肥胖率约为50%,双亲中双方均肥胖,其子女肥胖率为70%~80%。

(二)饮食

与长期能量摄入过多,而运动不足有关。高脂肪、高热量饮食和动物内脏摄入过多,嗜食零食、甜食,进食速度过快,大量饮酒等,均可导致肥胖症的发生。

(三)精神神经因素

已知人类与多种动物的下丘脑中存在着两对与摄食行为有关的神经核。一对称为腹内侧核,又称为饱中枢;另一对称为腹外侧核,又称为摄食中枢。饱中枢兴奋时,机体有饱感而拒绝进食,摄食中枢兴奋时,机体食欲旺盛,摄食中枢被破坏时则厌食、拒食。两者相互调节、相互制约,在生理条件下处于动态平衡状态,使食欲正常,继而使人体体重处于正常范围内。肥胖者多因腹内侧核被破坏致腹外侧核功能相对亢进而贪食,引发肥胖。另外,当精神过度紧张而交感神经兴奋或肾上腺素能神经受刺激时,食欲处于抑制状态;当迷走神经兴奋而胰岛素分泌增多时,食欲处于亢进状态。

(四)高胰岛素血症

胰岛素有着显著的促进脂肪蓄积的作用。肥胖症常与高胰岛素血症并存,高胰岛素血症可引起肥胖,高胰岛素血症性肥胖者的胰岛素释放量约为正常人的3倍。

(五)其他

肥胖症的发生还与内分泌因素,以及职业、年龄、性别、孕产情况等有关。

二、诊断

检测肥胖实际上就是检测体内的脂肪总量和脂肪分布情况。一般身体的外表特征、测量值可间接反映体内的脂肪含量和分布,这些指标包括体重指数(BMI)、腰围(WC)和腰臀比(WHR)等。研究和试验中则采用更精确的方法,如通过计算机体层成像(CT)和磁共振成像(MRI)测量脂肪含量。

正常成年男性脂肪组织重量占体重的15%～18%,女性占20%～25%。随着年龄的增长,体脂所占比例相应增加。按体内脂肪的百分率计算,如果男性体脂所占比例大于25%,女性大于30%,可诊断为肥胖症,临床常用的诊断方法如下。

(一)标准体重

标准体重(kg)=身高(cm)—105 或 男性标准体重(kg)=[身高(cm)—100]×0.9;女性标准体重(kg)=[身高(cm)—100]×0.85

肥胖度=[(实测体重—标准体重)/标准体重]×100%

体重超标的分度如下:±10%为正常,11%～20%为超重,肥胖度>20%为肥胖,其中,21%～30%为轻度肥胖,31%～50%为中度肥胖,51%～100%为重度肥胖,肥胖度>100%为病态肥胖。

(二)体重指数(BMI)

BMI=体重(kg)/[身高(m)]^2

除了肌肉发达的人、水肿患者、老年人和儿童以外,对所有人群都可应用。BMI的优点为简便、实用,缺点是不能反映局部体脂的分布特征。

目前,我国临床上广泛采用BMI和腰臀比(WHR)作为肥胖程度和脂肪分布类型的指标。

BMI在18.5～23.9 kg/m^{2}为适宜范围,24.0～27.9 kg/m^{2}为超重,28 kg/m^{2}及以上为肥胖。

(三)腰围(WC)、腰臀比(WHR)

临床研究已经证实,中心性(内脏型)肥胖对人类健康具有更大的危险性。对于腹部肥胖者常测量WHR,WHO建议男性WHR>0.9、女性WHR>0.8诊断为中心性肥胖。WHR是表示腹部脂肪集聚程度的良好指标。

WHO建议亚洲人群以男性腰围90 cm、女性腰围80 cm作为临界值,中国成年男性腰围>90 cm、女性腰围>80 cm可以作为中心性肥胖的诊断标准。以腰围评估肥胖非常重要,即使体重没变,腰围的减少也可以显著降低相关疾病的危险性。

WHO推荐的测量腰围与臀围的方法如下。

(1)腰围:受试者取站立位,双足分开25～30 cm以使体重均匀分布,在肋骨下缘和髂骨上缘之间的中心水平,于平稳呼吸时测量。

(2)臀围:在臀部(骨盆)最突出处测量周径。

(四)CT和MRI测量

用CT或MRI扫描第4～5腰椎间水平,计算内脏脂肪面积,根据扫描层面或节段的脂肪组织面积及体积来估测总体脂和局部体脂。CT和MRI测量是确定内脏脂肪过度堆积的"金指标"。通常以腹内脂肪面积100 cm^{2}作为判断腹内脂肪增多的界点。但这两项检查价格昂贵且不适用于群体调查。

三、分类

(一)根据病因分类

肥胖根据病因一般分为单纯性肥胖和继发性肥胖两类。

1.单纯性肥胖

单纯性肥胖也称原发性肥胖,占肥胖总人数的95%以上,指找不出可能引起肥胖的特殊原因的肥胖症,无内分泌系统疾病。一般认为在遗传基础上由于能量摄入过多和(或)消耗过少而引起。

肥胖是主要临床表现,无明显神经、内分泌系统疾病病因可寻,但伴有脂肪、糖代谢调节过程障碍。分为以下两种。

(1)体质性肥胖(幼年起病型肥胖):又称增生性肥胖,是由于脂肪细胞数量增加所致。此类患者一般有明显的家族肥胖病史。多数患者自幼肥胖,多与食欲旺盛、喂养过度有关。人在胎儿期第30周起至出生后1周岁,是脂肪细胞增殖最活跃的时期。这个时期,如果喂养过度、营养过剩,可导致脂肪细胞数目增多,从而引起肥胖。而脂肪细胞数目增多是永久性的,成年以后,这些脂肪数目会保持终生。有学者调查发现,10~13岁的肥胖者,到30岁时,有88%的人仍存在肥胖。所以,肥胖的防治应从婴幼儿时期开始,10岁以前的儿童保持正常体重,是其成年后维持正常体重的基础。

此类肥胖有以下特点:①有肥胖家族史;②自幼肥胖,一般从出生后半岁左右起由于营养过度而肥胖,直至成年;③脂肪呈全身性分布,脂肪细胞增生肥大。据报道,0~3岁时超重者,到31岁时有42%的女性及18%的男性成为肥胖者。在胎儿期第30周至出生后1周岁,脂肪细胞有一个极为活跃的增殖期,称为"敏感期"。在此期若营养过剩,就可导致脂肪细胞增多。故儿童特别是10岁以内者,保持正常体重甚为重要。

(2)营养性肥胖(成年起病型肥胖):亦称为获得性(外源性)肥胖,一般是由于成年后营养过剩,身体内脂肪细胞肥大和数目增加所致。此类肥胖者进食过多、热量消耗过少,使体内的脂肪体积增大,含脂量增加。正常人每个皮下脂肪细胞长度为67~98 μm,含脂量为0.6 μg。而肥胖者体内脂肪细胞长度达127~134 μm,含脂量达0.91~1.36 μg。脂肪细胞体积的增大有一定限度,当细胞体积超过这个限度不能再增大时,在摄食过多和消耗过少的条件下,就会出现脂肪细胞数量代偿性地增加,以使体内过剩的热量得以储藏起来。当成年人体重超过标准体重的170%时,不仅有脂肪细胞体积的增大,还有新的脂肪细胞生成,导致脂肪细胞总数的增加。

此类肥胖有以下特点:①起病于20~25岁,由于营养过度而引起肥胖,或因体力活动过少而引起肥胖,或由于某种原因需长期卧床休息、热量消耗少而引起肥胖;②脂肪细胞单纯肥大而无明显增生;③饮食控制和运动疗效较好,胰岛素的敏感性经治疗可恢复正常。体质性肥胖也可并发营养性肥胖,而成为混合型。

2.继发性肥胖

继发性肥胖是指继发于神经、内分泌系统功能紊乱基础上,也可由外伤或服用某些药物所引起的肥胖,约占肥胖者总数的5%。肥胖仅仅是患者出现的一种临床症状,仔细检查就可以发现患者除了肥胖症状之外,还有其他系统的临床表现。治疗应以处理原发病为目标,如下丘脑疾病、垂体疾病、甲状腺功能减退症、性腺功能减退症等。

继发性肥胖的常见病因如下。

(1)下丘脑病变:下丘脑除了调控内分泌腺体分泌外,还与人体的进食、睡眠、体温及植物神经功能等有关。与进食有关的食欲中枢包括饱中枢与摄食中枢,分别控制人的饱胀感和饥饿感,当炎症、外伤、肿瘤等引起下丘脑食欲中枢受损,如饱中枢受损时,患者缺乏饱感,食欲亢进,容易发生肥胖,并常伴有内分泌功能紊乱等,称为下丘脑综合征。

(2)垂体病变:如垂体瘤分泌过多促肾上腺皮质激素(ACTH),导致肾上腺分泌过多皮质醇,引起肥胖;垂体受压引起甲状腺功能减退,甲状腺激素分泌减少而引起肥胖。

(3)肾上腺病变:如肾上腺皮质腺瘤或腺癌患者体内分泌过多皮质醇,引起脂肪重新分布,导致中心性肥胖。

(4)甲状腺病变:如甲状腺功能减退时,甲状腺激素分泌减少,引起代谢率低下,脂肪动员减少而导致肥胖。

(5)胰岛病变:如胰岛素瘤患者体内分泌过多胰岛素,促进脂肪合成而引起肥胖。

(6)性腺病变:如多囊卵巢综合征患者,由于垂体促性腺激素分泌功能失调,卵巢不能有效排卵,并分泌过多雄激素,导致闭经和不孕,过多雄激素可促进胰岛素抵抗和高胰岛素血症,常伴肥胖。

(7)其他:如药源性肥胖,见于长期应用肾上腺糖皮质激素、某些抗抑郁药、胰岛素等。

(二)根据肥胖程度分类

常用体重指数(BMI)判断超重及肥胖的程度。研究表明,大多数个体的BMI与身体脂肪的百分含量(体脂)有明显的相关性,能较好地反映机体的肥胖程度。

国际上通用WHO制定的体重指数界限值,即BMI 25.0～29.9为超重,BMI≥30为肥胖,其中BMI 30～34.9为Ⅰ度肥胖(轻度肥胖),BMI 35～39.9为Ⅱ度肥胖(中度肥胖),BMI≥40为Ⅲ度肥胖(重度肥胖)。

WHO针对亚太地区人群特点提出亚洲成年人的体重指数界限值,即BMI 23.0～24.9为超重,BMI≥25.0为肥胖,并且将BMI 25.0～29.9定义为Ⅰ度肥胖,BMI≥30.0定义为Ⅱ度肥胖。

国际生命科学学会中国办事处中国肥胖问题工作组根据我国人群大规模测量数据,提出中国成年人超重和肥胖的界限值,即BMI 24.0～27.9 kg/m^{2}为超重,BMI≥28.0 kg/m^{2}为肥胖。

(三)根据脂肪的分布分类

1. 中心性肥胖

中心性肥胖也称腹型肥胖,脂肪主要分布在上腹部皮下和内脏,身体最粗的部位在腹部,多见于男性,由于其体形很像苹果,又称为苹果形肥胖、男性型肥胖。中心性肥胖发生代谢综合征的危险性较大。目前公认腰围是衡量脂肪在腹部堆积程度的最简单、实用的指标。WHO建议欧洲男性腰围＞94 cm,女性腰围＞80 cm作为中心性肥胖的标准,对于亚太地区,WHO建议男性腰围＞90 cm,女性腰围＞80 cm作为中心性肥胖的标准。但国内有研究显示,对于中国女性,腰围＞85 cm可能是一个更为合适的标准。根据腰臀比,男性＞0.9,女性＞0.85,可确定为中心性肥胖。

2.周围性肥胖

周围性肥胖也称臀型肥胖,脂肪分布基本均匀,脂肪主要分布在下腹部、臀部和股部皮下,臀部脂肪堆积明显多于腹部,身体最粗的部位在臀部,多见于女性,由于其外观很像鸭梨,又称梨形肥胖、女性型肥胖。

四、临床特点及表现

单纯性肥胖的临床特征表现为形体丰腴、肢体困重、腹部胀满、呼吸不畅、气短心悸、行动不便、嗜睡少动、疲乏懒言或食欲亢进、不耐饥饿等,且体重超过标准体重的20%,脂肪百分率超过相应标准的30%。轻度肥胖者没有明显症状,除自觉体重增加、身体行动不便外,未觉明显症状。单纯性肥胖者容易发生糖尿病、脂肪肝、动脉粥样硬化、高血压、冠心病和感染等并发症。

(一)下肢痛和关节痛

这是肥胖者最多见的问题。主要是机械性损伤导致进行性关节损害和症状加重而引起疼痛,但也有代谢的原因。如双手的骨关节病多发于超重患者,痛风也多见于肥胖者。按体重指数(BMI)或腰围指标,下肢痛和关节痛的发生率及程度都与肥胖程度明显相关。

(二)消化不良

超重者常见消化不良,这主要是腹部脂肪块造成的机械性影响。此外,也可能是由于发生裂孔疝所致,而不是食管反流的作用。

(三)尿失禁

BMI＞30 kg/m² 的肥胖者往往表现为压迫性尿失禁。尿失禁是患者难以启齿的症状,老年人的发生率更高,使患者难堪和痛苦。平均BMI为33.1 kg/m² 的妇女中,有61%发生尿失禁。

(四)气喘

气喘是肥胖者的常见症状和特有主诉,肥胖者气喘的原因包括:肥胖导致原有呼吸系统疾病加重,呼吸道感染,特别是手术后感染明显增多以及肥胖本身的机械性和代谢性因素所致;肥胖导致呼吸道机械性压迫,患者往往感觉呼吸困难;此外,超重者需要吸入更多的氧气,呼出更多的二氧化碳,就像负重行走一样。

(五)疲劳

疲劳是肥胖者的常见症状。移动臃肿的身体、打鼾导致睡眠质量差、睡眠呼吸暂停综合征引起低氧血症等都会使患者容易出现疲劳。体重超重加重了运动器官、骨、关节和肌肉的负担。同时,胸部的脂肪限制了呼吸运动的完成,关节周围的大量脂肪又限制了关节的活动,超重和脂肪沉积还使心血管系统的负担加重。这些使肥胖者稍一活动即感疲劳无力,只有通过减少活动来适应机体的状态,而这又使得机体的能量消耗减少,肥胖加重,形成恶性循环。

(六)多汗

肥胖者皮下脂肪层肥厚,使体温不易以辐射和传导的方式散失出去。所以,只有靠出汗来降低体温,保持体温的恒定。

五、危害

体重的增加会导致一系列与肥胖相关疾病的发生,对人体健康造成危害。大量临床试验结果证实,减轻体重可以大大降低多种疾病的发生率、死亡率,因此积极控制体重非常重要。

(1)肥胖者因体态臃肿影响人体形态美,行动不便,甚至引起身心障碍,如精神压力过大、自卑等。

(2)肥胖易使人乏力、气促,不耐受体力劳动,可引起腰痛、关节痛。

(3)肥胖者因体内脂肪组织增多,基础代谢率高,心排血量增加,容易引起心肌肥厚和动脉粥样硬化,继而诱发高血压、冠心病等脑血管疾病,甚至猝死。

大量研究结果表明,肥胖人群心血管疾病的患病率和死亡率明显增高,减轻体重能明显降低心血管疾病的发生率,并降低死亡率。冠状动脉造影证实,冠心病患者减轻体重后,冠状动脉病变得到了改善。

肥胖也是引起高血压的危险因素。一项肥胖与高血压关系的研究发现,超重的中年人患高血压的风险是同龄正常体重者的2倍。青年人高血压与超重有更显著的关联。美国的一项调查研究表明,BMI>27 kg/m^{2}的人,高血压的发病风险是正常体重者的3倍;而青年人中肥胖者,患高血压的风险是正常体重者的6倍。有学者发现,体重的变化与收缩压的变化呈线性关系。体重每增加4.5 kg,男性收缩压增加4.4 mmHg,女性增加4.2 mmHg。多数研究表明,体重减少能使血压显著下降。

(4)肥胖者多易患内分泌代谢性疾病,如糖代谢异常引起糖尿病,脂肪代谢异常引起高脂血症,核酸代谢异常引起高尿酸血症等。

血脂异常在肥胖人群中很常见,尤其是腹型肥胖的患者。其特征是甘油三酯、低密度脂蛋白水平升高,而高密度脂蛋白水平降低。血脂异常与心血管疾病的发生密切相关。美国学者发现,20~75岁超重的美国人,高胆固醇血症的相对风险是正常体重者的1.5倍;而20~45岁超重者中,这种风险是非超重者的2倍。肥胖的高脂血症患者脂肪肝的发病率也增高,其原因是肥胖者体内的脂肪酸易于向肝内转移。减轻体重能显著降低总胆固醇、低密度脂蛋白、极低密度脂蛋白胆固醇和甘油三酯水平。

全身肥胖和中心性肥胖是2型糖尿病相关的重要危险因素。美国糖尿病学会报道,轻度、中度及重度肥胖者患2型糖尿病的风险分别是正常体重者的2倍、5倍和10

倍。研究表明,减重虽然不能使已经发生的胰岛功能障碍发生根本逆转,但对糖尿病的控制却有着极大的促进作用,可以减少降糖药的使用剂量,改善胰岛素抵抗,降低糖尿病患者的死亡率。

许多肥胖者喜欢食用高蛋白饮食,造成嘌呤代谢紊乱,尿酸产生过多,在关节结缔组织沉积而成痛风结石,出现骨关节炎。减轻体重可调整机体代谢,有利于防止痛风发作。

(5)肥胖者易患肝胆疾病。如摄入能量过剩,肝细胞内脂肪浸润,导致脂肪肝;脂类代谢失调,使胆固醇过多,诱发胆结石。

肥胖者与正常人相比,胆汁酸中的胆固醇含量增多,如超过了胆汁溶解度,就会并发胆固醇结石。据报道,患胆石症的女性中,50%~80%是肥胖者。30%左右的高度肥胖者患有胆结石。减肥是预防结石症的有效手段。

(6)肥胖者易出现呼吸功能障碍,可并发睡眠呼吸暂停综合征。

中度肥胖者常有通气不良,同时耗氧增加,使二氧化碳潴留,引起呼吸性酸中毒。因长期缺氧导致红细胞增多,血液黏稠度增大,循环阻力增加,肺动脉压增高而导致肺源性心脏病。睡眠呼吸暂停综合征在肥胖者中也很常见,严重者还可发生猝死。减肥后可有效地改善人体通气功能,减轻睡眠呼吸障碍。

(7)肥胖可使恶性肿瘤的发病率增高,引起性功能衰退,男性阳痿,女性出现月经过少、闭经和不孕症等。

肥胖者容易患癌症。女性肥胖者发生乳腺癌、子宫癌和宫颈癌的风险增加3倍,患子宫内膜癌的风险增加7倍。男性肥胖者患结肠癌和前列腺癌的风险也明显增加。肥胖者控制体重是预防多种癌症的重要措施。

重度肥胖女性可有雄激素增加,达正常人的2倍,雌激素水平也持续增高,导致卵巢功能异常,不排卵率是正常人的3倍,闭经和月经稀少的发生率是正常人的2倍和4倍。雌激素的长期刺激,容易引起乳腺和子宫内膜异常增生而发生乳腺癌和子宫内膜癌,发病率是正常人的3~4倍。肥胖者减肥可改善机体内分泌状况,使卵巢功能恢复。

第二节 肥胖症的营养膳食

肥胖症不是一种亚健康状态,而是一种非传染性慢性病,肥胖症对肥胖者的健康威胁不是肥胖本身,而是因肥胖引发的代谢紊乱综合征。

肥胖与营养膳食密不可分。肥胖除因遗传、内分泌失调、器质性疾病所致外,大多数与饮食不当有着密不可分的关系。当通过饮食摄入过多热量,超过人体活动所需要消耗的能量时,多余的能量将转化为脂肪,储存在脂肪细胞内,使脂肪细胞肥大,逐渐导致发胖。所以,要防止肥胖,就要限制每日摄入的总热量。合理、适当地控制饮食是必要的,要减少热量的摄入,就要特别注意控制高糖和高脂肪食物的摄入。

一、营养膳食总原则及营养干预要求

(一)营养膳食总原则

营养膳食总原则是"三大平衡"原则,即能量平衡原则、营养平衡原则与食量平衡原则。

(二)营养干预要求

1. 调整能量平衡

减轻体重要控制饮食以保证能量负平衡,维持体重则要调整饮食以保证能量平衡。肥胖者开始减肥时需要把超出的体重减下来,饮食供热量要低于机体实际耗热量,那么,必须控制饮食(如供应低热量饮食)以保证能量负平衡,然后再调整饮食使热量摄入与消耗达到平衡,并维持好这种平衡。供给热量的具体数值,则应依据肥胖者的具体情况全面考虑。

(1)膳食供热量应酌情合理控制。首先,应供应低能膳食以保证热量的负平衡,促进长期摄入的超标的热量被代谢,直至体重逐渐恢复正常水平。制定供热量的具体合理数值时应注意调查询问患者治疗前长期日常膳食的能量水平,判断其肥胖是处于稳定还是上升状态;对于儿童要根据其生长发育的需要制定,对于老年人应检查是否有并发症等。对热量的控制一定要循序渐进,逐步减少,不宜过急,适度为止。例如,成年轻度肥胖者,每月稳定减肥 0.5~1.0 kg,即每日负热量 525~1050 kJ;中度以上肥胖者常食欲亢进又有贪食高热量食物的习惯,必须加大负热量值,每周减肥 0.5~1.0 kg,每日负热量 2310~4620 kJ,但不要过低。其次,应限制膳食供热量,必须在营养膳食平衡的情况下进行,绝不能扩大对一切营养素的限制,以免低能膳食变为不利于健康的不平衡营养膳食或低营养膳食。最后,应配合适当的体力活动,增加能量的消耗。对处于生长发育阶段而又追求形体美的青少年,应以强化日常体育锻炼为主,无须苛求大量节食,以免导致神经性厌食;对于孕妇而言,为保持胎位正常,应以合理控制能量为主,不宜提倡体力活动。

(2)对低分子糖、饱和脂肪酸和酒精应严加限制。低分子糖消化吸收快,过多食入低分子糖类食品,易造成机体丧失重要微量元素。过分贪食含有大量饱和脂肪酸的脂肪类食品,是导致肥胖、高脂血症、动脉粥样硬化和心肌梗死等疾病的重要危险因素。若同时贪食低分子糖类食品,其危险程度则更大。酒精亦是供能物质,可诱发机体糖原异生障碍而导致体内生成的酮体增多。长期饮用酒精饮料,血浆甘油三酯水平就会持续地升高。酒精会影响脂代谢,如膳食中含较多脂肪,则脂肪的不良影响将更显著;酒精还具有诱发肝脂肪变性的明显作用,由此又可影响机体对胰岛素的摄取与利用,导致 C 肽/胰岛素值下降,即高分泌低消耗,从而导致糖耐量减低。

低分子糖类食品,如蔗糖、麦芽糖、糖果、蜜饯等;饱和脂肪酸类食品,如猪、牛、羊等动物肥肉、椰子油、可可脂等,以及许多酒精饮料,均是能量密度高而营养成分少的食品,只提供单纯的热量,应尽量少食或不食。

(3)中度以上肥胖者膳食的热量分配中应适当降低碳水化合物比值,提高蛋白质比值,脂肪比值控制在正常要求的上限。首先,膳食热量主要来自碳水化合物、脂肪和蛋白质三大产能营养素。日常由碳水化合物提供的热量占人体需要总热量的55%～70%时较为理想,过多则易在体内转变为脂肪。为了防止酮体的出现和负氮平衡的加重,维护神经系统正常能量代谢的需要,对碳水化合物不可过于苛刻地限制,因此,既要降低比值又不可过分,以占总热量的40%～60%较适宜。其次,为维护机体的氮平衡,必须保证膳食中有正常量的优质蛋白的供给。对于中度以上的肥胖者,其食物蛋白质的供给量以控制在占机体所需总热量的20%～30%为宜,即每供能4180 kJ(1000 kcal),供给蛋白质50～75 g。一般蛋白质供给量应充足,占总热量比值的15%～20%,优质蛋白来源于肉类、蛋类、鱼类、乳类及豆制品,而过多的蛋白质必然会增加脂肪的摄入,易使热量摄入增加。最后,在限制碳水化合物供给的情况下,脂肪摄入过多会引起酮体的产生,所以脂肪摄入量必须减少,原因是脂肪产能为碳水化合物、蛋白质的2倍以上,因此,膳食脂肪所供热量应占总热量的20%～30%,不宜超过30%,除限制肉类、蛋类、鱼类、乳类及豆制品等所含脂肪的摄入外,还要限制烹调油的用量,控制用量为10～20 g/d。胆固醇供给量≤300 mg/d较理想。

2. 保证营养平衡

饮食选择不能只考虑热量平衡问题,还必须考虑各种营养成分供应的平衡。保证营养平衡就是要保持三大营养素(蛋白质、脂肪与碳水化合物)、膳食纤维、矿物质与维生素等搭配比例的平衡,以满足人体的生理需要。

(1) 保持脂肪、碳水化合物和蛋白质三大营养素的平衡。由于脂肪具有很高的热量,饮食中脂肪过多易导致机体热量摄入超标。尤其在限制糖类供给的情况下,过多的脂肪摄入还会引起酮症,这就要求在限制饮食热量供给的同时,必须对饮食脂肪的供给量加以限制。此外,因饮食中脂肪具有较强的致饱腻作用,能使食欲下降。为使饮食含热量较低而耐饿性较强,则又不应对饮食中脂肪限制得过于苛刻。所以,肥胖者饮食中脂肪的供热量以控制在占饮食总热量的25%～30%为宜,任何过高或过低的脂肪供给量都是不可取的。至于饮食中胆固醇的供给量则与正常要求相同,通常以胆固醇供给量≤300 mg/d为宜。

碳水化合物含热量高,饱腹感低,且可增加食欲,一直是减肥饮食中限制摄入的对象,但是也不能过度地限制人体对碳水化合物的摄取。国外曾经流行过多种高脂肪低糖类饮食。尽管肥胖者在采用这些低糖饮食的初期,体重明显下降,但这只是一种假象,是由早期酮症所引起的大量水、盐从尿中排出造成的结果,不仅不能达到减肥的预期目的,还会导致高脂血症与动脉硬化的发生与发展;同时,机体水分和电解质的过多丢失,可导致体位性低血压、疲乏、肌无力和心律失常;还可因酮症发展与肌肉组织损耗导致体内尿酸滞留,从而引起高尿酸血症、痛风、骨质疏松症或肾结石。此外,由于整个代谢性内环境的严重紊乱,肾脏和大脑受到损伤,使整个机体受到损害,尤其可使肾病患者的肾代谢功能进一步失调,甚至导致死亡,必须引起注意。一般碳水化合物的摄入量(以热量计)不得低于饮食总热量的30%。

减肥饮食中常常要提高蛋白质的比例,但是蛋白质也不能过度食用。肥胖是热量摄入超标的结果,那么任何过多的热量,无论来自何种能源食物,都可能引起肥胖,食物中的蛋白质自然也不例外。同时,在严格限制饮食热量供给的情况下,蛋白质的过度供给还会导致肝、肾功能不可逆的损伤,所以在低能量膳食中蛋白质的供给量亦不可过高。因此,对于采用低能量膳食的中度以上肥胖者,其食物中蛋白质的供给量应控制在占饮食总热量的20%~30%,即每供能4180 kJ,供给蛋白质50~75 g。应选用高生物价蛋白质,如牛乳、鱼肉、鸡肉、鸡蛋清、瘦肉等。

(2)保持其他营养成分的平衡。人体所需要的营养成分很多,除蛋白质、脂肪和碳水化合物外,还有多种膳食纤维、维生素、矿物质等。因此,人们摄食时,必须注意食物的合理搭配,保持各种营养成分的平衡。

含维生素、矿物质、膳食纤维及水分最丰富的是蔬菜(尤其是绿叶菜)和水果,要求饮食中必须有足够的新鲜蔬菜和水果,这些食物均属于低能量食物,又有充饥作用。

食物必须大众化、多样化,切忌偏食,只要饮食能量低、营养膳食平衡,即使是普通膳食,均是良好的减肥膳食,关于色、香、味、形的选择与调配,应符合具体对象的爱好。

3.保持食量平衡

保持食量平衡就是一日三餐吃什么、吃多少,都要有具体的计划,不饥一餐饱一餐。在营养和总热量供应相同时,由于饮食方法不同,产生的减肥效果也不同。此外,饮食方法不科学会对人体的消化吸收功能产生不良影响。一般饮食热量在一日三餐中的分配比例如下:早餐热量占全日总热量的25%~30%;午餐热量占全日总热量的40%~45%;晚餐热量占全日总热量的30%~35%。

二、常见饮食减肥的误区

在饮食减肥中有以下几种常见误区,应注意纠正,以便更好更科学地减肥。

1.长时间不进食

不进食的时间不应超过4小时。如果长时间不吃东西,身体将释放更多胰岛素使人很快产生饥饿感,最终忘掉饮食禁忌,暴饮暴食,适得其反。

2.不吃碳水化合物

不吃碳水化合物能很快减轻体重,但失去的是水分而不是脂肪。专家建议每日可以摄取适量的碳水化合物。

3.生吃蔬菜

生吃蔬菜不仅不能帮助减轻体重,而且容易中毒。建议少吃生食,多吃熟食。

4.喝大量咖啡

许多人每天都喝咖啡,并以此来抵制其他食物的诱惑。这样虽然能够欺骗自己的胃,但是长期过量饮用咖啡,容易导致失眠、记忆力减退、心悸等问题,甚至可能导致胃炎。因此,最好不要通过喝咖啡来减肥,而是适量饮水。

5.嚼口香糖

有些人会因嚼口香糖失去胃口,从而达到节食减肥的目的,但也有人会因此分泌更多的胃液,产生饥饿感,长期胃液过多还会造成溃疡。

6.不吃盐

为了减肥不吃盐的做法是错误的,人体每天必须摄取一定量的盐分,以维持身体的代谢平衡。当然,盐也不应多吃。

7.吃很多水果

吃水果固然能够起到减肥的效果,但是水果中同样含有糖分,长期多吃也可引起肥胖。

三、不同人群肥胖症的预防

预防肥胖比治疗更易奏效,更有意义。最根本的预防措施是适当控制进食量,自觉避免高碳水化合物、高脂饮食,经常进行体力活动和锻炼,并持之以恒。

（一）婴幼儿肥胖症的预防

此时期是人的一生中机体生长最旺盛的时期,这一时期的热量摄入过多,将会促使全身各种组织细胞,包括脂肪细胞的增生肥大。因此,预防工作应从此时开始。其重点是纠正传统的婴儿越胖越好的观念,切实掌握好热量摄入与消耗的平衡,勿使热量过剩;待婴幼儿年龄稍大一点,就应培养其爱活动、不吃零食、不暴饮暴食等良好的生活饮食习惯。

（二）中年以后肥胖症的预防

由于每日的热量需要随着年龄的增长而递减。若与青年时期相比,45~49岁者减少5%,50~59岁者减少10%,60~69岁者减少20%,70岁及以上者则减少30%。因此,必须及时调整其日常的饮食与作息,切实按照中医学所提倡的"体欲常劳,食欲常少,劳勿令过,少勿令虚"的原则去妥善安排。

（三）其他特殊时期肥胖症的预防

人们在青春期、病后恢复期、妇女产后和绝经期等,以及在每年的冬、春季节和每天的夜晚,体脂往往较易于积聚。所以,在这些时期,必须根据具体情况,有针对性地对体力活动和饮食摄入量进行相应的调整,以免体内有过剩的热量积聚。

知识拓展

肥胖是糖尿病、心血管疾病和其他代谢性疾病及肿瘤的潜在危险因素。科学合理的营养治疗联合运动干预是目前最有效和最安全的基础治疗。近年来,国际上对超重/肥胖的营养管理和干预已经形成了一定共识,主要包括加强体育锻炼、强化营养咨询、行为教育、心理疏导与小组支持等。肥胖者多存在脂类代谢紊乱和脂肪合成过多,应用低能量膳食治疗肥胖时,血浆酮体增加或酮血症发生率往往低于正常人。共识推荐采用限制能量平衡膳食、高蛋白膳食模式以及轻断食膳食模式,可以用于各种类型和不同生理阶段的超重/肥胖者,掌握好适应证及使用时机更有助于安全减重的执行。

知识小结

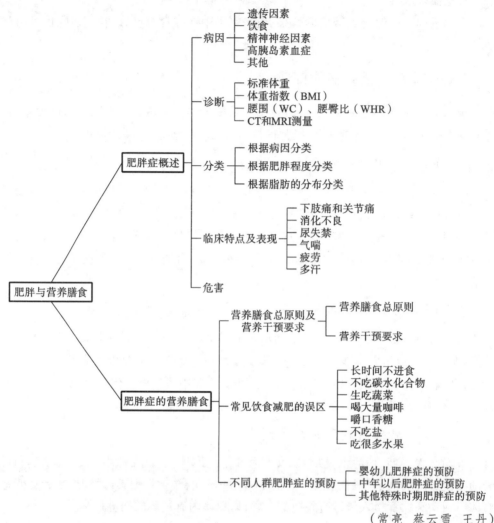

(常亮 蔡云雪 王丹)

能力检测

多选题

1.引起肥胖的原因主要有( )。

   A.遗传因素   B.饮食   C.精神神经因素

   D.内分泌因素   E.高胰岛素血症

2.常用于诊断肥胖的检测指标包括( )。

   A.体重指数   B.腰围   C.肥胖度

   D.腰臀比   E.磁共振成像测量脂肪含量

3.根据病因,肥胖分为( )。

   A.单纯性肥胖   B.中心性肥胖   C.继发性肥胖

   D.周围性肥胖   E.营养性肥胖

4.中心性肥胖的诊断标准为(　　)。
　　A.男性腰围＞90 cm　　　　B.女性腰围＞80 cm
　　C.男性腰臀比＞0.9　　　　D.女性腰臀比＞0.85
　　E.男性腰围＞94 cm
5.单纯性肥胖者容易引发的并发症包括(　　)。
　　A.糖尿病　　　　　　　　B.脂肪肝　　　　　　　C.动脉粥样硬化
　　D.高血压　　　　　　　　E.冠心病
6.肥胖症的临床表现包括(　　)。
　　A.关节痛　　B.消化不良　　C.气喘　　D.易疲劳　　E.多汗
7.肥胖症的营养膳食总原则为(　　)。
　　A.营养平衡　　B.营养素平衡　　C.能量平衡　　D.食量平衡　　E.饮水平衡
8.肥胖症营养干预的具体要求包括(　　)。
　　A.应供应低能量膳食以保证热量的负平衡,促进长期摄入的超标的热量被代谢,直至体重逐渐恢复正常水平
　　B.对低分子糖、饱和脂肪酸和酒精应严加限制
　　C.中度以上肥胖者膳食的热量分配中应适当降低碳水化合物比值,提高蛋白质比值,脂肪比值控制在正常要求的上限
　　D.应限制膳食供热量,必须在营养膳食平衡的情况下进行,绝不能扩大对一切营养素的限制,以免低能量膳食变为不利于健康的不平衡营养膳食或低营养膳食
　　E.应配合适当的体力活动,增加能量的消耗
9.常见饮食减肥的误区包括(　　)。
　　A.长时间不进食　　　　　B.不吃碳水化合物　　　　C.不吃盐
　　D.喝大量咖啡　　　　　　E.吃很多水果
10.肥胖可增加下列哪些恶性肿瘤的发病率或风险?(　　)
　　A.乳腺癌　　B.子宫癌　　C.宫颈癌　　D.结肠癌　　E.前列腺癌

能力检测答案

第八章 消瘦与营养膳食

 学习目标

扫码看课件

知识目标
1. 掌握消瘦的营养膳食原则。
2. 熟悉消瘦的分类及病因。

能力目标
1. 根据美容营养学的要求,具有鉴别营养质量优劣的能力。
2. 能够运用消瘦的营养调摄原则对消瘦人群进行膳食指导。

素质目标
1. 引导学生发现和解决在美容工作中与食物选择相关的各种问题,为以后更好地从事美容工作奠定良好的基础。
2. 培养学生正确的审美观。

第一节 概 述

消瘦是指体内的肌肉纤弱、脂肪少,体重显著低于正常人平均水平。也就是说,只有体重低于正常标准一定范围,才能称为消瘦。消瘦者通常表现为身形瘦削,皮下脂肪少,严重者全身肌肉萎缩,胸部肋骨清晰可见,四肢骨关节显露,常被形容为"骨瘦如柴"。然而,在国内外一片"减肥热"中,"瘦"的身价似乎比"胖"高多了。似乎瘦就是苗条、健美的代名词,有的甚至用"千金难买老来瘦"来炫耀"瘦"。瘦和苗条、健美之间是不能画等号的,体形过瘦的人抵抗力差、免疫力较弱。日本一家保险公司的调查材料表明,在比平均体重少25%的范围内,体重越轻的人,死亡率越高。《美国医学会杂志》上曾刊登过一篇文章,是美国国家心肺血液研究所的一份调查报告,其中对5209名男性、女性的身长、体重和死亡的相关情况的分析表明,一般体重的人死亡率最低,死亡率最高的是消瘦的人。

一、定义

消瘦与肥胖症正好相反,通常是指体内脂肪蓄积异常减少,对食物的消化、分解、吸收和利用过程发生障碍。通常表现为皮下脂肪少、肌肉萎缩、胸部肋骨清晰可见、营养失调状态、体重低于标准体重的15%以上。世界卫生组织推荐的标准体重计算方法为：

男性标准体重＝(身高－80)×0.7
女性标准体重＝(身高－70)×0.6
其中，身高单位是cm，体重单位是kg。

二、分类

1.单纯性消瘦

单纯性消瘦可分为体质性(遗传性)消瘦和外源性消瘦。

(1)体质性消瘦：具有一定的遗传性，一般在临床没有异常表现，为非渐进性消瘦，也包括某些特定时期如青春期消瘦等。

(2)外源性消瘦：通常由于作息不当(过度疲劳、休息或睡眠过少)、膳食不当、生活习惯和心理等各方面因素引起。

个人意志也能够发挥主观能动性，如通过自主控制饮食摄入、增加运动时长、干预进食及能量代谢吸收甚至增加排泄来减轻体重，也能导致单纯性消瘦。

2.继发性消瘦

继发性消瘦是指机体存在明显的临床表现或疾病引起的消瘦，如胃肠道疾病(胃炎、胃及十二指肠溃疡)、代谢性疾病(甲亢、糖尿病)、慢性消耗性疾病(肺结核、肝病、肿瘤等)。

三、病因和判断标准

消瘦与机体能量代谢异常相关，主要原因是产生了负氮平衡。目前认为其发病机制主要包括食物摄入不足，食物消化、吸收、利用障碍，对食物需求增加或消耗过多，遗传以及减肥等。

(一)病因

1.食物摄入不足

(1)偏食、挑食，进食不规律，导致食物摄入不足，引起营养不良。

(2)由于口腔疾病、消化性溃疡、胃及食管肿瘤等引起进食吞咽困难。

(3)由于主动采取节食或过度运动造成的能量摄入不足或能量消耗太多，引起消瘦。

(4)神经肌肉因素引起进食吞咽困难，如重症肌无力。

(5)食物摄入不足造成营养素缺失、营养失调而导致消瘦。

2.食物消化、吸收、利用障碍

常见于消化功能和吸收功能紊乱者，如唾液淀粉酶、胆汁、胃蛋白酶、胰淀粉酶等消化液及消化酶类缺乏，直接影响食物消化和营养的吸收。如小肠吸收功能障碍，营养物质不能顺利通过肠黏膜进入组织，导致营养物质的吸收减少，均可引起消瘦。相关的疾病如下。

(1)慢性胃肠病：常见于胃及十二指肠溃疡、慢性胃炎、胃肠道肿瘤、慢性结肠炎、慢性肠炎、肠结核及克罗恩病等。

(2)慢性肝、胆、胰病:如慢性肝炎、肝硬化、肝癌、慢性胆道感染、慢性胰腺炎、胆囊和胰腺肿瘤等。

(3)内分泌与代谢性疾病:常见于糖尿病、甲亢等。

(4)其他:久服泻剂或对胃肠有刺激性的药物。

3. 对食物需求增加或消耗过多

特殊生理或病理状态对营养素需求增加或消耗过多引起,如妊娠期、甲亢、运动过度、长期发热、恶性肿瘤和失血(外伤、急慢性出血、大手术)。

4. 遗传

消瘦,中医文献中又称"赢瘦""身瘦""脱形"。因先天不足,素体虚弱或饮食偏嗜,饥饱无常,营养摄入不足,或情志抑郁,忧虑过度,致肝失疏泄,脾失健运,饮食营养不能化生气血;或恣情纵欲,耗损真阴,致肾精不足,精不化血,皆可导致气血亏虚,不能滋养肌肤,发为消瘦。

(二)判断标准

1. 国际标准

世界卫生组织(WHO)根据体重指数定义的成年人体重国际标准见表8-1。体重指数又称身体质量指数,其计算公式如下:

$$体重指数 = 体重/身高^2$$

其中,体重的单位是kg,身高的单位是m。体重指数是目前国际上常用的一个衡量人体胖瘦程度及健康情况的指标。

表8-1 世界卫生组织根据体重指数定义的成年人体重国际标准(单位:kg/m^2)

分 类	主要临界点	附加临界点
低体重(消瘦)	<18.5	<18.5
严重消瘦	<16.0	<16.0
中度消瘦	16.0~16.9	16.0~16.9
轻度消瘦	17.0~18.49	17.0~18.49
正常范围	18.5~24.9	18.5~22.9
		23.0~24.9
超重和肥胖	≥25.0	≥25.0
超重	25.0~29.9	25.0~27.49
		27.5~29.9
肥胖	≥30.0	≥30.0
Ⅰ度肥胖	30.0~34.9	30.0~32.49
		32.5~34.9
Ⅱ度肥胖	35.0~39.9	35.0~37.49
		37.5~39.9
Ⅲ度肥胖	≥40.0	≥40.0

2.中国标准

中国成年人体重指数和腰围临界点与相关疾病发生风险见表8-2。

表8-2 中国成年人体重指数和腰围临界点与相关疾病发生风险

分类	体重指数(BMI)/(kg/m²)	不同腰围(/cm)下的疾病风险		
		男:<85 女:<80	男:85~95 女:80~90	男:>95 女:>90
体重过轻	<18.5	—	—	—
体重正常	18.5~23.9	—	增加	高
超重	24.0~27.9	增加	高	极高
肥胖	≥28	高	极高	极高

四、消瘦的危害

(一)贫血

过于消瘦者普遍存在营养摄入不均衡的问题,铁、叶酸、维生素B_{12}等造血物质本身就摄入不足;吃得少,基础代谢率也比正常人低,因此肠胃蠕动较慢,胃酸分泌较少,影响营养物质吸收。这些都是造成贫血的主要原因。

(二)脱发

头发的主要成分是蛋白质和锌、铁、铜等微量元素。身体过瘦的人体内脂肪和蛋白质均供应不足,因此头发频繁脱落,发色也逐渐失去光泽。

(三)骨质疏松

体瘦的女性髋骨骨折发生率比标准体重的女性高1倍以上。这是由于过瘦的人体内雌激素水平不足,影响钙与骨结合,无法维持正常的骨密度,因此容易出现骨质疏松而发生骨折。

(四)受孕困难

适量的脂肪对女性的健康有着重要意义,如果脂肪过度减少会造成不排卵或闭经,受孕就会变得困难。另外,女性体重过轻,雌激素水平容易低下,月经周期不规律,排卵率也较低,可能会影响受孕的成功率。此外,过于骨感的女性容易营养不良,子宫内膜就像一片贫瘠的土壤,受精卵很难着床。

(五)容易出现结石

过度节食导致热量摄入不足,身体就会消耗体内的脂肪来供能,这样一来,胆固醇也会随之移动,导致胆汁中胆固醇含量过高,胆汁因而变得黏稠,析出结晶并沉淀下来形成结石。

(六)胃下垂

摄食不足时,胃肠道无法正常工作,导致腹壁肌肉松弛,胃蠕动减弱,诱发胃下垂。

（七）记忆力减退

大脑运作需要脂肪提供动力。若体内脂肪摄入量和存储量不足，机体营养匮乏，将导致脑细胞严重受损，从而直接影响记忆力，人就会变得越来越健忘。

第二节 消瘦的治疗

对于继发性消瘦患者，最重要的是针对潜在的原发病进行相应治疗，例如，对于食管狭窄引起的吞咽困难和食物摄入量减少，可以通过手术扩张狭窄的管腔；神经性厌食及抑郁患者应积极进行心理治疗，改善营养状态。当患者的原发病难以治愈时，纠正代谢并增加其营养摄入有利于维持机体的营养平衡。

对于体质性消瘦患者，可不给予特殊处置。而对于外源性消瘦患者，应当通过适当的休息和均衡渐进性增加食量来改善其消瘦表现，其中营养不良者可以通过相应的营养支持补充能量、优质蛋白、维生素及微量元素进行治疗。摄食困难者，可选择肠外营养补充剂。

一、成年人消瘦的规范化干预流程

建立规范化干预流程的主要目的是保证各环节操作的科学性和可行性，从而达到理想效果。实施过程中，每3~6个月应对干预效果进行评估，并根据最新情况调整干预措施。

（一）评估

首先对消瘦者的消瘦类型和病因、身体状态、能量平衡、运动能力进行测评，为制订适宜的干预措施提供依据。

（二）措施

根据评估结果，为消瘦者制订营养、运动、药物或手术等不同的独立或联合干预措施。

（三）监测

定期监测干预管理状态下消瘦者的体重、身体成分、机体功能，以及与营养相关指标的变化，以便调整方案，达到预期效果。

（四）随访

结合个体情况，制订随访计划，定期对消瘦者进行各项指标评估，并根据其最新情况调整综合管理方案。

二、营养治疗

（一）饮食科学化

体形消瘦的人要想健壮起来，消除皮肤皱褶，改变肌肉纤弱的形象，变得丰满而匀称、结实而健美,关键是在日常的饮食中讲究科学。所谓合理膳食,就是要求膳食中所含的营养素种类齐全、数量充足、比例适当,不含有对人体有害的物质,易于消化,能增进食欲,摄入的能量应大于消耗的能量。为此必须做到以下几点。

1. 食物种类丰富多样

食物品种多样,才能保证营养素齐全。《黄帝内经》对此已有非常科学的记录,明确指出"五谷为养,五果为助,五畜为益,五菜为充",阐明了"谷肉果菜"各自的营养作用。这是我们祖先对饮食经验的总结,也符合现代营养科学。人体需要几十种营养素,任何一种食物都不能单独满足这种需要,因此食物品种单一就会造成营养不良。

2. 保证充足的优质蛋白和热量

食物中动物性蛋白质和豆类蛋白质应占蛋白质供给量的1/3~1/2。一般来说,高蛋白膳食不如多蛋白膳食,食物少而精不如多而粗。从中医角度来讲,体形消瘦的人多属阴虚和热性体质,所谓"瘦人多火",即指虚火。因此,体形消瘦者的膳食调配要合理化、多样化,不要偏食。应补气补血,以滋阴清热为主,平时除食用富含动物性蛋白质的肉、蛋外,还要适当多吃些豆制品、赤豆、百合、蔬菜、水果等。对其他性平偏凉的食物,如黑木耳、蘑菇、花生、芝麻、核桃、绿豆、甲鱼、鲤鱼、泥鳅、鲳鱼、兔肉、鸭肉等,则可按个人口味适量选择食用。另外,在身体无病的条件下,在摄取高蛋白、高脂肪、高糖、高维生素食物的同时,还可选用一些开胃健脾助消化的食物,如水果、蔬菜类(苹果、山楂、葡萄、柚子、梨、萝卜、扁豆)、滋补品(蜂蜜、白木耳、核桃肉、花生米、莲子、桂圆、枣)和各种动物内脏等。当膳食营养能量不足时,可以增加肠内营养制剂。

3. 膳食搭配合理

总热量中碳水化合物占55%~60%,脂肪占20%~30%,蛋白质占15%~18%。总热量中早餐占25%~30%,午餐占30%~35%,晚餐占25%~30%,加餐应占全天总热量的5%~10%。

4. 循序渐进

消瘦者胃肠功能差,一次进餐量不宜太多,应用循序渐进的方式逐步提高各种营养物质的摄入量,可增加餐次或在两餐间增加些甜食。

5. 食物粗细搭配

有的人以为食物越精越好,于是米用精米,面用精面,菜用嫩心。殊不知许多谷物加工越精,营养损失越多。科学分析证明,稻、麦类作物中的维生素、矿物质主要存在于皮壳中。精白面中蛋白质的含量比麦粒中少1/6,维生素和钙、磷、铁等矿物质的含量也少了许多。精白米同稻谷的营养素比较的结果也是如此。在蔬菜中,菜叶和根中含的营养素往往比较丰富,可有的人只挑嫩心吃,而丢掉菜叶和根,这样既浪费,又不利于身体健美。

6. 改进烹调技术

食物的烹调加工也要讲究科学,使食物的色、香、味俱佳。肉类食物以蒸煮为好,既食肉又喝汤才科学。平时要尽量少吃煎炒食物,应少食椒、姜、蒜、葱以及虾、蟹等助火散气的食物。在用餐时应极力避免思考不愉快的事情,以免影响消化功能。

（二）生活规律化

1. 制订丰富多彩、有规律的生活制度

最好给自己制订一份有规律的作息时间表，做到起居饮食定时，每天坚持运动健身，保证充足的睡眠，养成良好的卫生习惯等。

2. 加强锻炼

可采取冬季长跑锻炼和夏季游泳运动，增强胃肠道消化功能，以增强机体对疾病的抵抗力。需要注意的是，运动量的安排是科学锻炼的重要环节之一。实践证明，消瘦者应以中等运动量（每分钟心率在130～160次之间）的有氧锻炼为宜，器械重量以中等负荷（最大肌力的50%～80%）为佳。时间安排可每周练3次（隔天1次），每次1～1.5小时。每次练8～10个动作，每个动作做3～4组。动作要点是快收缩、稍停顿、慢伸展。连续做一组动作的时间为60秒左右，组间歇20～60秒，每种动作间歇1～2分钟。一般情况下，每组应能连续完成8～15次，如果每组次数达不到8次，可适当减轻重量。最后两次必须用全力才能完成的动作，对肌肉组织刺激较深，"超量恢复"明显，锻炼效果极佳。

（三）培养乐观主义精神

胸怀宽阔、乐观豁达、笑口常开有利于神经系统和内分泌激素对各器官的调节，能增进食欲，增强肠胃道的消化吸收功能。笑能消除精神紧张、清醒头脑、消除疲劳、促进睡眠，且能改善急躁、焦虑等不利情绪，达到"乐以忘忧"的健康状态。

要树立高度的事业心，从工作中得到欢乐，以乐观情绪为重要精神支柱。增强自己的修养，克服心胸狭窄和消除烦恼，培养高尚情操、幽默风趣的性格和进取心，以及战胜各种困难的信心。

（四）中医治疗

中医治疗消瘦的原则是辨证施治，根据消瘦不同的证型进行治疗。气血两虚型以补气养血为原则；脾胃虚弱型以益气健脾为原则；肺肾阴虚型以滋补肺肾为原则；肾阳虚亏型以温补肾阳为原则；胃燥津亏型以滋阴益气、润燥生津为原则。

总之，科学的行为生活方式、合理的膳食结构，有助于改善消瘦患者的症状。

三、膳食推荐

1. 参归鸽肉汤

【配料】鸽1只，党参25 g，当归12 g。

【制作和用法】加水煨汤服。

【功效】有补气养血之功效。适用于血亏气虚、脾肾阳虚型。

2. 仙人粥

【配料】制何首乌30～60 g，粳米60 g，红枣3～5枚，红糖适量。

【制作和用法】将制何首乌煎取浓汁，去渣，同粳米、红枣同入砂锅内煮粥，粥将成时放入红糖调味，再煮1～2沸即可。

【功效】适用于肝肾阴虚、精血亏损型。

3.糯米阿胶粥

【配料】糯米60 g,阿胶30 g,红糖少许。

【制作和用法】先用糯米煮粥,待粥将熟时,放入捣碎的阿胶,边煮边搅匀,稍煮2~3沸即可,最后加入红糖调味。

【功效】适用于心脾两虚、气血双亏型。

4.红枣兔肉汤

【配料】红枣10~15枚,兔肉150~200 g。

【制作和用法】同放炖锅内隔水炖熟,服用,亦可同放入瓦罐内煮烂,调味服食。

【功效】本方补气摄血,用于血亏气虚型。

5.爆人参鸡片

【配料】鸡脯肉200 g,人参15 g,黄瓜、冬笋各25 g,香菜梗、葱、姜、淀粉、食盐、味精、鸡汤、料酒、油各适量,蛋清1个。

【制作和用法】将鸡脯肉切片,人参、冬笋、黄瓜洗净切片,葱、姜切丝,香菜梗切段。将鸡脯肉片加食盐、味精后拌匀,放蛋清、淀粉抓匀。再将炒锅烧热,放油适量,烧至五成热时,放入鸡脯肉片翻炒,熟时盛出。在剩油的炒锅内放入葱丝、姜丝、冬笋片、人参片煸炒,再放入香菜梗、黄瓜片,烹入料酒、食盐、味精、鸡汤。倒入鸡脯肉片翻炒几下,淋上油即成。

【功效】滋补元气,丰肌壮体。

6.莲子猪肚

【配料】猪肚1个,莲子40粒,香油、葱、姜、蒜、食盐各适量。

【制作和用法】将猪肚洗净,莲子水发去心,装入猪肚内,用线缝合,放锅内加水炖至熟。熟后待凉,将猪肚切成细丝,与莲子共置盘中,加香油、食盐、葱、姜、蒜各适量,拌匀即可,佐餐食用。

【功效】健脾胃,补虚益气,形体消瘦者经常食用,能增强体质,使肌肉丰满。

7.姜汁黄鳝饭

【配料】黄鳝150 g,轧制姜汁10~20 mL,大米300 g,花生油、盐各适量。

【制作和用法】将黄鳝宰杀后洗净,盛盘,加入姜汁、花生油、盐拌匀。大米饭煮至水分将干时,将黄鳝放于其上,小火焖15~20分钟即可。

【功效】补血健胃,适用于病后虚损、消瘦、贫血、疲倦者。

8.扁豆茭白瘦肉羹

【配料】鲜扁豆15 g,鲜茭白2根,猪瘦肉150 g,调料适量。

【制作和用法】先将猪瘦肉洗净、切丝。鲜扁豆剥开、鲜茭白剥开、洗净、切丝。锅中热油,用葱、姜爆香后,下猪瘦肉丝爆炒至变色,下鲜扁豆、鲜茭白丝及胡椒粉适量同炒,待熟后,下湿淀粉勾芡,加食盐、味精调味即成。

【功效】健脾醒胃,和中化湿。

9.山药藕鱼

【配料】山药50 g,鲜藕150 g,草鱼肉200 g,熟肚片50 g,调料适量。

【制作和用法】先将山药、鲜藕去皮、洗净,切成如黄豆大小备用。草鱼肉洗净,切块,置热油锅中煎至两面金黄后,下山药、鲜藕、熟肚片及葱、姜、花椒、料酒、酱油、米醋及清水适量,文火焖熟后,加淀粉及食盐、味精等,翻炒片刻即成。

【功效】健脾益气,开胃醒脾。

体质瘦弱者的营养膳食计划详见表8-3。

表8-3　营养膳食计划

时间表	营养膳食	营养分析
7:00—7:30	全蛋2个,蛋清1个,面包3片,牛奶200 mL,蔬菜100 g	营养全面且丰富的早餐
10:00	水果1个	补充碳水化合物和维生素
12:00—13:00	米饭4两,清蒸鱼3两,蔬菜200 g,水果1个	主食+蛋白质+维生素,鱼肉所含蛋白都是完全蛋白质,其中必需氨基酸的量和比值适于人体需要,容易消化吸收,并且脂肪含量低,且多为不饱和脂肪酸
运动前半小时	健身饮250～300 mL	所含低聚糖能够增强体能,延缓疲劳
运动中	健身饮,150～200 mL/15～20 min	所含低聚糖能够稳定血糖水平,避免运动中出现低血糖反应,合理搭配的维生素和矿物质成分还能及时补充运动中的消耗,延缓运动疲劳
运动后	健身饮200 mL与健肌粉二代(50 g)冲服	健肌粉中的乳清蛋白和酪蛋白能够实现蛋白质的持续供应,满足训练后肌肉生长的需要
18:00—19:00	馒头4两,瘦牛肉2两,蔬菜200 g	晚餐简单但营养全面

营养配餐说明:总热量2500～2700 kcal。

四、经方疗法

经方是中华民族使用天然药物的智慧结晶,对于消瘦者,经方能改善食欲、促进消化、增强吸收,不同类型的消瘦体质通过使用经方以及个性化的体质调养方案,可以促进身体健康,并逐渐增加体重,使身体丰腴。

1.小建中汤

适用人群:用于消瘦伴有慢性腹痛、便秘的虚弱性疾病以及虚弱体质患者的调理。表现为体形消瘦,肌肉不发达或萎缩,年轻时皮肤白皙而细腻,中年以后皮肤干枯发黄,头发发黄细软、稀少,易饥饿,食量小,进食慢,好甜食;性格比较开朗,但易烦躁,易激惹,特别在饥饿时;易疲劳,易肢体酸痛等;易心悸、出汗;易腹痛、大便干结,甚至如栗状;大多脉缓无力,舌质柔嫩,舌苔薄白。

推荐处方:桂枝15 g,生白芍30 g,生甘草10 g,生姜15 g,红枣30 g,饴糖60 g。以水1100 mL,煮沸后调文火再煎煮40分钟,取汤液300 mL,将饴糖溶入药液,日分2～

3次温服。

2.炙甘草汤

适用人群:多用于大病后,或大出血后,或高龄,或营养不良,或极度疲劳,或肿瘤患者经过化疗后的体质调理。表现为消瘦而肌肉萎缩,皮肤干枯,面色憔悴,贫血貌,舌淡红、舌苔少;精神萎靡;极度疲惫,少气懒言;食欲不振,大便干结;心律不齐,多有早搏或心房心室颤动等心律失常,心悸气短,心率以缓慢者为多。

推荐处方:炙甘草10 g,生晒参10 g,麦门冬15 g,生地黄20 g,阿胶10 g,肉桂10 g,生姜15 g,火麻仁15 g,红枣50 g。以水1500 mL,加入黄酒或米酒50 mL,煮沸后调文火再煎煮50分钟,取汤液300 mL,化入阿胶,日分2~3次温服。

3.薯蓣丸

适用人群:适用于以消瘦、神疲乏力、贫血为特征的慢性病及虚弱体质的调理。多见于高龄老年人,肿瘤手术化疗以后、胃切除后、肺功能低下、大出血后、极度营养不良者。表现为体形消瘦干枯,贫血貌,疲惫乏力,头晕眼花,多伴有低热,心悸气短,食欲不振,骨节酸痛,容易感冒,大便不易成形。脉细弱,舌淡嫩。

推荐处方:山药30 g,当归10 g,桂枝10 g,神曲10 g,熟地黄10 g,大豆黄卷10 g,炙甘草6 g,生晒参10 g,川芎10 g,白芍10 g,白术10 g,麦门冬15 g,杏仁10 g,柴胡10 g,桔梗10 g,茯苓10 g,阿胶10 g,干姜10 g,白蔹10 g,防风10 g,大枣30 g。以水2000 mL,煮沸后调文火再煎煮50分钟,取汤液600 mL,化入阿胶,日分2~4次温服,可两日服用一剂。

4.温经汤

适用人群:瘦弱干枯女性多用。表现为体形中等或消瘦,或昔肥今瘦;皮肤干枯黄暗,缺乏光泽;口唇干燥、干瘪而不红润,或有疼痛或发热感;手掌、脚掌干燥,摩擦后沙沙地响,容易裂口或有毛刺,或有疼痛或发热感;女性月经稀发或闭经,或不规则阴道出血;月经量少居多,色淡或黑色;或痛经,或难以妊娠,或易于流产;大多有产后大出血、过度生育或流产,或过早做子宫切除,或长期腹泻,或久病,或营养不良,或绝经年老等。

推荐处方:吴茱萸5 g,党参15 g,麦门冬20 g,姜半夏10 g,炙甘草10 g,桂枝10 g,白芍10 g,当归10 g,川芎10 g,牡丹皮10 g,阿胶10 g,生姜10 g。以水1200 mL,煮沸后调文火再煎煮40分钟,取汤液500 mL,化入阿胶,分2~3次温服。

5.八味解郁汤

适用人群:适用于挑食、稍食即腹胀、舌苔厚的消瘦者。表现为瘦而脸部棱角分明,面色黄或青白,表情紧张或眉头紧皱,烦躁面容;上腹部及两胁下腹肌比较紧张,按之比较硬。挑食偏食,食欲多不振,受情绪的影响,常伴有腹胀腹痛,咽喉异物感,恶心呕吐感,便前易腹痛,受凉及紧张后便意频数。手足冷,紧张和疼痛时更明显,并可伴有手心汗多。血压多偏低。女性经前多乳房胀痛。舌苔多厚腻,脉多弦滑。

推荐处方:柴胡15 g,生白芍15 g,枳壳15 g,生甘草5 g,姜半夏15 g,厚朴15 g,茯苓15 g,苏梗15 g。以水1200 mL,煮沸后调文火再煎煮40分钟,取汤液300 mL,日分2~3次温服。

6.柴胡加龙骨牡蛎汤

适用人群:适用于伴有抑郁失眠的消瘦者。表现为面色黄或白,缺乏光泽,表情淡漠,疲倦貌,脸型以长脸居多;性格偏于内向,自我评价差,叙述病情时话语不多,语速慢;常伴有睡眠障碍、疲劳感、怕冷、胸闷、心悸、头昏、耳鸣、不安等;两胁下按之有抵抗感或僵硬感,缺乏弹性;体重下降多伴有精神压力过大或情感挫折等诱因。

推荐处方:柴胡15 g,制半夏10 g,党参10 g,黄芩10 g,茯苓10 g,桂枝10 g,肉桂10 g,龙骨10 g,牡蛎10 g,制大黄10 g,干姜10 g,红枣15 g。以水1200 mL,煮沸后调文火再煎煮30～40分钟,取汤液300 mL,日分2～3次温服。

膏滋是中医的传统剂型之一,发源于明清时期,流行于江浙一带,因具有强身健体、调理体质和治未病等确切疗效,近年来越来越为百姓所喜爱。服用经方是增肥的重要途径。为长期服用方便,改善口感,可将以上各经方熬制成膏滋。

知识小结

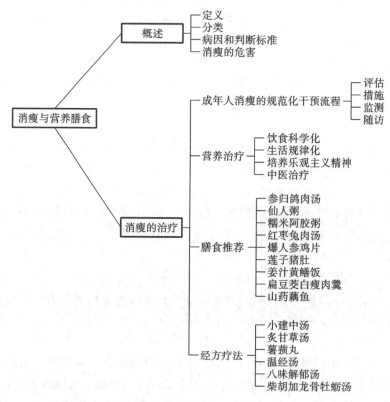

(刘子琦)

能力检测

一、单选题

1.消瘦的国际判断标准是BMI,轻度消瘦患者的BMI为(　　)。
　　A.17.00～18.49 kg/m² 　　　　B.16.00～16.99 kg/m² 　　　　C.<16 kg/m²

D.＜18.50 kg/m² E.18.50～24.99 kg/m²

2.消瘦的国际判断标准是BMI,中度消瘦患者的BMI为(　　)。

A.17.00～18.49 kg/m² B.16.00～16.99 kg/m² C.＜16 kg/m²

D.＜18.50 kg/m² E.18.50～24.99 kg/m²

3.消瘦的国际判断标准是BMI,严重消瘦患者的BMI为(　　)。

A.17.00～18.49 kg/m² B.16.00～16.99 kg/m² C.＜16 kg/m²

D.＜18.50 kg/m² E.18.50～24.99 kg/m²

4.消瘦可分为单纯性消瘦及(　　)。

A.体质性消瘦 B.外源性消瘦 C.内源性消瘦

D.继发性消瘦 E.原发性消瘦

二、多选题

1.消瘦的病因有(　　)。

A.食物摄入不足 B.食物消化、吸收、利用障碍

C.对食物需求增加 D.对食物消耗过多

E.睡眠过多

2.消瘦的营养治疗包括(　　)。

A.食物种类多样 B.膳食搭配合理

C.保证充足的优质蛋白和热量 D.循序渐进进餐

E.食物粗细搭配

3.成年人消瘦的规范化干预流程包括(　　)。

A.评估 B.采取措施 C.监测 D.随访 E.调查

三、简答题

1.简述消瘦的定义。

2.简述消瘦的危害。

能力检测答案

第九章　美胸与营养膳食

  学习目标

扫码看课件

知识目标
1. 掌握美胸丰胸的营养膳食原则。
2. 熟悉美胸丰胸的食疗常用配方及禁忌。
3. 了解乳房的分型，健美胸部的标准、影响因素。

能力目标
1. 具有根据美容营养学的要求，鉴别营养质量优劣的能力。
2. 能够正确搭配美胸饮食，解决胸部问题。

素质目标
1. 引导学生发现和解决在美容工作中与食物选择相关的各种问题，为以后更好地从事美容工作奠定良好的基础。
2. 培养学生正确的审美观。

拥有健康丰满的胸部是爱美女性梦寐以求的事情，女性胸部健美包括胸肌发达和乳房丰满。胸肌发达与否主要与平时的锻炼有关，锻炼可以使胸部更加挺拔，而乳房丰满与否，除了与遗传因素有关外，更重要的是与日常膳食营养密切相关。能达到丰胸效果的方法很多，其中饮食丰胸是最简单、最健康的美胸丰胸方法，长期坚持不仅能美容养颜，还能有效促进乳房丰满。丰胸膳食是不同年龄女性维持美丽胸部的关键。

第一节　概　　述

一、乳房的结构

（一）外部结构

1. 乳头

女性乳头是重要的性感带，具有哺乳功能。乳房（图9-1）的中心部位是乳头，正常乳头呈筒状或圆锥状，两侧对称，表面呈粉红色或棕色。乳头直径为 0.8～1.5 cm，其上有许多小窝，为输乳管开口。乳头表面覆盖复层鳞状角质上皮，上皮层很薄。乳头由致密的结缔组织及平滑肌组成，平滑肌呈环形或放射状排列。当遇到性刺激或

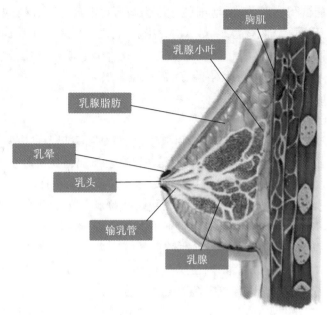

图9-1 乳房的结构

机械刺激时,平滑肌收缩,可使乳头变硬、凸起。

2.乳晕

乳头周围皮肤色素沉着较深的环形区是乳晕。乳晕的直径为3~4 cm。乳晕色泽各异,青春期多呈玫瑰红色,妊娠期、哺乳期因色素沉着而颜色加深,呈深褐色。乳晕部皮肤有毛发和腺体,腺体分为汗腺、皮脂腺和乳腺。

其中,皮脂腺又称乳晕腺,是乳晕上一些明显的小突起,较大而表浅,用来分泌油脂。分泌的油脂具有保护皮肤、润滑乳头及婴儿口唇的作用。

3.乳房体

乳房体是指肉眼能看到的整个乳房,乳房皮肤在腺体周围较厚,在乳头、乳晕处较薄。

（二）内部结构

女性乳房的内部结构可分为乳腺、输乳管、肌肉、脂肪、血管、淋巴管、神经、纤维组织等。

1.乳腺和输乳管

乳腺和输乳管是紧密相连的。乳腺由15~20个腺叶组成,每一个腺叶分成若干个腺小叶,每一个腺小叶又由10~100个腺泡组成。这些腺泡紧密地排列在小乳管周围,腺泡的开口与小乳管相连。多个小乳管汇集成小叶间乳管,多个小叶间乳管再进一步汇集成一根输乳管。输乳管共15~20根,以乳头为中心呈放射状排列,汇集于乳晕,开口于乳头。输乳管在乳头处较为狭窄,继之膨大为壶腹(称为输乳管窦,有储存乳汁的作用)。乳腺若发育好,则妊娠、哺乳时增大的组织仍能保持弹性。

2.肌肉和脂肪

女性的乳房大小取决于胸大肌的发达程度,胸大肌对胸部肌肉组织起关键作用。

胸大肌宽阔,就能囤积脂肪体,激活细胞生成。胸部逐渐隆起靠发达的胸大肌和皮下脂肪,而且首先要使胸大肌发达,以支撑皮下脂肪,再逐渐增加皮下脂肪。

乳房内的脂肪组织呈囊状包于乳腺周围,形成一个半球体,这层囊状的脂肪组织称为脂肪囊。脂肪囊的厚薄可因年龄、生育等而有很大的个体差异。乳房中含有大量的脂肪,脂肪组织的多少是决定乳房大小的重要因素之一。

3.血管、淋巴管和神经

乳房内分布着丰富的血管、淋巴管和神经,它们对乳腺起到供应营养及维持新陈代谢的作用,具有重要的外科学意义,特别是在治疗乳腺癌时是实施手术的依据。

乳房的血液供应主要来自腋动脉的分支、胸廓内动脉的肋间分支及降主动脉的肋间血管分支。乳房的静脉回流分深、浅两组。浅静脉分布在乳房皮肤下,多汇集到胸廓内静脉(内乳静脉)及颈前静脉;深静脉有胸廓内静脉肋间支、肋间静脉及腋静脉分支,汇入无名静脉、奇静脉、半奇静脉、腋静脉等。当发生乳腺癌血行转移时,进入血液的癌细胞或癌栓可通过以上途径进入上腔静脉,向肺或其他部位转移;也可经肋间静脉进入脊椎静脉丛,向骨骼或中枢神经系统转移。

乳房的淋巴引流主要有腋窝淋巴结、内乳淋巴结、锁骨上/下淋巴结、腹壁淋巴管及两侧乳房皮下淋巴网的交通等途径。其中,最重要的是腋窝淋巴结和内乳淋巴结,它们是乳腺癌淋巴转移的第一站。

乳房部位的神经中,除感觉神经外,还有交感神经纤维随血管走行分布于乳头、乳晕和乳腺组织。乳头、乳晕处的神经末梢丰富,感觉敏锐,因此当发生乳头皲裂等症状时,疼痛剧烈。

4.纤维组织

在乳腺组织内,存在着垂直于胸壁的纵向条索状纤维结构,其向表面连接着浅筋膜的浅层,向深面连接着浅筋膜的深层,中间贯穿于乳腺的小叶导管之间,起着固定乳腺的作用,成为乳腺的悬韧带。

二、乳房的功能

人类乳房来源于外胚层。自出生后,乳房发育经历幼儿期、青春期、性成熟期、妊娠期、哺乳期、绝经期等不同时期。在经历了青春期之后,乳腺组织结构已趋完善,进入性成熟期。在每个月经周期中,随着卵巢内分泌激素的周期性变化,乳腺组织也发生周而复始的增生与复旧变化。妊娠期与哺乳期是育龄妇女的特殊生理时期,此时乳腺为适应特殊的生理需求而发生一系列变化。自绝经期开始,卵巢内分泌激素逐渐减少,乳房的生理活动也日趋减弱。乳房的功能主要体现在性成熟期、妊娠期、哺乳期及以后的一段时期,具体有以下几种。

1.美感功能

乳房是女性第二性征的重要标志,也是女性体态美感的体现。一般来讲,乳房在月经初潮之前2～3年即开始发育,也就是说在10岁左右就已经开始生长,是最早出现的第二性征,是女孩青春期开始的标志。乳房是女性形体美的一个重要组成部分,拥有一对丰满、对称而外形漂亮的乳房是女性健美的标志。

2.哺乳功能

哺乳是乳房基本的生理功能。乳房是哺乳动物所特有的哺育后代的器官,乳腺的发育、成熟都是为哺乳活动做准备。在产后大量激素的作用及婴儿的吸吮刺激下,乳母的乳房开始有规律地产生并排出乳汁,供婴儿成长发育所需。

3.性辅助功能

在性活动中,乳房是女性除生殖器官以外最敏感的器官。在触摸、爱抚、亲吻等性刺激下,乳房的反应可表现为乳头勃起,乳房表面静脉充血,乳房胀满、增大等。随着性刺激的加大,这种反应会加强,至性高潮来临时,这些变化将达到顶点,消退期则逐渐恢复正常。乳房在整个性活动中占有重要地位。无论是在性欲唤起阶段还是在性兴奋来临之时,轻柔地抚弄、亲吻乳房都可以刺激性欲,使性兴奋感不断增强。

三、乳房的分型

乳房是女性第二性征的重要标志,我国少女一般从12~13岁起,在卵巢分泌雌激素的影响下,乳房开始发育,随着月经的来潮,在15~17岁乳房发育基本成熟,22岁基本停止发育,之后脂肪组织还会相继增多。发育良好的乳房多呈半球形或圆锥形,两侧基本对称。少数未完全发育成熟的乳房呈圆盘形或平坦形。哺乳后乳房都会有一定程度的下垂或略呈扁平,影响胸部曲线美。根据乳房前突的长度、张力、弹性,乳房的形状可分为圆盘形、半球形、圆锥形、下垂形和圆球形。

(一)圆盘形

圆盘形乳房如图9-2所示,其乳轴高度(乳房基底面到乳头的高度)为2~4 cm,小于乳房基底部周围半径,乳房稍有隆起,其形态像一个翻扣的盘子,胸围环差约为12 cm,看上去不算丰满,着衣时难见乳房形状。圆盘形乳房多见于青春发育初期的少女。

(二)半球形

半球形乳房如图9-3所示,是在中国女性中较为常见的一种。这种形状的乳房乳轴高度(4~6 cm)等于乳房基底部周围半径,胸围环差约为14 cm,属于较美观的乳房,着衣时可见乳房形状。

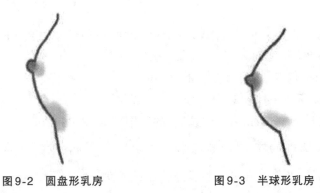

图9-2 圆盘形乳房　　　图9-3 半球形乳房

（三）圆锥形

圆锥形乳房如图9-4所示，其乳轴高度（6～7 cm）大于乳房基底部周围半径，胸围环差约为16 cm，乳房前突且上翘，无论着何种服装，都能显现乳房的丰腴感。

（四）下垂形

下垂形乳房如图9-5所示，其乳轴高度更大，乳晕下缘低于下乳沟线，或位于同一水平，或乳头指向地面。乳房皮肤松弛、弹性小，呈下垂形态，属于萎缩型。

（五）圆球形

圆球形乳房如图9-6所示，是在西方女性中较为常见的一种。这种乳房呈圆球形，乳轴高度为7～8 cm。乳房肌肉发达，乳头朝外。

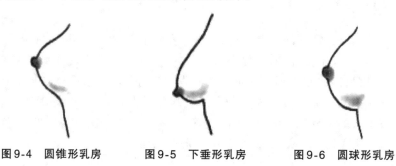

图9-4　圆锥形乳房　　　图9-5　下垂形乳房　　　图9-6　圆球形乳房

不论是哪种类型的乳房，都会随着年龄、营养、环境的改变而发生变化。通过适当的方法可以塑造出完美的乳房，保持健美的胸形。

四、健美胸部的标准

（一）健美胸部的定性标准

(1)皮肤红润、有光泽、无皱褶、无凹陷。

(2)乳腺组织丰满，乳峰高耸，柔韧而富有弹性。

(3)两侧乳房等高、对称，在第2～6肋间，乳房基底部直径为10～12 cm。乳轴高度为5～7 cm。

(4)健美乳房的乳头润泽、挺拔，位于第4肋间或稍下。两乳头间的间隔大于20 cm，最好在22～26 cm之间。

(5)乳晕清晰，颜色红润，直径为2～4 cm。

(6)乳房的外形挺拔、丰满，呈半球形。

(7)身高在155～165 cm者，通过乳头的胸围应为82～86 cm。

（二）健美胸部的半定量标准

胸部的健美标准包括乳房的形态、皮肤质地、乳头形态等因素。有人用评分法将胸部健美标准半定量化。

(1)胸围：达到标准30分，相差1 cm以内25分，相差1～2 cm 20分，相差2 cm以上

10分。

(2)乳房类型:半球形30分,圆锥形25分,圆盘形20分,下垂形10分。
(3)皮肤质地:紧张有弹性10分,较有弹性8分,尚有弹性5分,松弛2分。
(4)乳房位置:正常10分,过高8分,两侧不对称5分,过低2分。
(5)乳头形态:挺出大小正常10分,过小8分,下垂5分,内陷或皲裂2分。
(6)乳房外观:正常10分,颜色异常8分,皮肤凹陷、皱褶、瘢痕5分,皮肤凹陷、皱褶、瘢痕、颜色异常2分。

一般74分以上者为健美胸部,满分为100分。

(三)计算方式

中国女性标准胸围参考值计算公式为:

$$参考值 = 胸围(cm) \div 身高(cm)$$

参考值≤0.49,则表明胸部太小。
参考值为0.5~0.53,则表明胸部标准。
参考值为0.54~0.6,则表明胸部美观。
参考值>0.6,则表明胸部过大。

一般以参考值=0.53计算标准胸围。对于身高160 cm的成熟女性,标准胸围是84.8 cm;对于身高170 cm的成熟女性,标准胸围是90.1 cm。

通过以上标准可以知道,乳房不是越大越好,而是要和体形相协调,过大的乳房会破坏整体美。另外在病理情况下,如乳腺发炎、乳腺癌等,乳房也会变大。患巨乳症时,乳房会大于正常乳房数倍甚至十多倍。这些都是不正常的,需要去医院治疗。

五、胸部健美的影响因素

胸部的健美受多方面因素的影响,常见影响因素如下。

(一)遗传因素

胸部大小主要与遗传因素有关,一般来说,如果母亲的胸部较瘦小,那么女儿的胸部也大多不丰满。

(二)营养状况

处于青春期的女孩,如果没有摄入均衡的营养及合理的饮食,即蛋白质、脂肪、能量摄入不足,则生长发育受阻,从而限制胸部及乳房的发育,出现扁平胸或小乳房。过分追求苗条,过度控制饮食,在体重明显下降的状况下,乳房的皮下组织和支持组织显著减少,乳房皮肤松弛、皱缩,这种情况被称为青春期乳房萎缩。另外,体胖的女性因为脂肪积聚较多,胸部就显得丰满突出;消瘦的女性脂肪积聚少,胸部就显得小而平坦。所以体形消瘦的女性,应多吃一些高热量的食物,通过热量在体内的积蓄,使瘦弱的身体丰满,同时乳房也可因脂肪的积聚而变得挺拔而富有弹性。

(三)内分泌因素

胸部乳房的发育受垂体前叶、肾上腺皮质和卵巢等分泌的内分泌激素的共同影响。卵巢分泌的雌激素、孕激素,垂体前叶产生的催乳素、促卵泡激素(FSH)、促黄体生成素(LH)等都会促进乳房发育。其中雌激素对乳腺的发育有非常重要的生理作用,雌激素能促使乳腺导管增生、延长、形成分支,促使乳腺小叶形成,还能促进乳腺间质增生、脂肪沉积,从而使女性乳房丰满。一般而言,雌激素水平高的女性乳腺发育较好,乳房体积较大,但是,乳腺增生的可能性也较大。孕激素又称黄体酮,可在雌激素作用的基础上,使乳腺导管末端的乳腺腺泡发育生长,并趋向成熟,乳腺腺泡是产生乳汁的场所。女性在妊娠后期及哺乳期垂体前叶大量分泌催乳素,促进乳腺发育和泌乳。垂体前叶分泌的促卵泡激素能刺激卵巢分泌雌激素,促黄体生成素能促进孕激素的分泌,两者对乳腺的发育及生理功能的调节起间接作用。此外,生长激素、甲状腺激素、肾上腺皮质激素等也间接对乳腺产生影响。所以,乳房过小与激素分泌不足有很大关系。

(四)体育锻炼

适当的健胸锻炼可使女性身心健康,体形健美。以各种方式活动上肢和胸部,充分使上肢上举、后伸、外展及旋转,并经常做扩胸运动,锻炼肌肉和韧带,则可使整个上半身结实而丰腴,胸部肌肉健美。如普拉提式美胸通过有针对性地对胸大肌进行锻炼从而增加胸部脂肪组织的弹性,使胸部结实而坚挺,能有效防止胸部下垂与外扩。

(五)不良生活习惯

1. 过早束胸

有些女性由于心理障碍而过早把胸部束起来,或穿着过紧的乳罩,导致乳房发育不良。

2. 姿势不正确

驼背、弯腰、抱肩、伏坐、趴睡等不正确的姿势会影响乳房的生长发育。

3. 不恰当的减肥

发胖以后,每次不恰当的减肥都会对乳房的外形产生不良影响,随着脂肪的减少,特别是快速减肥时,乳房会变小,并出现下垂现象。

六、中医对乳房生理功能的认识

(一)脏腑与乳房

对乳房及乳房疾病的认识在现存最早的中医典籍《黄帝内经》中已有记载,后世医家也多有论述。例如,"男子乳头属肝,乳房属肾;女子乳头属肝,乳房属胃"指出了乳房的经络归属;"冲任为气血之海,上行则为乳,下行则为经"指出了乳汁的来源;"妇人以冲任为本,若失于将理,冲任不和,阳明经热,或风邪所客,则气壅不散,结聚乳间,或硬或肿,疼痛有核"指出了冲任不和是乳房疾病的重要发病因素。

中医认为,乳房健康与肝胃两经、冲任二脉是否通调关系密切。成年女性发生乳腺增生、结节等问题,多与肝气郁结、脾虚痰凝有关,所谓"思虑伤脾,恼怒伤肝,郁结而成也"。女性乳房发育和成熟则与肾的先天精气和脾胃的后天水谷之气是否充盈有关。有观点认为,先天肾气是否旺盛对乳房发育是否完全有着决定性的作用。

(二)经络与乳房

中医理论认为,经络是运行气血、联系脏腑和体表及全身各部的通道,是人体功能的调控系统。乳房与足厥阴肝经和足阳明胃经关系密切,还与足少阴肾经、足太阴脾经、任脉和冲脉有一定的关系。因此,经络是否通畅直接关系女性乳房是否健康。

1. 足厥阴肝经

肝主疏泄、藏血,起疏通气血及调节血流量的作用。中医理论认为,女子以血为本,女子的生理特点决定其要消耗大量的血液,而乳房由血来濡养。肝血不足,则产妇乳少;肝失疏泄,则乳房胀痛,甚至形成肿块。

足厥阴肝经主要经过的胸部穴位为期门,按摩期门可以帮助重塑胸部,改善乳房松弛、外扩等现象。

2. 足阳明胃经

胃为后天之本,是消化系统的重要组成部分,与脾一样是水谷化生之源。乳汁由脾、胃水谷之精华所化生。脾、胃气壮,则乳汁多而浓;反之,则少而淡。若脾、胃运化失司而痰浊内生,痰湿蕴结于乳房胃络,则可致病。

足阳明胃经主要经过的胸部穴位为屋翳、膺窗、乳中、乳根。

3. 足少阴肾经

肾为先天之本,主生长发育,主水,主纳气,主骨生髓,通于脑。肾经是否充盈关系到乳房是否健康。肾气衰则天癸竭,乳房衰萎。肾阴虚可致乳痈。疏通肾经可以缓解胸痛、咳嗽、气喘、呕吐、乳痈等症状。

足少阴肾经主要经过的胸部穴位为俞府、神藏、灵墟、神封、步廊。

4. 足太阴脾经

脾主运化,为后天之本,具有消化食物、吸收和运输水谷精微的功能。脾是气血化生之源,乳房的健康程度与脾的水谷化生、气血运行息息相关,调理脾经可以使女性乳房更健康。

足太阴脾经主要经过的胸部穴位为周荣、胸乡、天溪。

5. 任脉

任脉能调节月经,促进女性生殖,具有理气活血通络、调节神经系统和消化系统的功能,经常按摩有保健、祛病功效。

任脉经过胸部的穴位为膻中。

6. 冲脉

冲脉能调节气血,促进生殖。

女性冲脉起于子宫中,下出会阴后,从气街部起,与足少阴肾经相并,沿着肚脐向上,扩散于胸中,上达咽喉,环绕口唇。

(三)气血津液与乳房

气血津液是脏腑正常生理活动的产物,受脏腑支配,同时又是人体生命活动的物质基础。气血津液发生病变不仅会影响脏腑的功能,而且会影响人体生命活动。反之,脏腑发生病变,必然会影响气血津液。气血津液辨证可分为气病辨证、血病辨证和津液病辨证。

1.气与乳房

"夫乳汁乃气血所化,在上为乳,在下为经,若冲任之脉盛、脾胃之气壮,则乳汁多而浓,衰则少而淡。"气是乳房维持正常生理功能的基础,气机失常是导致乳房疾病的重要因素。气机失常是指气的升降出入失去平衡,可分为气滞(气的运行、流通有障碍)、气逆(气上升太过或下降不及)、气陷(气虚无力升举而下陷)、气闭(气机闭塞,出入受阻)、气脱(气失内守而散逸于外)。

2.血与乳房

血循行于脉中,富有营养,是构成人体并维持人体生命活动的基本物质之一。血的物质基础一是来源于肾精,二是来源于水谷化生的营气和津液。在生理上,"乳房多关乎血""乳汁乃气血所化";在病理上,乳房疾病多与血虚、血热、血瘀有关。

3.津液与乳房

津液是体内一切正常水液的总称。津液来源于饮食,经脾胃运化之后产生水谷精微的液体部分,注入经脉,输布全身,营养机体。津液具有滋润濡养的作用,能促进乳房充分发育。中医理论认为,津停痰凝发为乳癖,即津液停滞或凝聚会导致乳房产生肿块。

七、中医观点

综上,乳房的生长发育与五脏六腑之气血津液对乳房的滋养作用密切相关,其中以肾、脾、肝对乳房的健美影响最大。

(一)肾气虚衰

《素问·上古天真论》认为,女子七岁,肾气盛,齿更发长;二七而天癸至,任脉通,月事以时下,两乳逐渐丰满,孕育后乳汁充盈。肾气虚衰则天癸竭,乳房衰萎。

(二)气血不足

肾为先天之本,脾胃为后天之本,气血生化之源。由于先天禀赋薄弱,肾气亏虚,致胎中失养,孕育不足,以及后天喂养失当,损伤脾胃,致脾胃虚弱,不能运化水谷精微,化生气血,最终导致气血不足,形体失养,乳房发育不良。

(三)肝气郁结

胸肋部为肝胆经循行之处,乳头属肝经。肝主疏泄,保持肝脏经气调畅,情志和谐,则脾胃功能健运,能促进乳房发育和健美。情志抑郁,导致肝失疏泄,肝气郁结,则乳房胀痛,甚至形成肿块。

第二节 丰胸美胸的营养膳食

一、女性各期美胸与营养

(一)青春期美胸与营养

女性的青春期一般开始于13~15岁,也可能更早或更晚。女孩的性发育从乳腺发育开始,此期卵巢分泌大量雌激素,促进乳腺的发育,一般2~3年后,月经初潮来临。月经来潮是女性性器官和乳腺发育进入成熟期的标志。月经初潮来临后,大多数女性的乳腺仍会继续发育1~2年,脂肪积蓄于乳腺,乳房逐渐发育呈匀称的半球形或圆锥形,直至达到成年人成熟的乳房形状。女性乳房从开始发育到成熟一般要经历4~6年的时间。乳房发育的早晚、快慢,发育过程的长短及发育的程度,存在很大的个体差异。所以要使乳房发育丰满、健美,就要在此期确保机体健康,保证各种激素的正常分泌。可适当增加一些植物雌激素的摄入量和选择有利于雌激素分泌的食物,青春期正处于生长发育的关键时期,蛋白质尤其是优质蛋白能促进机体生长发育,一些维生素是构成和促进雌激素分泌的重要物质。所以,多吃富含蛋白质、维生素、矿物质的食物,适量吃一些脂肪类食物,可以充分提供此期乳房发育所需要的营养。

(二)经期美胸丰胸与营养

乳腺组织受激素影响,随着月经来潮呈周期性变化。在月经周期的前半期,受促卵泡激素的影响,卵泡逐渐成熟,雌激素水平逐渐增高,乳腺出现增殖样变化;排卵以后,孕激素水平升高,催乳素也增加;月经来潮前3~4天体内雌激素水平明显增高,乳腺组织活跃增生,腺泡形成,乳房明显增大、发胀;月经来潮后雌激素和孕激素水平迅速降低,乳腺开始复原,乳房变小变软。数日后,随着下一个月经周期的开始,乳腺又进入了增殖期的变化。在月经周期的前半期和排卵期,在均衡饮食的基础上摄入适量高能量的营养物质,可以使脂肪较快囤积于胸部,促进胸部的丰满。

(三)妊娠期和哺乳期美胸与营养

妊娠期受各种激素的作用,乳腺不断发育增生,乳房体积增大、硬度增加。哺乳期乳腺受催乳素的影响,腺管、腺泡及腺叶高度增生肥大、扩张,乳房明显发胀,硬而微痛,哺乳后有所减轻。妊娠期和哺乳期一定要均衡营养,保证能量供给。平坦的胸部在这个特殊时期也会因各种激素的旺盛分泌而体积增大,但要注意哺乳期易患乳腺炎而影响乳房健康。断奶后,乳腺腺泡萎缩,末端腺管变窄,乳腺小叶变小,乳房内结缔组织再生,但再生数量远远赶不上哺乳期损失的数量,因此乳房会出现不同程度的松弛、下垂。可以多摄入富含胶原蛋白的食物,如猪蹄、鸡翅等,促进结缔组织的再生;多摄入富含维生素C的食物,促进胶原蛋白的合成。

(四)绝经期和老年期美胸丰胸与营养

女性进入更年期以后卵巢功能开始减退,月经紊乱直至绝经,乳腺也开始萎缩。到了老年期,输乳管逐渐硬化,乳腺组织退化或消失。从外观上看乳房松弛、下垂甚至扁平。绝经前后是乳腺癌高发的时期,这一时期补充含雌激素的药物或保健品非常危险,而通过饮食调节体内雌激素水平是安全的。应注重多食用富含维生素E、维生素C、B族维生素的食物,可抗氧化、防衰老、调节体内雌激素的分泌,同时,应注意控制能量的摄入。

二、调摄养护方法

(一)加强饮食营养

乳房的大小取决于乳腺组织内脂肪的含量,乳腺组织内2/3是脂肪,1/3是腺体。乳房中脂肪多了,自然会显得丰满,所以适当地增加胸部的脂肪量,是促进胸部健美的有效方法。增加胸部的脂肪量最直接的方法就是摄入脂肪含量丰富的食物,并且控制多余的脂肪囤积在身体其他部位,如小腹、臀部或全身。同时,想要拥有丰满的胸部,应该从均衡饮食着手,不仅要摄入一定量的脂肪类食物,还要食用蛋白质含量丰富的食物,以促进胸部的发育。摄入富含多种维生素、矿物质的食物可刺激雌激素的分泌,丰胸中药也可适当补充,多饮水可对滋润、丰满乳房起到直接作用。具体丰胸饮食原则如下。

1. 保证总能量的摄入

总能量摄入量应以体重为基础,使体重达到或略高于理想范围。一般身体瘦弱的女性,胸部都达不到健美的标准,应在均衡膳食的基础上,多吃一些含热量较高的食物,使瘦弱的身体变得丰满,同时乳房也会因脂肪的积蓄而变得丰满且富有弹性。当然,脂肪也不是越多越好,过多的脂肪堆积可引起乳房松弛、下垂,同样也会影响形体美。

2. 保证摄入充足的蛋白质

蛋白质是组成人体一切细胞、组织的重要成分,机体所有重要的组成部分都需要蛋白质的参与。蛋白质是激素的主要成分,是乳房生长发育不可缺少的重要营养物质。尤其是在青春期,应摄入充足的优质蛋白,以保证乳房能发育完全而丰满。每日蛋白质供给量为70~90 g,占总能量的12%~14%,优质蛋白应占蛋白质总量的40%以上。

3. 补充胶原蛋白

胶原蛋白对于防止乳房下垂有很好的营养保健作用,因为乳房依靠结缔组织固定在胸壁上,而结缔组织的主要成分是胶原蛋白。

4. 补充充足的维生素

各种维生素如维生素E、B族维生素、维生素C等有刺激雌激素分泌、促进乳房发育的作用。

(1)维生素E:能促进卵巢的发育和完善,使成熟的卵细胞增加,黄体细胞增大。卵细胞分泌雌激素,当雌激素分泌量增加时,可促使输乳管增长;黄体细胞分泌孕激素,可使输乳管不断分支形成乳腺小管,使乳房长大。

(2)B族维生素:体内合成雌激素不可缺少的成分。

(3)维生素C:能够促进胶原蛋白的合成,而胶原蛋白构成的结缔组织,是乳房的重要组成成分,有防止胸部变形的作用。

5. 摄入足量的矿物质

矿物质是维持人体正常生理活动的重要物质,有些矿物质还参与激素的合成与分泌。如锌可以刺激性激素分泌,促进人体生长和第二性征的发育,促进胸部的成熟,使皮肤光滑不松垮,处于青春期的女性尤其应注重从食物中摄入足够的锌。铬是体内葡萄糖耐量因子的重要组成成分,能促进葡萄糖的吸收并使其在乳房等部位转化为脂肪,从而促进乳房的丰满。

6. 关注美胸丰胸的最佳时期

一般认为月经周期的第11～13天是女性丰胸的最佳时期;第18～24天为丰胸的次佳时期。由于激素的影响,这两个时期乳房的脂肪囤积得最快。

7. 常食用美胸丰胸药膳

常食用具有补益气血、健脾益肾及疏肝解郁功效的中药,如人参、当归、黄芪、川芎、枸杞、熟地黄、红枣、桂圆、山药、陈皮、通草、菟丝子、玫瑰花等。

8. 摄入其他丰胸食物

蜂王浆含有十几种维生素和性激素,对性激素分泌不足造成胸部发育不良者是不错的选择;莴苣类蔬菜是近年来比较流行的丰胸食物。

(二)加强胸部的体育锻炼

各种外展扩胸运动、俯卧撑、单双杠、哑铃操、健美操、游泳、瑜伽、普拉提、跑步、太极拳等能使胸大肌发达,促使乳房隆起。进行体育锻炼特别是较剧烈的运动时,必须佩戴胸罩。

(三)经常进行胸部和乳房按摩

可用按揉穴位,掌摩、托推乳房,揪提乳头等方法进行美胸按摩,能有效改善乳房状态,使乳房变得坚挺、丰满、富有弹性。按摩手法要轻柔,不可过分牵拉。同时搭配美胸用品,效果更佳。但应注意部分美胸用品中含有雌激素,相较其他成分,雌激素具有比较明显的丰胸效果,但不宜长期使用。雌激素在刺激乳房发育的同时容易引起如卵巢功能紊乱、乳腺衰弱、月经不调、色素沉着、皮肤表层变异等问题。儿童和孕妇禁止使用美胸用品。

(四)要养成良好的生活习惯,保持正确的姿势和体态

站、立、行、走要挺胸、抬头、平视、沉肩、两臂自然下垂,要收腹、紧臀、直腰,不要佝腰、驼背、塌肩和凹胸。另外,应佩戴松紧、大小合适的胸罩,保持心情的舒畅。

三、饮食禁忌及食疗方举例

(一)忌(少)用食物

1. 少食生冷寒凉的食物

女性在丰胸期间应少食生冷寒凉的食物,尤其在生理期时应禁食,以免造成经血瘀滞,伤及子宫、卵巢,影响雌激素的分泌,进而影响丰胸。原则是冰凉的东西不吃,属性寒凉的食物浅尝即可,平时尽量多吃些温热的食物。属性寒凉的食物有柚子、橘

子、柑、菠萝、西瓜、番茄、梨、枇杷、橙子、苹果、火龙果、奇异果、草莓、山竹、绿豆、苦瓜、冬瓜、丝瓜、黄瓜、竹笋、茭白、荸荠、藕、白萝卜、茼蒿、大白菜、兔肉、鸭肉等。

2. 忌食过量甜食

长期进食高糖类食物，会使血中胰岛素水平升高，而人群中高胰岛素水平者发生乳腺癌的风险增加，直接影响乳房的健康，更谈不上胸部的健美了。

3. 少食动物性脂肪

动物性脂肪的摄入也与乳腺癌的发病率密切相关。

（二）食疗方举例

1. 海带炖鲤鱼(《中国食疗大全》)

【配料】水发海带200 g，猪蹄1只，花生米150 g，鲤鱼500 g，干豆腐2块，姜、葱、植物油、盐、料酒各少许。

【制作和用法】猪蹄去毛，洗净，剁成块。鲤鱼去鳞、去鳃、去内脏。干豆腐切成丝，水发海带洗净，切成段。生姜切片，葱切段备用。将炒锅烧热，放适量植物油，分别放入海带、猪蹄、豆腐丝爆香，倒入砂锅中。加花生米、料酒及清水适量，炖1小时，再加姜、葱、鲤鱼炖半小时，加盐调味即可。佐餐食用，可常食。

【功效】有滋阴养血之功效。适用于阴血虚弱、乳房失养而致乳房扁平者。猪蹄有补血、通乳、丰肌的功效，含有大量胶原蛋白，在烹饪过程中可转化为明胶，明胶特有的网状结构能有效改善肌肤组织细胞的储水功能，使乳房细胞保持滋润，使肌肤光滑富有弹性；鲤鱼能通乳，对乳房的发育有利。黄豆富含大豆蛋白和大豆异黄酮，可促进激素的分泌。

2. 豆浆炖羊肉(《中国食疗大全》)

【配料】羊肉500 g，生淮山药片200 g，豆浆500 mL，油、盐、姜少许。

【制作和用法】将生淮山药片、羊肉、豆浆倒入锅中，加适量清水及油、盐、姜，炖2小时即可。食肉，喝汤，每周2次。

【功效】有补气养血之功效。适用于气血虚弱致乳房扁小者。羊肉性热，暖中补虚，开胃健脾。山药健脾益肾。豆浆中含有丰富的蛋白质、大豆异黄酮，有调节雌激素的作用，可促进女性乳房正常发育。

3. 荔枝粥(《泉州本草》)

【配料】荔枝干(去壳取肉)15枚，莲子、淮山药各90 g，瘦猪肉250 g，粳米适量。

【制作和用法】以上诸料一并煮粥，粥熟后调味即可食用。可作为主食，每周2次。

【功效】有滋补气血之功效。适用于乳房小者。

4. 黄豆排骨汤(《新编中国美容秘方全书》)

【配料】猪排骨500 g，黄豆50 g，大枣10枚，黄芪、通草各20 g，生姜片、盐适量。

【制作和用法】将猪排骨剁成块，放入锅中，加黄豆、大枣、黄芪、通草(黄芪、通草用纱布包好)、生姜片及清水适量，煮2小时，去药包，加盐调味即可。喝汤，食肉、黄豆、大枣。可常食。

【功效】有益气养血通络之功效。适用于气血虚弱所致乳房干瘪者。

5.花生炖猪脚(《新编中国美容秘方全书》)

【配料】花生100 g,猪脚1只,盐、姜、糖各少许,酱油4汤匙,料酒2汤匙。

【制作和用法】将猪脚洗净汆烫,然后放入锅中炒至微黄色。加入花生、酱油、糖、料酒、姜和适量的水。以小火炖煮,炖至猪脚熟透,加盐调味即可,可常食。

【功效】丰乳健胸,补气养血。适用于乳房下垂、乳房平坦者。花生含有维生素E、多不饱和脂肪酸,可促进胸部脂肪细胞丰满;猪脚含大量胶原蛋白和少量脂肪,可防止乳房下垂,促进胸部健美。

6.参芪玉米排骨汤(《中华靓汤大全》)

【配料】党参10 g,黄芪10 g,黄玉米(嫩)2根,排骨250 g,姜10 g。

【制作和用法】排骨切块汆烫,备用;黄玉米洗净,切块,姜切丝备用。将所有原材料放入锅中,加水盖过食材,文火炖1小时即可。食肉、玉米,喝汤。可常食。

【功效】黄芪味甘,性微温,能补中益气,提升下垂松弛的乳房。党参具有补中益气、健脾益肺的功能。玉米含有维生素E,有助于青春期女性第二性征的发育和增加抵抗力。本汤可丰胸美体,适合各年龄段女性食用。

7.青木瓜鱼头汤(《中华靓汤大全》)

【配料】青木瓜半个,鲜鱼头1000 g,姜适量,盐2小匙。

【制作和用法】青木瓜削皮去籽,冲洗干净,切块,姜洗净切丝。鲜鱼头去鳞、鳃,洗净,切块。将青木瓜放入锅中,加6碗水以大火煮开,转小火煮15分钟左右。转中火放入鱼头,煮至鱼头熟透,加盐与姜丝即成。佐餐食用,可常食。

【功效】健胸丰乳,润肤养颜。青木瓜含有丰富的木瓜蛋白酶、维生素C、钙、磷、钾等。青木瓜中所含的木瓜蛋白酶对胸部的发育有很大的帮助,而且有润滑肌肤的作用。鱼头富含优质蛋白。

> **知识链接**
>
> **胸部按摩常用穴位**
>
> 1.膻中
>
> 膻中在胸部前正中线上,与第4肋间相平,为两乳头连线之中点。膻中与女性激素分泌有非常密切的关系。
>
> 2.期门
>
> 期门在乳头正下方、第6肋间、胸部前正中线旁开4寸的位置。经常按摩期门能缓解神经痛,还具有通乳、缓解乳房疼痛的作用。
>
> 3.天池
>
> 天池在胸部第4肋间、乳头外1寸、胸部前正中线旁开5寸的位置。按摩天池能促进胸部周围血液循环,有利于胸部健康。
>
> 4.屋翳
>
> 屋翳在胸部第2肋间、胸部前正中线旁开4寸的位置。屋翳与乳房经络循环有关,经常按摩有利于丰胸。
>
> 5.中府
>
> 中府在胸部第1肋间、锁骨下窝外侧、胸部前正中线旁开6寸的位置。按

摩中府具有缓解气喘、咳嗽及清肺热等功效。

6.天溪

天溪在胸部第4肋间、乳头连线外延约2寸的位置。按摩天溪可以理气止咳、宽胸通乳。

7.乳根

乳根在乳头正下方、第5肋间的位置。乳根是缓解产后缺乳的重要穴位，经常按摩可以通经活络、行气解郁并促进乳汁分泌。

知识小结

- 美胸与营养膳食
  - 概述
    - 乳房的结构
      - 外部结构
      - 内部结构
    - 乳房的功能
      - 美感功能
      - 哺乳功能
      - 性辅助功能
    - 乳房的分型
      - 圆盘形
      - 半球形
      - 圆锥形
      - 下垂形
      - 圆球形
    - 健美胸部的标准
      - 健美胸部的定性标准
      - 健美胸部的半定量标准
      - 计算方式
    - 胸部健美的影响因素
      - 遗传因素
      - 营养状况
      - 内分泌因素
      - 体育锻炼
      - 不良生活习惯
    - 中医对乳房生理功能的认识
      - 脏腑与乳房
      - 经络与乳房
      - 气血津液与乳房
    - 中医观点
      - 肾气虚衰
      - 气血不足
      - 肝气郁结
  - 丰胸美胸的营养膳食
    - 女性各期美胸与营养
      - 青春期美胸与营养
      - 经期美胸丰胸与营养
      - 妊娠期和哺乳期美胸与营养
      - 绝经期和老年期美胸丰胸与营养
    - 调摄养护方法
      - 加强饮食营养
      - 加强胸部的体育锻炼
      - 经常进行胸部和乳房按摩
      - 要养成良好的生活习惯，保持正确的姿势和体态
    - 饮食禁忌及食疗方举例
      - 忌（少）用食物
      - 食疗方举例

（刘子琦）

能力检测

一、单选题

1. 一般按乳房隆起的高度和形态,将女性的乳房分为(　　)种类型。
   A.3　　　　B.4　　　　C.5　　　　D.6　　　　E.7

2. 理想的乳房形状是(　　)。
   A.半球形　　B.圆锥形　　C.圆盘形　　D.下垂形　　E.萎缩形

3. 乳房乳轴高度(4～6 cm)等于乳房基底部周围半径,胸围环差约为14 cm,属于较美观的乳房是(　　)。
   A.半球形　　B.圆锥形　　C.圆盘形　　D.下垂形　　E.萎缩形

4. 健美乳房的乳头润泽、挺拔,位于第(　　)肋间。
   A.3　　　　B.4　　　　C.5　　　　D.6　　　　E.7

二、多选题

1. 影响胸部健美的因素有(　　)。
   A.遗传因素　　　　B.营养状况　　　　C.内分泌激素
   D.体育锻炼　　　　E.不当减肥

2. 在经期最适宜利用均衡膳食丰胸的时期是(　　)。
   A.月经周期的前半期　　B.月经周期的后半期
   C.月经期　　　　　　　D.排卵期
   E.以上时期都可以

3. 美胸的营养调摄方法有(　　)。
   A.保证总能量的摄入　　B.保证摄入充足的蛋白质
   C.补充胶原蛋白　　　　D.补充充足的维生素
   E.摄入足量的矿物质

4. 乳房的外部结构包括(　　)。
   A.乳头　　B.乳晕　　C.乳腺　　D.乳房体　　E.脂肪

5. 乳房的生长发育与五脏六腑之气血津液对乳房的滋养作用密切相关,其中对乳房的健美影响最大的是(　　)。
   A.心　　　B.肾　　　C.肝　　　D.脾　　　E.肺

三、简答题

影响乳房发育的因素有哪些?

能力检测答案

第十章　美容外科与营养膳食

 学习目标

扫码看课件

知识目标
1. 能准确叙述美容外科手术前、后的饮食原则及术后适宜选择的食物。
2. 能阐述营养膳食对瘢痕的影响。
3. 能列举常见的美容外科手术的分类。

能力目标
能运用所学知识对美容外科手术患者术前术后饮食给予正确指导。

素质目标
培养学生良好的职业道德,树立患者为先的服务意识。

美容外科是整形外科的一个分支,是以人体美学理论为基础,运用审美心理与外科技术相结合的手段,对具有正常解剖结构及生理功能的人体进行美学修复和重塑的一门医学分支科学。美容外科手术与其他外科手术一样,可引起内分泌功能和代谢过程的改变,导致机体内营养物质大量被消耗,营养水平下降及免疫功能受损。机体营养储备状况是患者手术后能否顺利康复的重要因素之一。通常营养状况良好的人在接受一般的美容外科手术后,因其具有较充分的营养储备,治疗能较顺利地进行。相反,如果患者存在明显的营养缺乏,特别是营养状况长期低下时,常因机体抵抗力下降而导致创面感染和创口延迟愈合。美容外科手术前后的营养支持能够改善患者的营养状况,为手术创造更好的条件,促进术后创伤的恢复,以利于美容外科手术取得更加理想的术后效果。

第一节　常见美容外科手术与膳食营养

小张是一个胸部发育不良的女生,这给她带来了很大困扰,她决定进行丰胸手术,通过植入假体来改善胸部形态。手术后,小张的胸部变得饱满而挺拔,她重拾了自信,穿衣搭配也更加得心应手。

请问:

小张术后应该如何进食?可以选择哪些食物?

一、常见的美容外科手术分类

根据手术部位、手术目的,常见的美容外科手术可分为头面部整形手术、脂肪抽吸手术及隆胸手术等。

(一)头面部整形手术

1. 重睑成形术

上睑形态(重睑、单睑)常受种族、地区、遗传、年龄及性别等因素影响。单睑和重睑是两种不同的眼睑形态,从生理角度来看,两者都属正常,基本无差别。单睑者整个上睑的皮肤较厚,并显得较为臃肿,皮肤轻度下垂,遮盖睑缘。单睑者睑裂较短、狭细,睫毛较短、稀疏,平视时,睫毛多向下倾斜,有时睫毛还会遮盖瞳孔,影响视野和视力。

重睑成形术主要是通过各种方法,使提上睑肌腱膜纤维或睑板与重睑线处的皮下组织发生粘连。当睁眼时提上睑肌收缩,将重睑线以下的皮肤向上提起,而重睑线以上的皮肤则松弛下垂形成皱襞,表现为重睑。重睑成形术包含了很多种手术方法,归纳起来包括缝线法(缝线法分为皮外结扎缝线法和埋线法,埋线法又分为间断埋线法及连续埋线法)、切开法以及埋线法同时联合小切口去脂肪法等,目前最常用的是切开法和埋线法。这些方法各有利弊,但不论采取何种术式,基本的原理和方法都是一样的。

2. 眼袋整复术

人的眼睛由上下眼睑覆盖,眼睑由皮肤、皮下组织、肌肉、睑板和眼结膜组成。随着年龄的增长,下眼睑可能发生皮肤、眼轮匝肌松弛和脂肪突出的症状,常在下睑及其下方形成眼袋。

眼袋整复术是一种综合性手术,是恢复面部中1/3年轻化的手术。目前眼袋整复术主要有经皮肤切口的眼袋整复术(外路法)和结膜径路的眼袋整复术(内路法)两大类。外路法可同时矫正皮肤、眼轮匝肌松弛及眶脂肪脱垂,是临床上应用最广泛的矫正下睑眼袋的手术方法,适用于各种类型的眼袋患者;内路法仅去除眶脂肪,不能同时矫正松弛的皮肤、眼轮匝肌,故适应证窄。近年来,随着物质生活水平的提高、医疗技术的改进以及中老年人口比例的日益提高,要求行眼袋整复术的患者越来越多,眼袋整复术已成为眼部美容外科常见手术之一。

3. 内眦赘皮矫正术

内眦赘皮常见于亚洲人,是由于上眼皮内眼角部位向下眼皮过度延伸,从而形成皮肤皱褶,会使眼间距看起来变宽,从而影响外观。严重的内眦赘皮会使双眼的黑眼球看起来向内汇聚,形成假性内斜视的外观。治疗上需要通过内眦赘皮矫正术切除内眼角部位多余的皮肤皱褶,重塑内眼角的形态,这样会对外观起到提升的作用。内眦赘皮矫正术适合严重的内眦赘皮或伴发邻近部位畸形者。随着人们对于外貌美的追求,越来越多的轻度内眦赘皮患者也有加以改善的要求。手术常采用Z瓣成形术、Y-V成形术及L形皮肤切除术,内眦赘皮矫正术可以使眼睛的水平方向加长,眼间距减小,有效解决内眦赘皮的问题,让眼睛变得大而有神韵,更有吸引力。

4. 上睑下垂整形术

上睑下垂系指提上睑肌或Müller神经肌肉复合体的功能不全或丧失，以致上睑部分或全部下垂，轻者遮盖部分瞳孔，严重者瞳孔全部被遮盖，不但有碍美观且影响视力，为了克服视力障碍，患者常紧缩额肌，借以提高上睑缘的位置，结果额皮横皱，额纹加深，眉毛高竖。双侧下垂者，因需仰首视物，常形成一种仰头皱额的特殊姿态。

矫正上睑下垂的手术方法有很多，依据手术的原理可以归纳为两大类：①提上睑肌缩短术：通过缩短提上睑肌，增强其力量，或减少限制提上睑肌运动的因素等矫正上睑下垂，是目前最常应用的手术方式之一。②额肌提吊术：借用额肌或上直肌等其他肌肉力量来矫正上睑下垂，这类手术以额肌瓣直接悬吊效果较为理想。不论上睑下垂多轻，不涉及提上睑肌的术式无效，以重睑成形术矫正轻度上睑下垂是错误的，反而可加重上睑下垂。

5. 眉上切口眉下垂矫正术

眉目可以传情，足见眉毛在人的面部起着举足轻重的作用，追求完美的女人总会追求迷人双眸与眉部最和谐、最完美的结合，然而却常常事与愿违。眉下垂和上睑皮肤松弛常见于中老年性皮肤松弛，或由面神经额支麻痹、重症肌无力等引起，也有先天性眉下垂者。

眉上切口眉下垂矫正术又称提眉术，主要是通过切除眉上部位的皮肤，上提眉毛或上睑皮肤，调整眉毛位置或眉形达到纠正轻度内双、三角眼，改善上睑皮肤松弛以及祛除上睑皱纹、部分鱼尾纹的目的。它的优点是简便、安全、恢复快、痛苦小，能够彻底去除坏眉，同时上提眼睑松弛皮肤，改善眼周小皱纹，修改眉型，丰富眼神，使面部气质及魅力增强，更显年轻。

6. 隆鼻术

由于鼻部位于面部的正中央，任何较小的畸形和缺损都会异常引人注目，较严重的鼻部畸形还会影响人们的心理健康。隆鼻术是低鼻畸形整形手术的方式，是指通过在鼻部填充自体、异体组织或组织代用品以垫高外鼻，达到改善鼻部容貌的手术。隆鼻术包括假体隆鼻术和注射隆鼻。假体隆鼻术是目前应用最为广泛的隆鼻术；注射隆鼻可以通过注射材料达到改善局部鼻形态的目的，最常用的填充材料为透明质酸。隆鼻术是一种很成熟的美容外科手术，操作较为简单、安全、风险较小，容易被大众接受。

7. 综合鼻整形术

东亚人对鼻背外形的改善常集中在垫高鼻背和突出鼻尖上。人工材料可以用于垫高鼻背，但是由于异体材料的局限性，不适合用作支撑结构改善鼻尖的外形。同时，东亚人还具有鼻部皮肤较厚，皮下软组织丰富，下外侧软骨无力，鼻中隔软骨相对缺乏等特性。自身软骨组织相容性极佳，被雕刻成不同尺寸和形态的移植物后可以灵活应用于鼻部各个区域，发挥不同的作用，起到全方位改善鼻外形的作用。近年来，采用自身软骨作为移植物改善鼻外形的手术越来越被医生和患者接受。综合鼻整形术是指通过植入适当材料来改变鼻的高度和形态的单一手术，它是一项鼻部综合性整形手术，具有综合调整、改善外鼻各美学单位的作用。

8. 厚唇变薄术

口唇是咀嚼和言语的重要器官之一，对容貌的影响也至关重要，可产生引人注目的丰富表情，也可呈现年轻、衰老、性感及刻薄等外貌特征。理想的唇形应是口唇轮廓清晰，大小与鼻型、眼型、脸型相适宜，唇珠明显，口角微翘，整个口唇富有立体感。女性上唇红厚度标准值为 8.2 mm，下唇红为 9.1 mm，男性比女性稍厚 2～3 mm。唇厚度随年龄变化而产生明显的变化，在 25 岁以后，特别是 40 岁以后，唇厚度可明显变薄。

厚唇是指唇红部分过于肥厚，超过正常标准。厚唇常见于下唇，从侧面看，下唇常突出于上唇前方，宽度也常大于上唇。通常与人种和遗传有关，也可由唇黏膜与黏液腺的慢性炎性增生所致。从审美的角度来看，厚唇总是给人一种"愚钝"的感觉，可以通过厚唇变薄术来改善。

厚唇变薄术一般适用于先天性唇肥厚、二层唇、红唇内侧口腔黏膜发育过度、红唇慢性炎性增生等患者。一般术前先根据患者的实际情况进行精细设计，根据需切除红唇组织的宽度设计切口，再按照设计线切开黏膜，楔形加深切口，适量切除口轮匝肌，并按照患者的五官比例设计出唇部的自然形态。厚唇变薄术后唇部自然协调，美观大方。

9. 招风耳整形术

招风耳是一种比较常见的先天性耳廓畸形，是由于胚胎期耳廓形成不全或耳甲软骨过度发育所致。招风耳多见于双侧，特点是耳廓略大，对耳轮发育不全，形态消失。因耳廓呈显著向外侧耸立突出之状，尤以上部为明显，故又称外耳横突畸形。极其严重者耳轮缘不见卷曲，轮廓没有卷曲回旋部分，形成茶碟样结构。这种极严重的招风耳也称贝壳耳。招风耳双侧性较多见，但两侧畸形程度有差异，也或只见于一侧，通常在其父母兄妹中亦能发现同样畸形。

招风耳矫正包括非手术法和手术法。非手术法是塑形加压包扎矫正，用敷料塑形加压包扎矫正须及早开始，要坚持数年，但由于小儿多不配合，不易施行。

招风耳的整形术方法很多，当前普遍选用的手术方法即改良 Converse 法，最佳矫正手术年龄是 5～6 岁，此时轮廓与成年人耳廓相差数毫米，手术对发育影响不大，双侧耳廓整形手术适合一次完成。

10. 下颌角肥大整形术

下颌角位于面部下外侧，由下颌骨升支与下颌骨体部的连接部组成。其外侧为咀嚼肌粗隆，有咀嚼肌附着，其内侧为翼肌粗隆，有翼肌附着。左右两侧的下颌角与颏骨及两侧的颧部构成面部的基本轮廓，是面部容貌特征的重要解剖标志之一。下颌角的形态、大小和位置对面部容貌的影响极为重要。脸型在不同国家、不同民族、不同年龄层次有着不同的美容学内涵。东方女性崇尚"瓜子脸"，并以此为美，所以肥大粗壮的下颌角所致的特征脸型与传统的审美观几乎格格不入。

下颌角角度过大会影响美观，临床称之为下颌角肥大，下颌角肥大对人体功能的危害并不明显，大多数患者主要表现在面部形象的影响以及患者心理方面的损伤。随着经济生活水平的提高，要求手术矫治下颌角肥大、塑造"瓜子脸"或"椭圆脸"的患者日趋增多。下颌角肥大整形术已成为头面部整形手术的一个重要内容。下颌角手术是整形外科中改变人脸型的手段之一，包括磨骨下颌角整形、截骨下颌角整形或切线截骨下颌角整形和长曲线下颌角整形。手术通过在口腔内切口后，通过特殊的器械对下颌骨重新塑形，使脸型轮廓更加符合美学的要求。

11. 颧骨复合体整形术

颧骨的形态和突度对容貌影响很大，但不同种族对颧部的审美有很大的差异。颧骨整形是指通过外科手术对颧骨进行整形，以达到整复畸形或改善面容的目的。颧骨复合体整形术包括颧骨增高术和颧骨、颧弓降低术。西方人喜欢轮廓清晰，高鼻深目，颧突明显，对颧部的突出也有一定的要求，因此颧骨过低者希望改善面貌，需进行颧骨增高术；而东方人喜欢面部轮廓柔和，线条圆润，过突的颧骨使人们觉得不和谐，往往需要行颧骨降低术改形，因此便需要颧骨、颧弓降低术。

12. 面部除皱术

面部除皱术又称面部提紧术，是将面部松弛的皮肤向后、向上提紧，切除多余的皮肤，同时将面部深部筋膜层拉紧，切口多选在发际内、耳旁或耳后隐蔽处，术后效果通常十分显著。

面部除皱术的方法包括额颞部除皱术、面中部除皱术及面颈部皮肤分离技术除皱术。面颈部皮肤分离技术除皱术俗称"拉皮术"，是在全面部和颈部的皮下脂肪层进行分离的单纯皮肤提紧切除术，是早期的第1代除皱术，操作简单、安全，术后反应轻微。

（二）脂肪抽吸手术

肥胖不仅影响人的形体美，给生活带来不便，严重的肥胖还可能导致多种疾病，影响人的身体健康。很多肥胖的女性都想拥有理想的S形曲线，当通过饮食和运动难以达到理想身材时，可以选择通过手术来达到减肥美体的目的。常用的手术方法有脂肪抽吸手术等。

脂肪抽吸手术即吸脂术，又称吸脂减肥术和体形雕塑术，是利用负压吸引和（或）超声波、高频电磁场等物理化学手段，通过较小的皮肤切口或穿刺，将预处理的人体局部沉积的皮下脂肪祛除，以改善形体的一种外科手术。吸脂术可以去除人体一些部位过度堆积的脂肪细胞，再现人体的形体美，但不能使人消瘦，更不能代替减肥，它只可以消除靠一般减肥方法难以奏效的过度肥胖。吸脂术不能改变吸脂部位皮肤的松弛情况，更不能使腹部的妊娠纹消失。

吸脂术的基本设备是负压脂肪抽吸系统，由于单一的负压抽吸系统在使用时速度较慢，费时费力，在吸除脂肪的同时还破坏了许多小的血管及神经末梢。随着现代医学技术的发展，出现了许多新的吸脂方法，如超声吸脂术、电子吸脂术、共振吸脂术及注射器吸脂术。

吸脂的常见部位有面部、双下巴、颈部、肩背、四肢、手脚、上下腹部、侧腰、臀部等。局部脂肪堆积或以局部脂肪堆积为主的轻、中度肥胖为最佳适应证。由于原有肌肤弹性和韧度的强弱会影响吸脂术后复原的时间与效果，行吸脂术的受术者，应皮肤弹性良好，术后皮肤方可自行回缩。因此，想尝试吸脂术的美体塑形人员年龄最好在20~55岁之间。此外,对受术者的心理因素也应有所选择,对于吸脂术的疗效持有不切实际的幻想者应慎重施此手术。

(三)隆胸手术

乳房是女性形体美的特征,一个女性的形体美是由流畅圆润优美的曲线呈现的,而乳房曲线具有独特的魅力。每个女性都十分重视自己乳房的健美,因为乳房是女性美的必备条件。乳房发育不良的女性经常为自己平坦的前胸苦恼。

隆胸手术是对由多种原因所致的乳房不发育和发育不良者的乳房进行增大整形,通过乳房体积的增加改善其形状和对称性,使胸部更加丰满,以恢复女性的形体曲线。随着乳房扩大整形技术的逐步成熟,以及人民生活水平、社会文明程度的不断提高,要求行隆胸手术的人数也逐渐增多,隆胸手术已经成为矫正乳房发育不良的最常用的方法。

1. 自体脂肪注射隆胸术

自体脂肪注射隆胸术是将身体腰、腹、臀、腿等脂肪较丰厚部位的脂肪颗粒移植到胸部的一种隆胸手术。手术时将隆胸者本身的多余脂肪用细针吸出,并提纯成纯净脂肪颗粒,通过微型管针分条理均匀注入隆胸区使之成活。术后丰胸成效真实自然,同时又达到了减肥塑身的效果。

自体脂肪注射隆胸术的基本原理是将身体上其他部位的多余脂肪细胞移植注射到胸部,让脂肪细胞重新生长,与自身胸部组织融为一体,使乳房丰满、有型。本质上是自身的脂肪细胞换了个地方生长,相当于乳房的二次发育。由于是用自身的脂肪细胞移植,所以不存在排异反应,从根本上保障了手术的安全。

2. 硅凝胶乳房假体隆胸术

硅凝胶乳房假体是一种有机硅化合物聚合体,自从20世纪60年代中期国外应用硅凝胶乳房假体植入行隆胸手术以来,至今已有60多年的历史,在我国已经有30多年的历史。硅凝胶乳房假体经过几十年的发展和不断改进,国内外有许多种类,如单囊型、多腔型、双层囊型等。其目的都是防止硅凝胶的外渗,减少组织反应及纤维包膜囊增厚硬化的形成,保持乳房术后有美好丰满的形态。数百万病例的临床经验证明硅凝胶乳房假体组织相容性好,几乎无排异反应,其副作用小,手感好,安全性高,是目前比较理想的植入隆胸手术材料。常用的手术切口有腋窝切口、乳晕切口和乳房下皱襞切口。常用的乳房假体植入层次有胸大肌下、乳腺后及双平面(上方在胸大肌下,下方在乳腺后)。

一般硅凝胶乳房假体隆胸术后1周即可恢复工作。上臂活动较多的工作可能需要休息2~3周。术后取半坐卧位,并限制上臂活动10~14日,以防假体移位。拆线后穿紧身衣,佩戴定型文胸以防假体变形,术后1个月内禁止做剧烈运动,坚持做乳房按摩以预防包膜挛缩。

知识拓展

为规范医疗美容服务,促进医疗美容事业的健康发展,维护就医者的合法权益,依据《中华人民共和国执业医师法》和《医疗机构管理条例》,相关部门制定了《医疗美容服务管理办法》,于2001年12月29日经卫生部部务会讨论通过,自2002年5月1日起施行。根据2016年1月19日中华人民共和国国家卫生和计划生育委员会令第8号《国家卫生计生委关于修改〈外国医师来华短期行医暂行管理办法〉等8件部门规章的决定》修订。

根据修订后的《医疗美容服务管理办法》第二条有关规定,假体隆胸是《医疗美容项目分级管理目录》中医疗美容外科的二级项目。

可开展假体隆胸手术二级项目的机构包括设有医疗美容科或整形外科的二级综合医院、设有麻醉科及医疗美容科或整形外科的门诊部(卫生部门审批通过允许进行隆胸手术)、三级整形外科医院及设有医疗美容科或整形外科的三级综合医院。

二、术后创伤愈合与营养

(一)术后创伤修复与营养的关系

外科手术作为对机体的一种创伤,将引起一系列内分泌及代谢的改变,导致消耗增加。若术前营养状况良好,术后伤口或切口无感染,则可迅速开始愈合;若术前营养不良,术后又未注意营养支持,则伤口因缺少物质基础难以愈合。营养不良时,机体的免疫功能受损,易继发感染。若感染未得到很好控制,营养又未得到很好补充,持续过久,则伤口愈合缓慢,甚至停顿。

(二)美容外科手术后患者营养缺乏的常见原因

1. 饮食中营养素摄入不足

创伤、腹痛不适等原因可引起患者进食减少,或一些手术后医嘱不允许进食。

2. 营养物质吸收障碍

胃肠的炎症性疾病,以及某些胃肠道手术后的小胃综合征、短肠综合征等患者易出现营养物质吸收障碍。

3. 营养需求量的增加

患者术后处于应激状态,可引起患者机体内分泌代谢的改变,造成机体营养物质的高消耗率及对营养物质的需求量增加。

4. 营养素的丢失增加

术中的出血、术后机体发热、蛋白质渗出、代谢功能紊乱及排出体外的引流物均可以造成营养素的丢失增加。

(三)术后创伤愈合过程中的营养需要

美容外科手术后患者的能量消耗较大,营养的需求量有所增加,为了促进创口的愈合与机体的恢复,营养支持治疗是整个治疗过程中比较重要的一个环节。术后的创口愈合也是一个必须有多种营养素补充才能完成的复杂过程。

1. 热量

热量的需要量是基础代谢、体力活动和食物特殊动力作用所需热量的总和。手术对于机体是一种消耗,热量供给必须充足,充足的热量可减少组织的消耗,有利于组织的恢复。一般中等身高、体重,住院准备手术的患者,体力活动减少,若仅仅起来坐在床边活动,则仅需增加基础代谢的10%左右;若能起床活动,则增加基础代谢的20%~25%;安静卧床发热的患者,体温每升高1℃,基础代谢率增加13%;明显消瘦的患者,应按其理想体重计算。若术后无并发症,热量需要应略高于术前,约增高10%;若有腹膜炎等并发症,则需增加20%~25%。

2. 蛋白质

蛋白质在细胞和生物体的生命活动过程中起着十分重要的作用。其不仅是维持正常组织生长、更新和修复的必需材料,同时更是保持血浆渗透压和维持人体正常代谢的重要物质。手术后患者常出现负氮平衡,故蛋白质需求量明显增加。

目前临床上,蛋白质的来源,除食物蛋白质外,尚有水解蛋白注射液,以及注射用氨基酸,对于消化功能不好或不能进食的患者,可根据情况选择后两者,对于能进食者,仍优先选择前者,因食物是更为可口和价格低廉的蛋白质来源。随着我国食品科学的不断发展,新食品将不断涌现,如提纯并发泡的黄豆蛋白(富含赖氨酸并易消化),添加色氨酸的胶原蛋白也可能问市。可根据情况,适当选择。

3. 糖类(碳水化合物)

糖类是最经济、最有效的供能物质,并且体内某些组织如血红细胞、骨髓、周围神经和肾上腺髓质等主要利用糖类作为热量来源,创伤愈合所必需的成纤维细胞和吞噬细胞也利用葡萄糖作为主要热量来源,故糖类的热量应占总热量的60%~70%。术前应获得充足的糖类,可起到保护肝脏的作用,有利于患者对手术的耐受。术后应获得充足的糖类,一方面糖类最易被消化吸收,对术后的消化功能欠佳者尤为适宜;另一方面,在体内,糖类有节省蛋白质的作用,有利于机体转入正氮平衡和康复。

4. 脂肪

脂肪是机体热量丰富的来源,也是必需脂肪酸的来源,脂肪较糖类难以消化吸收。由于脂溶性维生素A、维生素D、维生素E、维生素K等需随脂肪一起才能被吸收,并且适量的脂肪可改善食物的风味,故膳食中应含有一定量的脂肪,以占总热量的20%~30%为宜。对于肠胃功能不好的外科患者,摄入量应降低。也应考虑到必需脂肪酸的需要(特别是长时间依靠完全肠外营养的患者)。在脂肪的品种上,应选择中链甘油三酯,而不应选择长链甘油三酯。因前者较后者易于消化与吸收,可直接进入肝门静脉(无需经乳糜管、淋巴管系统)至肝脏,也易于氧化。

5. 维生素

维生素不是供能物质,但它是维持正常生理功能所必需的营养素,其主要作用是调节物质代谢。维生素与创伤、烧伤及手术后愈合和康复有密切关系。由于创伤后机体处于应激状态并代谢旺盛,因此,机体对维生素的需要量有所增加。

维生素分为水溶性与脂溶性两种。水溶性维生素包括B族维生素和维生素C等;脂溶性维生素包括维生素A、维生素D、维生素E、维生素K等。

(1)维生素A:维生素A在细胞分裂增殖、上皮细胞角化过程中起重要作用,它能促进组织的新生,加速伤口的愈合。

(2)B族维生素:B族维生素是许多酶系统的重要辅助因子,它们的缺乏会造成蛋白质、脂肪和碳水化合物代谢紊乱,会降低机体对感染的抵抗能力。

(3)维生素C:维生素C是形成结缔组织的重要物质,也是血管壁和新生组织的黏合剂。它与细胞间质内的酸性黏多糖和胶原纤维的形成有关。维生素C缺乏时皮肤伤口的愈合明显受阻,结缔组织胶原形成明显减少,伤口抗张力程度明显下降,甚至正在愈合的伤口重新裂开。因此,外科患者维生素C每天供给量应达到100～200mg。对于面部削磨术、面型改造术及大面积抽脂术等创伤较大的美容外科手术后患者应补充大量维生素C,以防止术后的色素沉着。

(4)维生素E:维生素E可以减少机体对氧的需求量及防止瘢痕的产生。瘢痕形成过程中,如果大量供给维生素E,机体组织对氧气需求显著降低,创伤处的细胞可以避免死亡,这样瘢痕不会处于坚硬状态。如果瘢痕已经形成,维生素E会在创伤处形成大量的毛细血管,使新生的组织逐渐替换瘢痕组织。

(5)维生素K:维生素K参与凝血酶原和凝血因子Ⅲ、Ⅸ和Ⅹ的合成,在骨代谢中具有重要作用。维生素K缺乏可影响伤口愈合,同时伤口出血增多,易诱发感染。

一般认为,对手术前已有维生素缺乏的患者,术前即应补充。对于本来营养状况良好的患者,术后,脂溶性维生素的供给无须超过正常需要量太多,水溶性维生素则以2～3倍于正常需要量来供给较为合适。鉴于补给过多的脂溶性维生素易出现毒性作用,并且脂溶性维生素可在肝脏中储存。因此,对于营养状况良好的患者,术后一般无须额外补充,对骨折患者可考虑适当补充维生素D。

6.微量元素

微量元素是维持正常生理功能和代谢不可缺少的营养素。

(1)锌:锌是体内多种酶(如DNA聚合酶、RNA聚合酶和反转录酶)的基本辅助成分,参与蛋白质合成过程中多聚体的形成,是胶原纤维合成的必需物质,因此锌缺乏可影响DNA和蛋白质的合成,引起机体免疫功能障碍和伤口愈合障碍。若没有其他相关营养素缺乏,口服锌剂有助于伤口愈合。但过多的锌可影响铜的代谢,从而影响伤口愈合。

(2)铁:铁离子是赖氨酸及脯氨酸羟化时所必需的物质,当铁缺乏引起严重贫血时,会对伤口的愈合产生继发影响。

(3)铜:铜是许多与伤口愈合直接相关的酶的重要辅助因子,如赖氨酸氧化酶等,在胶原合成中起重要作用。

三、美容外科手术前的膳食营养

美容外科手术受术者大多数术前营养状态良好,身体健康,但随着社会的发展,受术者年龄分布广泛,部分身体状况欠佳者仍有做美容外科手术的强烈意愿,为减少术后并发症的发生和取得更好的手术效果,术前应给予患者充足的营养支持。

(一)饮食营养的目的

供给患者充足合理的营养,增强其机体免疫功能,使其更好地耐受麻醉及手术创伤。

(二)饮食营养的原则

美容外科手术受术者年龄分布范围较广,但以青中年居多。大多数受术者身体条件良好,没有严重的器质性病变,且美容外科手术部位多位于体表,深部手术较少,一般不影响术前术后进食。对于较小的美容外科手术,如重睑成形术、内眦赘皮矫正术、隆鼻术、眼袋整复术等手术的受术者,一般术前不给予特殊的营养素。对于中等以上手术,如巨乳缩小整形术、腹壁成形术、全面部除皱术及大面积脂肪抽吸术等手术的受术者,因术中失血和蛋白质丢失及术后分解代谢增加,机体很容易出现营养缺乏,因此在术前改善机体营养状况和储存营养是关系到患者康复的一个重要环节,应按以下原则为患者提供营养饮食。

(1)手术前无特别的禁忌证,为保证受术者术后伤口愈合良好,减少术后并发症,应尽可能补充各种必需营养素,采用高热量、高蛋白、高维生素的饮食,以增加全身和各器官的营养。如果饮食中缺乏蛋白质,会引起营养不良性水肿,不利于术后伤口愈合及病情的恢复。每天给予总热量8400~10500 kJ,饮食中脂肪含量不可过多,蛋白质含量可占20%,其中50%应为优质蛋白,脂肪占15%,糖类占65%。

(2)饮食中应供给充足的易消化糖类,使肝中储存大量肝糖原,以维持血糖浓度,使之可及时供给足够的热量,还可以保护肝细胞免受麻醉剂的损害。此外,糖类还可增强机体抵抗力,增加热量。维生素C可降低毛细血管的通透性,减少出血,促进组织再生及伤口愈合。维生素K主要参与凝血过程,可减少术中及术后出血。B族维生素缺乏时会引起代谢障碍,伤口愈合和耐受力均受到影响。维生素A可促进组织再生,加速伤口愈合。饮食中增加各种维生素时,不仅应保证每天正常需求量,同时要使体内有所储存。在手术前7~10天,建议每天摄取维生素C 100 mg,维生素B_1 5 mg,维生素B_6 5 mg,胡萝卜素3 mg,烟酸50 mg。如有出血或凝血机制障碍,应补充维生素K 15 mg。

(3)应保证体内有充足的水分,防止受术者出现脱水。心肾功能良好者,每天可摄取水2~3 L,对于过度肥胖、循环功能低下的受术者,手术前应采取脱水措施,即在手术前1~3天的饮食中限制食盐的摄入,或在术前5~6天采用1~2天的半饥饿饮食方法。

(4)根据手术部位的不同,手术前应采取不同的饮食:①腹部或会阴部美容外科手术的受术者,手术前3天应停用普通饮食,改为少渣半流质饮食(避免食用易胀气及富含纤维素的食品),手术前1天改为流质饮食,手术前1天晚上禁食。②其他部位的美容外科手术受术者,一般不限制饮食,但须在术前12小时禁食、4小时禁水,以防止麻醉或手术过程中呕吐而引起吸入性肺炎或窒息。

(5)糖尿病患者一般不建议做美容外科手术,对于病情较轻且强烈要求手术的患者,在手术前要做评估,给予患者糖尿病饮食,要制订相应的药物治疗计划,把血糖控制在正常的水平或者接近正常的水平。预防术后感染及并发症的发生,以保证美容外科手术的效果。

(6)对于营养不良的患者一般不建议做美容外科手术,因为其机体抵抗力较差,术后容易发生感染。患者常有低蛋白血症,部分伴有贫血。低蛋白血症还可以引起组织水肿，影响愈合。如患者血浆蛋白测定值在 30～35 g/L，可以给予富含蛋白质的饮食进行纠正；如果血浆蛋白的测定值低于 30 g/L，则需要通过静脉输入血浆或人体蛋白制剂才能在短时间内予以纠正。贫血患者可以接受药物治疗或食用动物肝脏、肉类、鱼类、绿色海藻、黑木耳、海带、芝麻酱等铁含量高的食物，并补充硒、锌等微量元素。对于重症贫血患者可以考虑推迟手术时间或输血纠正贫血后再进行美容外科手术。

四、美容外科手术后的膳食营养

尽管美容外科手术部位多位于体表，深部手术较少，手术操作很完善、顺利，但是手术对机体组织也会造成一定程度的损伤。其损伤的程度因手术的大小、手术部位的深浅及患者自身体质的不同而有所不同。一般手术后患者都可能有失血、发热、代谢功能紊乱、消化吸收能力减低、食欲减退以及咀嚼困难、大便秘结等情况发生。部分较大的美容外科手术后，患者还可能出现肠麻痹、少尿、肾功能障碍、蛋白质分解代谢亢进等严重的并发症，因蛋白质丧失过多而导致负氮平衡。大手术后肝功能较差及水、电解质紊乱会影响伤口愈合，为此，必须制订合理的饮食，保证手术患者的营养，帮助其机体恢复。

由于美容外科手术一般创伤不大，如果手术后无高代谢状态及并发症的发生，用葡萄糖盐水溶液静脉补给就可以达到较好的效果，一般可维持数天，不至于发生明显的营养不良。较大的美容外科手术受术者若其体重已丧失 10%，就需要确定营养素的需要量，应给予明确有效的营养支持，以保证其顺利康复。对通过脂肪抽吸减肥的特殊美容性手术，因为美容的目的本身就是体形雕塑和减轻体重，故应适当减少受术者术后的营养供给量，尤其须限制脂肪和糖类的供给，才能较好地巩固手术效果。

（一）饮食营养的目的

主要是保护手术器官，提供充足合理的营养补充，增强术后患者的免疫功能，促进伤口的愈合及机体功能的恢复。

（二）饮食营养的原则

美容外科手术患者术后必须保证摄入充足、合理的营养。原则上是通过各种途径供给患者高热量、高蛋白、高维生素的饮食。饮食一般多从流质开始，逐步改为半流质、软饭或普通饭，结合手术的部位和病情来合理调节饮食，最好采用少量多餐的供给方式增加营养摄入。

1.能量

手术后能量的供给应满足基础代谢、活动及应激因素等能量消耗，其需要量可按下式计算：首先按 Harris-Benedict 公式计算出基础能量消耗（basal energy expenditure，BEE）。

$$BEE(kcal) = 66.5 + 13.7 \times W + 5.0 \times H - 6.8 \times A$$

或

$$BEE(kcal) = 665.1 + 9.5 \times 6 \times W + 1.85 \times H - 4.6 \times A$$

式中：W 指体重（kg）；H 指身高（cm）；A 指年龄（岁）。

$$\text{所需能量(维持体重,kcal)} = \text{BEE} \times \text{活动系数} \times \text{应激系数}$$

式中：活动系数中卧床为1.2，轻度劳动为1.3；应激系数中外科小手术为1.0～1.1，大手术为1.2～1.3。

上述公式计算所得能量可维持体重，如果需要恢复体重，需按下式计算。

$$\text{能量(获得体重,kcal)} = \text{维持体重的能量(kcal)} + 1000(\text{kcal})$$

另外，简易估计能量需要的方法为以每千克体重计，每天基本需要量为25 kcal。

2. 蛋白质

为了及时纠正术后患者体内的负氮平衡，促进机体代谢，蛋白质的供给量应适当提高，一般要求1.5～2.0 g/(kg·d)，当蛋白质供给量提高而能量未相应提高时，可使蛋白质利用不完全，因此要求能量和蛋白质比值达到150 kcal/g。

3. 脂肪

脂肪的供应量一般占总能量的20%～30%，但对通过脂肪抽吸减肥的求美者要限制脂肪的摄入量。

4. 维生素

对中等大小的美容外科手术，如果求美者术前营养状况良好，术后脂溶性维生素供给无须太多，水溶性维生素在术后丧失较多，故应提高供应量。每天应提供维生素B_1 20～40 mg、维生素B_2 20～40 mg、维生素B_6 20～50 mg；维生素C是合成胶原蛋白的原料，为伤口愈合所必需，且维生素C可以减少皮肤色素沉着。因此，对于面部磨削手术的受术者，可经静脉每天给予3～5 g维生素C；脂肪移植手术、面部除皱手术或隆胸手术后可让患者适量口服补充维生素E。

5. 矿物质

较大的美容外科手术可能会造成矿物质的排出量增加，术后及康复期应注意适当补充，特别应注意钾、锌和硒等元素的补充。

（三）营养途径的选择

营养途径分为经口营养、管饲营养、肠外营养。除个别手术外，大多数美容外科手术一般不涉及胃肠道，特别是局部麻醉手术，所以美容外科手术后患者可立即进水。根据营养的供给原则，应尽可能地采取简单的方式。凡是能接受肠内营养的患者，要尽量避免进行肠外营养。肠内营养经济而安全，是患者进食时最简单和最经济安全的方式，由于大多数美容外科手术后患者精神状态与胃肠道功能较好，故经口营养是美容外科手术受术者首选的营养途径。

手术后应根据手术的大小和手术部位、麻醉方法及患者对麻醉的反应来决定开始进食的时间。如小手术（局部麻醉）一般很少引起全身反应者，术后即可进食。在大手术或全身麻醉后，可有短时间的食欲减退及消化功能的暂时性减退，需给予一段时间的静脉营养以弥补暂时性的营养不足，随着食欲和消化功能的恢复，可逐步改用普通饮食。美容外科手术多不涉及腹部或胃肠道，可视手术大小、麻醉方法和患者的反应来决定饮食的时间。

1. 面部中下部位（包括口腔内切口的手术）或上颈部的整形美容外科手术

术后需进食流质或半流质饮食3～5天，如进食和饮水量不足，可经静脉输液补充,以保证身体有足够的液体、蛋白质、维生素、糖类和矿物质等。

2. 会阴部和涉及肛门的整形手术

术后需禁食3~5天或更久,恢复饮食后采用清流质、流质、少渣半流质饮食,有一个逐渐过渡的过程。饮食中应限制富含膳食纤维的食物,以减少大便次数,保护伤口免受污染,减少感染的发生。

3. 对手术较大、范围较广的整形美容外科手术或涉及腹部胃肠道的手术

全身反应较明显,需禁食2天或肛门排气后方可进食,其间可经静脉给予营养物质和水,然后逐渐恢复饮食。

4. 其他部位的美容外科手术

无麻醉、饮食禁忌者可正常饮食,如重睑成形术、眉部整形术、隆鼻术、隆胸手术,局部麻醉下的小范围的除皱术和单个部位脂肪抽吸等手术,术后即可进食。

(四)术后适宜选择的食物

1. 含蛋白质的食物

食物中的蛋白质可分为植物性蛋白质与动物性蛋白质。含有较多动物性蛋白质的食物包括牲畜的奶,如牛奶等;畜肉,如牛肉、羊肉、猪肉;禽肉,如鸡肉、鸭肉、鹅肉;蛋类,如鸡蛋、鸭蛋、鹌鹑蛋等;水产品,如鱼、虾、蟹等。植物性蛋白质主要来源于大豆类食品,如黄豆、青豆和黑豆等,其中黄豆的营养价值最高。此外,芝麻、瓜子、核桃、杏仁、松子等干果类的蛋白质含量也较高。

2. 含维生素的食物

维生素A是脂溶性维生素,主要储存在肝脏中。以视黄醇形式存在的维生素A的最好来源是各种动物的内脏、鱼肝油、鱼卵、全奶、禽蛋等。以β-胡萝卜素形式存在的维生素A的良好来源是深色的蔬菜和水果,如菠菜、空心菜、南瓜、胡萝卜、马铃薯、豌豆、红心红薯等蔬菜,以及芒果、杏子、柿子等水果。

维生素B_1一部分来自谷类的谷皮和胚芽、豆类、坚果和干酵母,另一部分来源于动物的内脏、瘦肉、蛋黄。美容外科手术患者术前和术后要多吃全麦粉和粗粮,以补充维生素B_1。另外,由于酒精、咖啡会对其产生破坏作用,所以美容外科手术后患者要禁酒及咖啡。

维生素C在体内不能合成,主要从新鲜的蔬菜和水果中获得。由于维生素C在体内不能累积,所以每天都需要保证维生素C的摄入。一般来说,酸味较重的水果和新鲜菜叶内含维生素C较多,如猕猴桃、酸枣、山楂、草莓、荔枝、苦瓜、白菜、菠菜、芹菜、萝卜、豌豆、黄瓜、番茄等。由于维生素C不耐高温,温度达到70℃就会遭到破坏,因此水果、蔬菜生吃比熟食时维生素C摄入量要高。

维生素E含量丰富的食物有小麦胚芽油、葵花籽油、玉米油、大豆油、芝麻油、杏仁、松子、花生酱、芦笋、菠菜、禽蛋类、黄油等。

3. 含碳水化合物的食物

简单碳水化合物主要来源于糖、糖浆,或含有蔗糖、葡萄糖、果糖的水果。复合类的碳水化合物主要来自米饭、面包、马铃薯、意大利面等。

4.含脂肪的食物

饱和脂肪酸存在于畜产品中,如黄油、奶酪、全脂奶、奶油和肥肉中。多不饱和脂肪酸存在于橄榄油、葵花籽油、玉米油、大豆油等中。

5.含矿物质的食物

含锌的食物有虾皮、紫菜、猪肝、芝麻、黄豆、带鱼、木耳、海带、蘑菇、花生等。含铁的食物有动物肝脏、蛋黄,瘦肉类为首选,其他还有绿叶蔬菜、水果、干果、海带、木耳、红糖等。含钙的食物有肉松、虾皮、牛奶、豆制品等。

(五)忌用食物

(1)辛辣刺激性的食物和调味品,如酒、葱、韭菜、大蒜、辣椒、芥末、咖喱等。
(2)虾蟹等海鲜发物,油煎炸食品。

(六)美容外科手术后的食疗

1.海带炖黄豆

【配料】海带300 g,黄豆100 g,葱10 g,姜10 g,盐约5 g。

【制作和用法】海带顺向切成4 cm长的段,黄豆清洗干净,在温水中浸泡约3小时,葱、姜爆锅后,将海带与黄豆一同下锅,加水后小火炖煮20分钟,加盐调味后即可出锅。

【功效】此膳食含有丰富的膳食纤维和蛋白质,具有补充蛋白质和通便利湿的功效。

2.冬瓜牛腩滋补汤

【配料】冬瓜200 g,牛腩300 g,当归、党参、枸杞、黄芪适量,葱、姜、盐、味精少许。

【制作和用法】牛腩切成小块,在沸水里焯一下后捞出,用温水冲去牛腩表层的血沫后备用。冬瓜清洗切块后待用。锅内放入适量的水,将牛腩与葱、姜和各种药材放入水中。采用小火煲3~4小时,将切块的冬瓜放入煮好的牛腩汤内,加少许味精和盐调味,再煲10分钟后即可。

【功效】此膳食具有补血益气、强筋健骨、促进伤口愈合的功效。

第二节 美容外科手术后预防瘢痕形成及色素沉着的营养膳食

在有创的美容外科手术中,除了正确规范的手术操作和紧密的缝合外,能否有效地预防手术创口瘢痕的产生及色素沉着,是决定手术是否能够取得最佳美容效果的关键因素。即使手术过程再顺利,但愈合后存在瘢痕或者色素沉着的现象,患者也不会满意手术的效果。有创美容外科手术后的营养饮食对于瘢痕的形成及色素沉着有着直接的影响。因此,在有创的美容外科手术后,医护人员为受术者提供正确的营养饮食方案,能最大限度地减少瘢痕及色素沉着的产生,这关系到能否收到最佳的美容外科手术效果。

一、瘢痕的形成

瘢痕形成是人体创伤后在伤口或创面自然愈合过程中的一种正常的、必然的生理反应,瘢痕是创伤修复过程的必然结果。瘢痕的本质是一种不具备正常皮肤组织结构及生理功能的,失去正常组织活力的、异常的、不健全的组织。它的生理学意义是通过组织修复阻止外伤对机体的进一步侵害,所以对身体是有利的。从美观角度看,在皮肤表面的瘢痕色泽多与周围组织不一致,有的突起,有的凹陷,触之发硬,是美容外科手术后受术者所不能接受的。因此,采取各种措施以最大限度地预防瘢痕的形成,与瘢痕的治疗具有同等重要的意义,是美容外科临床治疗的重点。

在了解瘢痕之前,首先需要了解皮肤的基本结构,皮肤由外面的表皮层和下面的真皮层构成,表皮层是由角质层、透明层、颗粒层、棘层、基底层5层结构由外到内依次堆叠而成,所以只要不伤及真皮层,皮肤表面是不会留下痕迹的。真皮中则分布着各种结缔组织细胞和大量的胶原纤维、弹性纤维,使皮肤既有弹性,又有韧性,其中还有神经末梢、血管、淋巴管、肌肉及皮肤的附属器的分布,这里是皮肤老化、皱纹形成及损伤修复、瘢痕增生的基础。

当创伤损及真皮层时,最直观的感觉是出血和疼痛,此时创口处血浆、淋巴液、免疫细胞、吞噬细胞等渗出,通过吞噬、移除、吸收等作用和辅助受损细胞释放的酶所引起的自溶过程,清除坏死组织和沾染的细菌、异物等,并由纤维素形成的网状结构将创口的表层和深层初步黏合在一起。炎性渗出之后,逐渐出现成纤维细胞和毛细血管内皮细胞的增殖,瘢痕修复成纤维细胞在甘氨酸、羟脯氨酸、羟赖氨酸等物质的参与下逐级聚合形成胶原纤维,胶原纤维有高度的韧性,使创口的抗张力强度增加。此后,虽然胶原纤维不断合成,但同时又在胶原酶的作用下,不停地被分解,大约经1个月后,合成代谢与分解代谢渐趋平衡,成纤维细胞转变为纤维细胞,胶原纤维逐渐成为排列整齐有序的束状,毛细血管闭塞,数量减少,皮肤瘢痕开始发生退行性变化。这便是瘢痕形成的组织学详细变化。

创伤修复有两种类型。一种是皮肤的表浅伤口,仅仅影响表皮,由毛囊、皮脂腺的上皮细胞起始,通过简单的上皮形成而愈合。修复后均能达到结构完整性和皮肤功能的完全恢复。另一种是深达真皮和皮下组织的损伤,通过瘢痕来修复。所以当皮肤出现伴随疼痛和出血的创口时,就不可避免地会形成瘢痕,但是最终形成的瘢痕却各不相同。大多数情况下,创伤愈合,瘢痕形成后,不出现瘢痕的增生或仅有轻微的瘢痕增生后立即减退,几乎难以察觉,呈现为生理性瘢痕。有的外观上会有明显的隆起或凹陷,还伴随着色泽和软硬度的改变;还有的甚至会越长越大,甚至对机体的活动造成牵拉,称为病理性瘢痕。病理性瘢痕包括增生性瘢痕、瘢痕疙瘩和萎缩性瘢痕。这些结果与个人体质、损伤的程度、处理措施及术后营养饮食有关。

二、影响瘢痕形成的因素

各种深达真皮的创伤为瘢痕的主要病因。在人种上,皮肤色素少的白种人较少发生瘢痕,有色人种发生较多。处于生长发育期的青少年及妊娠期女性较易发生。一般认为耳后、口周、颈部、前胸和肩背部为瘢痕好发部位。但无论何种情况、何部位,创面的无菌程度、血供、张力的大小及全身状态都可影响创伤的愈合及瘢痕的形成。

(一)体外因素

1.种族

瘢痕在各种人种中均有发生,其中,有色人种的发生概率较高(黑种人最高,黄种人次之),白种人相对较轻。黑种人较白种人更易形成瘢痕疙瘩和增生性瘢痕,比例为(3.5~5):1。玻利尼西亚人和中国人较印第安人和马来西亚人更易形成瘢痕疙瘩。欧洲居住在回归线上的人较居住在温带的人有更大的瘢痕疙瘩发生倾向。所有种族(包括黑种人)的白化病患者未见有瘢痕疙瘩的报道。

2.年龄

增生性瘢痕可发生在任何年龄,但一般多见于青年人,青春期前的儿童或老年人很少发病,青年人创伤愈合后瘢痕疙瘩和增生性瘢痕发生率比老年人高,且同一部位的瘢痕疙瘩和增生性瘢痕的厚度年轻人也较老年人厚。胎儿的创伤愈合后一般无瘢痕疙瘩和增生性瘢痕,这与胎儿组织损伤修复过程中急性炎症反应不明显、成纤维细胞形成减少、胶原蛋白沉积不多、年轻人组织生长旺盛、受创伤后反应强烈、年轻人皮肤张力较老年人大等因素有关。

3.身体状况

如营养不良、贫血、维生素缺乏、微量元素平衡失调、糖尿病等全身因素,都不利于创口的愈合,会延长创口的愈合时间,容易造成瘢痕。若同一个人在不同部位、不同时期发生的瘢痕均是瘢痕疙瘩,则说明瘢痕疙瘩的发生很可能和个体体质有关。

4.家族倾向

瘢痕疙瘩呈现家族性发生,常染色体的隐性遗传和显性遗传均有报道,特别是多发的、严重的瘢痕疙瘩,其阳性家族史更为明显。

5.代谢状态

增生性瘢痕和瘢痕疙瘩多发生于青少年和妊娠期女性,这可能与其代谢旺盛、垂体功能状态好及雌激素、黑素细胞刺激激素、甲状腺素等激素分泌旺盛有关系。

6.部位

机体任何深及皮肤网状层的损伤均可形成瘢痕。同一个个体的不同部位,增生性瘢痕与瘢痕疙瘩的发生情况不同,有些部位在创伤后形成的瘢痕不明显,这些部位如手脚、眼睑、前额、外生殖器、背部下方等处。反之,有些部位在创伤后出现增生性瘢痕与瘢痕疙瘩的概率较高,如下颌、前胸、三角肌、背部上方、膝部、肘部、足背等处。这种现象可能与身体不同部位皮肤张力及活动量的多少等有关系,如皮肤张力较大,活动较多的部位,创伤后出现增生性瘢痕与瘢痕疙瘩的概率就较高。

7. 皮肤色素

皮肤色素与瘢痕疙瘩的发生有较为密切的关系。如人体瘢痕疙瘩经常发生在色素较集中的部位,而很少发生在色素含量较低的手掌或足底。

8. 皮肤张力线的影响

当切口或者创口与皮肤张力线平行时,创面愈合后的瘢痕较小,反之则瘢痕较大。临床上设计手术切口的时候应尽量遵循此原则,并可根据此线方向做Z成形术,改变瘢痕的张力,减少瘢痕的复发。

(二)体内因素

1. 内分泌紊乱

瘢痕疙瘩的形成与内分泌功能的改变有一定关系。绝大多数的瘢痕疙瘩发生在青春期。在妊娠期,瘢痕疙瘩症状明显加重,体积增大,绝经期后瘢痕疙瘩逐渐消退,萎缩。局部高水平的激素代谢,在瘢痕疙瘩形成中起着主要的或至少是辅助性的作用。

2. 生物化学因素

在研究胶原合成时,Cohen发现瘢痕疙瘩组织中的脯氨酸羟化酶活性较增生性瘢痕明显增高,是正常皮肤的20倍。脯氨酸羟化酶是胶原合成过程中的关键酶,它的活性与胶原蛋白的合成率密切相关。

三、瘢痕对人体的影响

瘢痕对人的生理与心理都存在很大的影响。尤其对于接受美容外科手术的患者来说,不良瘢痕的产生会在心理方面严重影响患者的社会交往,打击患者的自信心,甚至在某种程度上可以改变患者的命运,会给其造成永久性的心理创伤。

1. 影响人体的美观

对于一些头颈部的美容外科手术,即使很小的表浅瘢痕都会有碍人体的美观。当瘢痕严重时,对患者的审美以及心理都会造成很大的影响,患者甚至可能会出现焦虑不安的情感障碍。

2. 引起自觉症状

患者对于瘢痕组织可有不同程度的自觉症状。这些症状在增生性瘢痕与瘢痕疙瘩中最为明显,可能包括瘙痒、刺痛、灼痛、局部过敏等,有些患者甚至会有很明显的触痛。其原因可能与瘢痕组织中的组织胺、某些神经肽以及其他一些介质含量增加而刺激游离神经末梢有关。

3. 导致功能障碍

如果增生性瘢痕或者瘢痕疙瘩发生在肢体的关节附近,瘢痕的挛缩或者变硬可能影响到肢体的活动,导致关节运动障碍;瘢痕部位的皮肤由于失去了正常的结构,没有正常的排汗、排皮脂的功能,大面积的瘢痕还会导致身体的排汗功能异常。

4.导致自卑或心理扭曲

一些青少年由于正处在恋爱、学习、工作的关键时期,心理波动较易受外界影响。一旦产生瘢痕,会受到别人的嘲笑、疏远,从而产生孤僻、自卑、抑郁倾向,可严重影响正常的工作、学习、生活。还有一些对于美观有较高要求的患者,在接受美容外科手术后,一旦产生瘢痕,影响其外形美观,手术效果达不到其预期,会对其心理造成严重影响,导致心理扭曲甚至心理变态。

四、营养膳食与预防瘢痕形成

(一)补充营养素

1.蛋白质

当机体处于严重缺乏蛋白质的状态时,机体组织细胞再生不良或缓慢,常导致伤口组织的细胞生长障碍,肉芽组织形成不良,成纤维细胞无法成熟为纤维细胞,胶原纤维的合成减少。过敏体质的美容外科手术患者,补充蛋白质时要以优质的植物性蛋白质为主,尽量减少食用或者不食用牛肉、羊肉、鸡肉、鱼、虾、蟹等。

2.维生素

为了预防美容外科手术后瘢痕的形成,对于一些特殊体质的受术者或者接受瘢痕治疗的患者,除了正常的饮食外,可以适当地根据医嘱补充维生素A、B族维生素、维生素C等。维生素C对创口愈合具有重要的作用,这是因为α-多肽链中的两个重要氨基酸——脯氨酸和赖氨酸,必须经过羟化酶羟化才能形成前胶原分子,而维生素C具有催化羟化酶的作用,因此如果缺乏维生素C,前胶原蛋白则难以形成,从而影响胶原纤维的形成。维生素A缺乏时,创面愈合缓慢,易发生应激性溃疡。B族维生素缺乏会造成代谢所需的辅酶减少。

3.微量元素

美容外科手术后的微量元素的摄入以食补为主,但对于具有特殊体质的患者可每天增加葡萄糖酸锌 300 mg。锌是和创口愈合最密切的,也是被研究最多的微量元素。在正常愈合创口组织中局部锌的浓度要明显高于周围的正常组织。其作用机制虽然目前不完全明了,但可能与影响胶原蛋白的形成、影响炎症反应进程、影响创口收缩、抗感染作用、促使创面的创口细胞上皮化等有关。

(二)宜用食物

1.豌豆

豌豆中含有丰富的维生素A原,维生素A原可以在体内转换成维生素A,可以起到润泽瘢痕皮肤的作用。

2.白萝卜

白萝卜中含有丰富的维生素C。维生素C是抗氧化剂,能有效抑制黑色素的形成,阻止脂肪氧化及脂褐质的沉积,因此,白萝卜可以使皮肤白净细腻,能够软化瘢痕。

3. 胡萝卜

胡萝卜被誉为"皮肤食品",它具有滋润肌肤的作用。另外,胡萝卜中含有丰富的果胶物质,可以与汞结合,使人体内的毒素得以排出,使肌肤更加细腻红润,可以起到淡化瘢痕颜色的作用。

4. 甘薯

甘薯内含有大量的黏蛋白及维生素C,维生素A原含量接近胡萝卜中的含量。甘薯属于碱性食物,内富含钾、钠等元素,而米、面、肉、蛋等都属于酸性食物。因此,甘薯同这些食物共同食用,有助于保持人体的酸碱平衡。

5. 蘑菇

蘑菇的营养丰富,维生素和蛋白质的含量较高,可以使女性的雌激素分泌旺盛,因此,蘑菇能预防衰老,使皮肤更加红润细腻、有光泽,可以淡化瘢痕。蘑菇里含有女人的"驻颜元素"——硒。硒可以促进皮肤新陈代谢和抗衰老。蘑菇还含有丰富的B族维生素,可促进皮肤代谢,保持皮肤湿润光滑。

另外,菇类食物所含的铁也十分充足,有利于血红蛋白的形成,让女性保持充足血气,对于创口恢复也起到一定作用。

6. 海带

海带是公认的促进伤口愈合、调节瘢痕形成的有益食物,因此美容外科手术后可经常食用海带,以减少增生性瘢痕的发生。

7. 水

多饮水可以起到排毒的作用。美容外科手术后一定要充分保证每日足够的饮水量。

番茄、猕猴桃、柠檬,以及新鲜绿叶蔬菜中都含有大量的维生素C,也应尽量食用。

碱性食物可以预防不良瘢痕的产生,其中强碱性的食物有白菜、黄瓜、胡萝卜、菠菜、卷心菜、生菜、芋头、海带、柑橘类、无花果、西瓜、葡萄、板栗等;弱碱性食物有豆腐、豌豆、大豆、绿豆、竹笋、马铃薯、香菇、油菜、南瓜、芹菜、莲藕、洋葱、茄子、南瓜、牛奶、苹果、香蕉、樱桃等。

(三)推荐膳食

1. 海藻薏米粥

【配料】海藻、昆布、甜杏仁各9 g,薏苡仁30 g。

【制作和用法】将海藻、昆布、甜杏仁加水750 mL,煎煮取汁500 mL,用药汁将薏苡仁煮成粥。每日1次,可代替早餐食用。

【功效】此膳食具有促进伤口愈合及调节瘢痕的作用。

2. 猪皮花生眉豆鸡爪汤

【配料】猪皮150 g,花生50 g,眉豆50 g,鸡爪5只。

【制作和用法】花生、眉豆分别用清水洗净。猪皮洗净去毛,用沸水焯后切成细条。鸡爪洗净。将以上全部材料放入煲锅内,加适量清水,煮沸后改用小火接着煲煮2小时,调味后即可食用。

【功效】此膳食具有促进伤口愈合的作用。

（四）忌用食物

大量的临床资料已经证实，已经发生瘢痕异常增生的患者，在饮酒或吃辛辣食物后，瘢痕局部的红肿、刺痛会明显加重。因此，对于美容外科手术患者来说，在治疗期间不宜吃燥热的食物，如牛肉、羊肉、狗肉、海鲜等；不宜吃辛辣食物，如辣椒、洋葱、韭菜、生姜、生蒜、芥末等；不宜饮酒和吸烟；不宜多吃榴莲、荔枝、芒果等水果。

另外，创口愈合的时候会产生痒的感觉，切忌用手挠抓、热水烫洗、衣服摩擦等方法止痒，因其会刺激局部毛细血管扩张、肉芽组织增生而形成瘢痕；此期尽量不吃含铅、汞的药物，否则会导致皮肤色素沉着。

五、营养膳食与预防色素沉着

手术后的创伤和留下的瘢痕往往会伴有色素沉着，色素沉着的出现会增加患者新的烦恼，降低患者术后满意度，甚至影响患者的日常社会交往，因此，如何避免这些色素沉着的产生是美容医务工作者重要的研究课题。美容外科手术后，患者在饮食营养及生活方面应注意以下问题。

（一）注意营养饮食

1. 术后少吃发物，补充充足的维生素

皮肤产生创口后，应避免大量地饮酒、抽烟，也应避免摄入如辣椒、羊肉、葱、姜、蒜、咖啡、咖喱等刺激性食物。这些因素会影响瘢痕的增生。可以多吃水果、绿叶蔬菜、鸡蛋、瘦猪肉、肉皮等富含维生素C、维生素E以及人体必需氨基酸的食物，有利于皮肤尽快恢复正常，减少或避免创口的色素沉着。

如果由于特殊原因，不能从饮食中摄取足量的营养素，也可以通过营养药物进行补充。例如，可以让患者口服维生素C片和维生素E片，每次100 mg，每日3次，连续服用1～2个月，也可以达到减少色素沉着、促进创伤恢复的效果。

2. 术后避免服用含重金属的药物、食物及接触含重金属的化妆品

含有铅、汞、银等重金属的药物、食物及化妆品都会促使皮肤创口出现色素沉着。因此，为了防止色素沉着发生，当创口的痂皮脱落后露出下面红嫩的皮肤时，不能用任何化妆品去遮盖，如需保护，可以采用维生素A、维生素D或维生素E丸液来涂抹患处，使创口得到滋润及软化。半个月以后才可以使用无重金属的无刺激性的化妆品。同时，3个月内应尽量避免创口暴晒而加重色素沉着。

3. 减少含色素食物的摄入量

生活中经常遇到含有较多色素的食物，如咖啡、酱油、陈醋、花椒、浓茶、红酒等。经常食用此类食物也会加重创口的色素沉着。

4. 注意减少光敏性食物的摄入

在美容外科手术后应当减少光敏性食物的摄入。所谓的光敏性食物，就是指那些容易引起植物日光性皮炎的食物。通常来说，光敏性食物被食用后，其中所含的光敏性物质会随之进入皮肤,如果在这时皮肤被强光照射,光敏性物质就会和日光发生反应,进而裸露部分皮肤红肿、出现斑疹,并伴有明显瘙痒、烧灼或刺痛感等症状。

常见的光敏性食物有灰菜、雪菜、莴苣、茴香、苋菜、荠菜、芹菜、萝卜叶、菠菜、香菜、油麦菜、芥菜、无花果、柑橘、柠檬、芒果、菠萝等。其中,光敏性海鲜包括螺类、虾类、蟹类、蚌类等,它们都含有光敏性物质,美容外科手术后也需留意。

(二)其他生活注意事项

色素沉着瘢痕主要是指瘢痕在形成的过程中由于黑素细胞分泌异常而出现深黑色或浅白色,也就是色素沉着、色素脱失型瘢痕。避免色素沉着瘢痕需注意以下方面。

1.要耐心等待创面痂皮自行脱落

受伤后的创面会渗出血液、组织液和死亡、脱落后的细胞等,结成一层硬痂皮,刺激皮肤产生痒的感觉。如果这时忍不住自行揭去痂皮,会导致色素沉着瘢痕的发生率增高。如果将痂皮下的新生组织撕裂,会造成永久性色素沉着斑。

2.受伤后避免阳光的直接暴晒

因为创面的新生皮肤稚嫩,角质层非常薄,防护阳光作用差,而阳光中的紫外线会增强皮肤黑素细胞的活性,使局部毛细血管扩张,所以受伤后应尽量避免阳光的直接暴晒以避免形成瘢痕和色素沉着斑。

3.防止感染,要正确、及时地处理好创面

感染会破坏真皮下层组织,使表皮无法再生,肉芽组织增生填补缺损会形成瘢痕。为了防止感染,可以在创口上涂抹金霉素眼膏,每日2次,直至结痂。另外,不要用碘酒消毒创口,以免引起色素沉着。

(三)推荐膳食

1.雪梨黄瓜粥

【配料】大米100 g,雪梨1个,黄瓜1根,山楂5个,食盐2 g,生姜10 g,冰糖适量。

【制作和用法】雪梨去皮及果核后洗净切块。黄瓜洗净切条。山楂洗净切块备用。锅内加入1200 mL冷水,放入大米,先用大火烧开,再用小火熬煮成稀粥。稀粥烧沸后放入雪梨块、黄瓜条、山楂块及适量冰糖,拌匀。再次煮沸后,以食盐调味,即可食用。

【功效】此膳食配方可以淡化面部雀斑,具有预防色素沉着的作用。

2.柠檬冰糖汁

【配料】柠檬100 g,冰糖50 g。

【制作和用法】将柠檬榨汁,加冰糖调匀饮用。

【功效】柠檬中含有丰富的维生素C,可以使皮肤白嫩,防止面部色素沉着。

知识小结

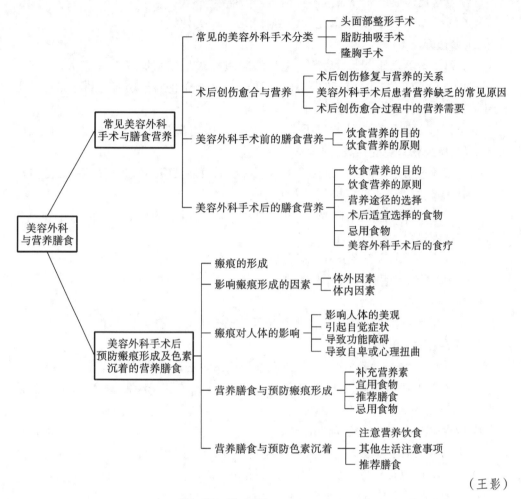

(王影)

能力检测

一、单选题

1.美容外科手术后适宜摄入的食物是(　　)。

A.大蒜　　　B.油条　　　C.牛奶　　　D.虾蟹

2.下列食物中,适合在美容外科手术后预防瘢痕的是(　　)。

A.白萝卜　　B.虾蟹　　　C.生姜、辣椒　D.咖啡

3.预防手术后色素沉着,下列说法错误的是(　　)。

A.少吃发物,并补充维生素

B.避免接触含重金属的化妆品及食品

C.减少摄入咖啡、酱油等含有色素的食物

D.自然脱痂、创面皮肤结痂后会发痒,可以用手去挠

4.以下不能预防不良瘢痕产生的食物是(　　)。

A.白菜、菠菜、卷心菜　　　　　B.生菜、海带、柑橘类
C.无花果、西瓜、葡萄　　　　　D.洋葱、生蒜、芥末
5.影响瘢痕形成的体外因素不包括(　　　)。
A.年龄　　　B.内分泌紊乱　　　C.身体状况　　　D.种族

二、多选题

1.下列关于美容外科手术后营养途径的选择的说法正确的是(　　　)。
A.面部中下部位(包括口腔内切口的手术)或上颈部的整形美容外科手术后需进食流质或半流质饮食3～5天
B.会阴部和涉及肛门的整形手术后饮食中应限制富含粗纤维素的食物,以减少大便次数,保护伤口免受污染,减少感染的发生
C.对手术较大、范围较广的整形美容外科手术或涉及腹部胃肠道的手术,全身反应较明显,需禁食2天或肛门排气后方可进食
D.重睑术、眉部整形术、隆鼻术、隆胸手术,局部麻醉下的小范围的除皱术和单个部位脂肪抽吸等手术后即可进食

2.美容外科手术后患者营养缺乏的常见原因包括(　　　)。
A.创伤、腹痛不适引起患者进食减少
B.胃肠的炎症性疾病
C.患者术后机体营养物质的高消耗率及对营养物质的需求量增加
D.营养素的丢失增加

3.下列关于美容外科手术前的饮食营养原则的说法正确的是(　　　)。
A.手术前无特别的禁忌证,补充各种必需营养素,采用高热量、高蛋白、高维生素的饮食
B.饮食中应供给充足的易消化糖类
C.不同部位的手术患者手术前可采取相同的饮食
D.应保证体内有充足的水分,防止受术者出现脱水

4.下列食物属于光敏性食物的是(　　　)。
A.雪菜、莴苣、茴香　　　　　B.苋菜、荠菜、芹菜
C.柠檬、芒果、菠萝　　　　　D.螺类、虾类、蟹类

5.瘢痕对人体的影响表现在哪些方面?(　　　)
A.影响人体的美观　　　　　　B.引起瘙痒、刺痛、灼痛、局部过敏等自觉症状
C.导致功能障碍　　　　　　　D.导致自卑或心理扭曲

三、填空题

1.美容外科手术根据身体部位、目的可分为_____、_____、隆胸手术等。
2.美容外科手术前若无特别的禁忌证,可采用_____、_____、高维生素的饮食,以促进全身和各器官的营养。

四、案例分析

患者,女,35岁,因子宫肌瘤经腹部切口做了手术,术后恢复较好,但令她苦恼的不是手术本身,而是术后她腹部的皮肤变黑了,比术前黑了很多,洗也洗不掉。

请问:
(1)患者的腹部皮肤变黑属于正常现象吗?
(2)患者应如何从饮食上预防此现象的发生?

能力检测答案

第十一章　药膳与美容

学习目标

扫码看课件

知识目标
1. 掌握药膳美容的应用原则。
2. 熟悉药膳美容的概念和特点。
3. 熟悉常用美容药膳的配伍禁忌。
4. 了解常用中医膳食美容食材。

能力目标
1. 学会根据目标对象的状况与营养需求进行药膳美容的选择与指导。
2. 学会常用药膳美容方的制作方法。

素质目标
1. 培养学生运用药膳美容为美容保健、维护人体整体美服务。
2. 了解中国药膳美容文化，激发学生对中国传统文化的热爱。

第一节　概　　述

案例导入

患者，男，30岁，IT从业者，工作压力大，经常熬夜，脱发明显，在当地医院诊断为脂溢性脱发，外用药物治疗后症状改善不明显，自行上网查询后了解药膳对于护发养发有一定辅助作用，希望尝试该方法。

请问：

若您是一位美容营养顾问，请您为该患者拟定一份药膳方案。

随着人们生活水平的提高及美容观念的改变，药膳美容越来越受到青睐。我国药膳美容历史悠久、种类丰富，近年来因与现代营养学的融合，得到快速的发展，成为一门独立的学科。药膳美容将药膳通过内服或外用，作用于人体，它的独特之处在于既具有膳食提供机体营养的基本功能，又可达到美容保健、维护人体整体美的目的，是一种简单且便利的美容方法。

一、基本概念

中医美容是中医学与医学美学相结合的产物,是在中医理论指导下,针对人体不同生理以及颜面肤色特点,通过各种方法实践应用,包括调控心理,融合中药、饮食、导引等保健方法,使身心健康、容貌美丽。中医美容将内服、外用、针灸、药膳等融为一体,既注重外用药物滋养皮肤,又注重内调补气养血、调节脏腑功能。中医认为,"有诸内必形于外",皮肤是脏腑功能的一面镜子,若脏腑气血功能正常,肌肤则健康、美丽;若脏腑功能失调,肌肤则晦暗、粗糙。气血是濡养肌肤,使肌肤润泽、保持年轻的基础,应注重以内养外,通过调理脏腑,保证脏腑气血功能正常,使面部保持年轻状态。

药膳发源于我国传统饮食和中医食疗文化,是根据中医"医食同源""药食同源"理论,在中医学、烹饪学和营养学指导下,严格依据药膳配方,将中药与某些具有药用价值的食物相搭配,采用中国特色饮食烹饪方法以及现代科学方法制作而成的具有一定色、香、形、味的美味食物。简而言之,药膳即药材与食材相配而成的美食,是中国传统的医学知识与烹饪经验相结合的产物。药膳既保留了药物的性能,又有食物的美味,"寓医于食",既将药物作为食物,又将食物赋以药用,正所谓食借药力,药助食功,具有较高的营养价值,又调节人体脏腑功能,使气血生化有源,从而达到美容及保健双重功效。

食疗即以膳食作为手段进行治疗。药膳发挥防病治病的作用即食疗,但食疗中的"食"的概念远比药膳广泛,它包含药膳在内的所有饮食。食疗不一定是药膳,但药膳必定具备食疗的功效。

药膳美容是药膳的分支,是指在中医基础理论、中医营养学和现代营养学的指导下,将具有美容价值的食物与具有美容保健作用的中药相配,采用中国特色饮食烹饪方法以及现代科学方法制成药膳,达到防病治病、促进机体康复、润泽肌肤、延衰驻颜、美容保健、维护人体整体美的目的。药膳美容在美容营养中占有重要地位,其突出特点是以食为主,药食结合;以保健为主,防治结合。除可用于正常美容保健外,药膳美容还可用于一些损容性疾病的辅助治疗。

二、药膳美容的历史

药膳美容是中医传统美容保健的重要内容之一。中医学对于药膳很有研究,并积累了丰富的学术经验。

史书记载,商代起就有食用具有美容功效的桃仁、杏仁的习惯,在周代就有专职的"食医"从事药膳配制工作。我国第一部药学专著《神农本草经》记载了不少药食两用的美容食物,如龙眼肉、黑芝麻、大枣、蜂蜜等。《本草经集注》载有保健美容中药70余种。晋代中药美容以葛洪的《肘后备急方》为代表,该书载有107首美容方。在唐代,中医美容相当兴盛,学者撰写了许多药膳专著,如唐代昝殷所撰《食医心鉴》,孟诜的《食疗本草》等。明代的代表作有《食物本草》。另有《李东垣食物本草》,论述极为详尽。至清代,又有多本药膳的修订专著问世,为药膳美容积累了丰富的经验,奠定了基础,同时也促进了现代营养学的飞速发展,更加科学地揭示了各种营养素对美容的影响,为药膳美容提供了科学依据。

三、药膳美容的分类

药膳美容的方法可分为内服和外用两大类。可根据需要选择内服和外用,也可内外结合使用。

内服法是根据不同年龄、性别、体质、季节、肤质及一些影响美容的疾病患者的不同需要,选择对应的食物、药物,经过科学配伍,辨证施治,从人体内部调理,将容颜与脏腑、经络、气血紧密联系在一起,有针对性地补充机体所需营养素,调整机体的失衡状态,使脏腑气血、阴阳平衡,达到驻颜延衰、整体美容的目的。药膳的使用方法和剂型多样,内容丰富多彩。配制除单用某种药物和食物外,更多的则为配伍使用,如《遵生八笺》的"仙人粥"、《回春健康秘诀》的"莲子龙眼汤"、《东坡养生集》的"姜乳蒸饼"等都是行之有效的美容药膳。它们多以食物和药物搭配而成,既能发挥药物的治疗作用,又具有食物的美味,可口宜人,且兼补脾胃,尤宜于脾胃虚弱而又需美容者久服。药膳美容常用的剂型有药粥、药酒、汤、糕类。其中药粥最为常用,常选用性味平和,又有健脾胃补益气血之品的大枣、芡实、山药、花生、莲子等煮粥,长期交替使用,能颐养容颜。药粥因其可口效佳,备受历代医家所推崇。酒作为美容食物,常有悦口之味、扑鼻之香,能通行血脉。历代多用药酒剂型药膳美发,如《开宝本草》的"何首乌酒"、《本草纲目》的"术酒""枸杞酒""逡巡酒"均为美发药酒方。

外用法则是根据需要在食物中加入一定的药物配制成不同制剂,直接作用于体表皮肤或外部器官,达到美容保健的目的。如孙思邈在《备急千金要方》和《千金翼方》两书分别有"面药"和"妇人面药"专编,如治唇焦枯无润的润脾膏,令人面洁白悦泽、颜色红润的悦泽方。

四、药膳美容的特点

(一)内外结合,重视整体

药膳美容是药膳的分支,以中医理论为指导。中医学把人体看成一个有机整体,以脏腑、经络、气血为中心,认为人体的颜面、皮肤、须发、五官、爪甲的枯荣与脏腑、经络、气血的盛衰有着密切的关系。

1.心与药膳美容

《黄帝内经》记载"心者,生之本,神之变也,其华在面,其充在血脉",指出了心的基本生理功能——心主血,推动血液的运行,发挥滋养脏腑和濡养肌肤的作用。若心血运行通畅,肌肤得到充足的濡养,则面部肌肤红润有光泽,皮肤富有弹性。反之,心脏气血亏虚,不能外达肌表,则皮肤晦暗、苍白、枯萎。又"五脏化液,心为汗",正常人体皮肤表面汗腺与皮脂腺分泌的油脂会在体表形成一层保护膜,防止皮肤水分丢失,使皮肤光滑润泽。若汗液排出不畅,则会引起皮肤干燥、屏障受损等皮肤问题。调补心脏可使面色红润,药膳可选用大枣、五味子、桂圆、莲子等添加至汤或粥中食用,改善心脏气血,让面色红润,有光泽,富有弹性。

2. 肝与药膳美容

中医学认为"肝主疏泄，藏血，主筋，其华在爪，开窍于目"，主要表现在调畅气机和情志，肝喜舒畅而恶抑郁，肝的疏泄功能正常，气血畅通，情志正常，既不抑郁，也不亢奋，对美容是十分有益的。若肝疏泄太过，表现亢奋，则烦躁易怒，面红升火。若肝疏泄不及，则抑郁不乐，面部皱纹丛生。若肝失疏泄，血液瘀滞，则面部黯淡无光，目眶发黑或面生黄褐斑。此外，肝血的盛衰，可影响爪甲。若肝血充足，指（趾）甲坚韧明亮、红润富有光泽；若肝血不足，指（趾）甲软薄，枯而色衰，变形脆裂。疏肝理气可辅助抗皱祛斑，药膳可选用枸杞子、玫瑰花、佛手、菊花、银耳等泡茶饮用，舒发肝气，调畅情志。

3. 脾与药膳美容

脾为后天之本，气血生化之源。中医学认为脾是人体脏腑重要的器官，为机体提供营养。应提高"胃纳脾运"的效率，保护脾胃功能正常，使气血生成功能旺盛，最大限度地为机体提供必要的营养，肌肉、四肢和皮肤得以濡养，肌肉强健丰润，皮肤有弹性，肤色白里透红。若脾胃功能失调，则气血虚弱，面部黯淡无光、出现皱纹。脾胃与美容的关系还体现在脾主运化，主要运化水湿，水湿停留，聚于体内，出现颜面、眼袋浮肿等表现，水湿日久化热，湿热上冲，熏于头面，还可导致面部油腻、痤疮、酒渣鼻等，从而影响人体的颜面，显得苍老。药膳的剂型应切合实际情况，做到干稀调剂，软硬适当，并及时调整膳食种类，避免缺乏和单一，可选择山楂、薏苡仁、大枣以及山药等与汤、粥共同煮食，健脾养胃，使皮肤细腻有弹性，面部红润。

4. 肾与药膳美容

中医认为，肾为先天之本，主藏精，精生血，肾生骨髓，齿为骨之余，肾精充足则精血旺盛、气血充足、面色红润、齿固发黑，反之，面部晦暗，齿摇发落。此外，肾还主水，肾气盛则有利于调节体液的代谢。肾气衰败，可引起体内体液的代谢失衡，出现水肿或形体干涩、皮肤粗糙。药膳则可选择自然咸食物，如海鱼、海带等，此外，黑色入肾，多食黑色的食物，如黑芝麻、黑豆等，可滋补肾脏，驻颜抗衰老，也可使头发生长。

5. 肺与药膳美容

中医学认为，肺主皮毛，肺主宣降，将人体液体输布全身以滋润肌肤，因此，解决皮肤问题要从肺入手。若肺脏功能出现异常，则面容憔悴，毛发肌肤枯槁。肺将津液宣发至皮毛，对于皮毛保持充足水润有重要意义，皮肤、毛发缺水容易使皮肤出现皱纹、衰老，毛发枯槁无光。因此，滋润肺脏有利于肌肤保湿，可改善皮肤缺水的状态，进而改善皮肤干燥现象，减少皱纹。药膳可选白色食物，如白萝卜、杏仁、银耳、麦冬、百合、山药等健脾润肺，缓解干燥。

（二）寓治于养，防治并举

药膳美容虽然不属于治疗美容，但却是治疗美容的基础。药膳美容选择的食物有利于皮肤、毛发、形体等外在形态的改善，更主要的是通过对机体脏腑内部的作用，使机体脏腑、气血在健康平衡的状态下，实现形体的美，并配以少量具有美容保健作用的中药，对一些损容性疾病起辅助治疗的作用。药膳美容寓治于养，防治并举，可实现人体健美，提高生活质量。

(三)安全经济,简便易行

药膳美容所选材料以日常饮食中常用的食物或药食两用的天然动植物及少量药物为主,所以比起药物美容及现代美容等其他方法,药膳美容更安全、可靠、经济。虽然药膳显效缓慢,但可以长期应用,作用持久,且这些美容食品及药物,获取方便、制作简单,人们容易掌握,普遍适用。

(四)继承传统,结合现代

药膳美容是我国传统的美容方法,以中医基础理论为指导,蕴藏着极其丰富的经验。近年来,由于西医美容学的发展和现代营养学的崛起,传统美容中又融入现代科学的各种方法及理论知识,逐渐形成了更科学、更完善、更丰富的美容法。所以,要立足传统、放眼未来,在继承传统的基础上,融合多学科,不断开发药膳美容的新方法。

五、药膳美容的原理

药膳美容以中医基础理论和现代营养学为指导。

(一)现代营养学

营养素是维持正常人体生理功能的物质,同时也对维持机体健美起着至关重要的作用。现代医学和营养学强调膳食平衡,要求膳食中各种营养素(蛋白质、脂肪、矿物质、维生素、碳水化合物、水、膳食纤维)数量充足、种类齐全、配比科学合理,这是保证肌肤健美、延缓衰老的必要条件。如果膳食结构不合理,会影响健康,加速皮肤衰老,失去容貌、体态的健美。

1. 营养素摄入过剩

(1)蛋白质过量则在体内代谢后产生过量的酸性物质,对皮肤产生较强的刺激,引起皮肤的早衰及各种皮肤病变,如痤疮、毛囊炎、酒渣鼻及湿疹、荨麻疹等过敏性皮肤病。

(2)动物脂肪摄入过多则会加重皮脂溢出,加速皮肤老化,导致体形肥胖。

(3)若长期碳水化合物摄入过度,会引起肥胖而失去健美。

2. 营养素摄入不足

(1)蛋白质是构成人体组织的主要成分,可使肌肉结实、健壮,容颜保持青春活力,缺乏蛋白质会引起消瘦憔悴,皮肤老化,皮肤弹性下降,出现皱纹,甚至抵抗力下降而诱发疾病。

(2)脂肪是提供热量、辅助脂溶性维生素吸收的物质,皮下适当储存脂肪可滋润皮肤、增加弹性。植物脂肪含多种不饱和脂肪酸,具有养护皮肤的作用,若摄入不足,会引起皮肤粗糙、弹性降低,易长皱纹。

(3)碳水化合物是人体能量的主要来源,若长期摄入碳水化合物不足,能量供给缺乏,会消耗脂肪和蛋白质,影响健美。

(4)维生素具有营养皮肤、使肤柔软细嫩、防皱祛皱的作用,若缺乏维生素,则皮肤干燥粗糙,弹性下降,易患痤疮及皮肤角化异常病变。维生素B_1、维生素B_2具有抗皱、消除斑点的作用,若缺乏,会导致皮肤干枯,易出现痤疮、毛囊炎、玫瑰痤疮、脂溢性皮炎等疾病。维生素C参与体内的氧化还原反应,若长期缺乏,则皮肤色素增加,形成黄褐斑、雀斑等。维生素D可影响皮肤的代谢功能,若缺乏,则皮肤容易出现溃烂,对日光过敏,易引起日光性皮炎。维生素E具有抗老化的作用,若长期缺乏,则皮肤容易提前老化,易出现老年斑。

(5)矿物质与美容亦有密切关系,缺铁时易患贫血,颜面苍白无华;缺乏锌、铜会影响生长发育,使皮肤弹性下降,毛发枯黄;若钙、磷、氟缺乏,可导致骨质软化、疏松,牙齿松动,指(趾)甲变形,影响体态及牙齿、指(趾)甲的美观;若锌、硒缺乏,眼睛会变得呆滞、无神,视力下降。水是保持皮肤弹性、滋润的美容剂,皮肤缺水会变得干燥、坚硬,失去弹性而干裂。

3. 合理营养是美容的物质基础

合理营养的基本要求:能保证用膳者必需的热量和各种营养素的供给,且维持各种营养素之间的比例平衡;通过合理加工烹调,尽可能减少食物中各种营养素的损失,并提高其消化吸收率;改善食物的感官性状,使其多样化,促进食欲;食物本身应清洁无毒害,不受污染,不含对机体有害的物质;制订合理的膳食计划,三餐定时定量,科学搭配。应通过各种食物的合理搭配达到均衡营养的要求,即平衡膳食。通过平衡膳食,可滋润皮肤,使皮肤柔软细腻、红润有光泽、富有弹性;使肌肉结实、健壮;从而促进骨骼生长,牙齿发育,毛发润泽光亮,保持容颜的青春活力,延缓衰老;同时,可预防营养缺乏症及各种疾病。

(二)中医学

药膳美容是基于"药食同源"理论,使药材、食物共同发挥作用。其搭配应依据中药配伍理论。所以,药膳美容应以中医整体观为核心,运用精、气学说,阴阳五行学说,四气五味学说及脏腑互补学说,辨证用膳。药膳美容以食为药,补益人体脏腑气血,纠正阴阳偏盛偏衰,达到脏腑调和、阴阳平衡、气血津液旺盛的状态。

1. 天人相应是中医药膳美容的整体核心

人生活在自然环境中,人和自然之间相互感应、互为映照,同样体现在饮食营养方面。四季气候更替变化,人也随之受到影响,因而在选择药膳美容时应与气候相适应,如春季养肝,夏季养心,秋季养肺,冬季养肾。我国地域辽阔,东南西北地理环境迥异,民族风情亦不相同,如北方寒冷、南方炎热、西北干燥、中部潮湿,所以在选择美容药膳时应与地理环境相适应。人不仅生活在自然环境中,也生活在一定的社会环境中,社会环境的变化影响着人的情志精神、健美状态,不同工作环境、不同人际交往的人,在选择美容药膳时亦不相同。

2. 脏腑、阴阳平衡协调是药膳美容的理论指导

历代食疗均重视阴阳、脏腑平衡。选择美容药膳时应掌握阴阳变化的规律,围绕平衡阴阳、调和脏腑用膳,从而达到"阴平阳秘""气血调和"的健美状态。美容药膳可概括为补虚、泻实两个方面,常用于美容药膳的中药主要分为寒凉、温热、平性三大类。寒凉属性食物具有清热、泻火、解毒、滋阴、凉血作用。温热属性食物具有散寒、助阳、温经、活血、通络的作用。如痰湿偏盛者,应少食油腻食物,宜以清淡食物为主;火热偏盛者,应忌食辛辣食物,宜以寒凉食物为主;阴血不足者,应禁大热峻补之品,宜以清淡滋养食物为主等,这体现了中医基础理论中补虚泻实、寒者热之、热者寒之的原则。在美容药膳制备中,亦不能离开阴阳学说指导,做到用膳的阴阳、寒热平和。如烹调鱼、虾、蟹等寒性食物时,佐以姜、葱、酒等温性调味品;食用韭菜、大葱等助阳类菜肴时常配蛋类等阴性食物,达到阴阳平衡互补的目的。

3.气、血、津、液、精是药膳美容的物质基础

中医认为,构成和维持人体生命活动的基本物质气、血、津、液、精,是各脏腑器官的基本营养物质,因而是维护人体整体健美的物质基础。气、血、津、液、精亏虚,则人体生命活动受到影响,同时必然影响到人体的健康和美丽。气虚可导致面色苍白、精神疲惫、抵抗力下降、机体功能衰退等;血虚可导致面色无华,毛发稀疏、易断易裂,身体消瘦,唇舌色淡,面色憔悴等;津、液的亏虚可导致皮肤弹性降低、粗糙、早衰生皱等;精的亏虚可导致生长发育迟缓、筋骨痿软、智力低下、脏腑功能衰退等。所以气、血、津、液、精充足,则生命旺盛、健康美丽、长寿。水谷之精是人体气、血、津、液、精的主要来源和物质基础,因此,合理摄取各种营养素是保持气、血、津、液、精旺盛的重要方法。

4.药食同源是药膳美容的基本依据

中医"药食同源"理论认为,许多食物既是食物,同时也是药物,皆源于自然界的动植物及部分矿物质,属天然产品。药物和食物均具有形、气、色、味、质等特性,都能起到营养、保健和治疗的作用,且药物和食物的应用皆由相同理论指导。由中医学发展史可知,药物是古人在尝试食物的过程中鉴别分化出来的,古人将具有明显治疗作用、偏性较强、有一定毒性、不能长期食用的食物列为药物。另有一部分食物,功效明显,可以长期食用,偏性不大又无毒副作用,为介于一般食物与药物之间者,称为药食两用药物,这些药物可提高防病治病、保健美容功效。所以,把一般食物、药食两用药物有机地配伍,制成药膳,是中医美容保健的一大特色。

5.食性理论是药膳美容的配膳基础

食物和药物一样,具有四气、五味、归经、升降浮沉的性能,对其性能特征的认识来源于长期的生活和临床实践。《本草求真》中记载:"食之入口,等于药之治病,同为一理。合则于人脏腑有益,而可却病卫生;不合则于人脏腑有损,而即增病促死。"药膳即用药食的偏性纠正人体阴阳、脏腑、气血、虚实、寒热的偏盛或偏衰,从而达到防病、治病、美容、美体的目的。四气即寒、热、温、凉,实际上某些食物性平和、无明显的偏性,列为平性,适用于任何体质;五味即酸、苦、甘、辛、咸,实际上还有淡、涩,淡附于甘合称甘淡,涩附于酸合称酸涩;归经是以脏腑、经络学说为理论基础,说明了药材、食材对机体的选择性,对药膳配伍有指导意义。制作药膳时,需多经用药配伍才能与实际相适应。升降浮沉是指药材、食材治疗作用的倾向性。运用食物的这些性能,可以有选择性地进行保健美容,更具针对性地提高健美的功效,为美容药膳奠定配膳的基本理论。

6.辨证用膳是药膳美容的主要方法

辨证用膳是根据不同的体质、年龄、性别、环境、季节等因素,根据中医阴阳、精气、脏腑学说,结合药材、食物四气五味理论,选择适合的食物、药食两用药物或具有

美容保健作用的中药合理配伍,遵循辨证用膳的法则,将全面膳食与审因用膳相结合,达到健康美容的目的。如寒凉性食物具有清热泻火、凉血解毒的功效,适用于皮肤干燥、红赤、痤疮、酒渣鼻等保健美容;温热性食物具有祛风除湿、活血化瘀的功效,适用于面色黯黑、肌肤甲错、黄褐斑、雀斑等的保健美容;辛味食物多具有发散、行气、行血作用,有利于废物的排泄;甘味食物善补气益气、滋阴润燥,可使皮肤光滑润泽,延缓衰老;酸性食物具有收敛、固涩效果,有利于受损皮肤的愈合;苦味食物有清泄火热的作用,适用于皮肤的感染性损害的养护;咸味食物具有软坚散结的作用,适用于皮肤的结节病变的药膳调护。

六、药膳美容的基本原则

(一)预防为主、防治结合的原则

由于药膳是以日常具有美容功效的食物为主,配以具有美容功效的可长期食用的中药制作而成的,它集食养、食疗、药疗于一体,既具有预防的作用,又具有治疗的功效,但应用时应遵循预防为主、防治结合的基本原则。

饮食对人体的滋养本身就是最重要的保健预防方法。平衡膳食可保证机体生命活动的营养,使脏腑调和、气血充足、骨骼强健、肌肉结实、脂肪丰满、皮肤弹性好而光亮。不合理的饮食不仅会使人失去健美,而且会引起许多疾病。针对不同体质,制订适宜的药膳计划,是中医保健美容的一大特点。如《备急千金要方》中记载"食能排邪而安脏腑,悦神爽志以资血气,若能用食平疴,释情遣疾者,可谓良工"。饮食除上述预防、保健、营养、美容的作用外,还具有治疗疾病的作用,尤其是药膳,在祛病美容方面,具有独特的功效。许多疾病会影响健康,同时还会损坏容貌。针对许多损容性疾病,合理、及时地使用药膳调治,可起到扶助正气、补益脏腑气血亏虚、泻实祛邪、祛除各种病邪损害、调整阴阳平衡的功效,通过利用食药偏性,纠正机体失调,调治疾病,可达到健康、美容并举的目的。

(二)阴阳气血平衡的原则

美容的基础是健康,健与美的结合才是真正意义上的美。营养是美容的物质基础,影响着机体气血津液和脏腑阴阳的平衡状态。通过合理的食用药膳,可调节脏腑阴阳气血的失衡状态,防治阴阳、寒热、气血失衡导致的各种损容性疾病。利用药食性味,通过扶阳抑阴、育阴潜阳、阴阳双补、补肾填精、健脾益气、滋阴润肺、疏肝理气、养心安神、调气和血、清热解毒、润肠通便等各种方法,使阴阳、气血平衡,脏腑功能强健,从而实现体态容貌的健美。所以,药膳的搭配和使用遵循阴阳、气血平衡的原则对美容营养有重要的意义。

(三)辨证用膳,因人、因时、因地制宜的原则

药膳已不再是单纯意义上的饮食营养,它的预防、保健、治疗作用不及单纯药物,但比日常饮食要强烈。所以药膳的配制和使用要遵循辨证用膳,因人、因时、因地制宜的原则。辨证用膳是指依据体质的不同,营养素缺乏和过剩种类的不同,阴阳气血偏盛、偏衰的不同,年龄、性别、环境的不同,而因人、因时、因地制宜,合理配膳并正确

使用。

人是一个复杂的有机生命体,有先天禀赋、七情变化的不同,生活在多变的自然、社会、家庭中,且又具年龄、性别、体质、职业的不同特点,机体处于不断变化之中。所以在配制使用药膳预防、保健、祛病、美容时,必须考虑这些因素,确定合理正确的方法,选择适宜的药膳,因人制宜。

一年四季变化,一天日夜更替,人体亦随之变化而适应环境。春季阳气升发,人体清阳之气上升,使用药膳时,应注意顺应春阳、清阳上升之气,促使清气上升。夏季炎热酷暑,人体腠理开泄散热,津液易耗,使用药膳时,应注意清热消暑、生津补液。秋季干爽燥涩,人体皮肤干燥、黏膜失润、津伤内燥,选择药膳时,应注意滋润生津、养肺润肤,以抗燥热。冬季天寒地冻,人体收敛阳气以御寒气,选择药膳时,应注意温补助阳,扶助阳气以抗寒邪。因此选择药膳,应因时制宜。

(四)禁忌原则

食物和药物均有四气五味的偏性,人体也有体质和所患病症的差异,在使用药食配制药膳来保健美容、防治疾病时,必然有适宜和不适宜之分。应根据中医整体观和辨证论治的理论,辨证用膳。

1. 食膳禁忌

食膳禁忌包括广义、狭义两个方面。

广义的食膳禁忌是指体质、地域、季节、年龄、病情及药膳的调配、用法、用量等方面的禁忌。应根据体质的偏虚偏实、偏寒偏热,地域的寒、热、燥、湿,季节的春、夏、秋、冬,年龄的大小,病情的不同,在应用药膳防治疾病、保健美容时避开不宜,遵守食忌的基本原则。如阴虚内热体质者,不宜食用辛辣、温补之品;阳虚内寒体质者,不宜食用生冷、寒泻之品。

狭义的食膳禁忌仅指饮食与病、证方面的禁忌。病的禁忌包括风疹、疥癣、湿疹、哮喘等过敏性疾病患者,忌食海产品、狗肉、驴肉、茴香、香菇等;失眠患者忌喝浓茶、咖啡等;糖尿病患者忌食含糖量高的食品;肾衰竭患者忌食富含蛋白质的食物,如蛋类、肉类、鱼类、豆制品等;痤疮、脱发患者忌食辛辣油腻食品等。证的禁忌包括寒证者忌食生冷寒凉食品,如冷饮、瓜果等;湿热证者忌食辛辣油腻食品,如油煎、油炸食品等。

2. 制膳禁忌

药膳配制时有一些药食不能配在一起同时应用,否则会减弱药膳治疗作用或增加副作用。中医在这方面积累了丰富的经验,但还有待今后进一步研究,在配制药膳时可作为参考。其配伍禁忌包括以下三个方面。

(1)药物与药物间的禁忌:应遵循"十八反,十九畏"。其中虽有一部分与实际应用有所出入,但发生机制的研究尚无确切结论,故仍需要慎重,避免盲目配伍禁忌。

(2)食物与食物间的禁忌:食物之间的配伍使用,会出现以下几种情况。

① 相同性味的食物,多具相同功能,相配使用会增强原有食物的功效。

② 两种性味、功能相反的食物同用,由于相互削弱,则使应用的功效降低甚至消失,如性味甘凉的黄瓜与性味辛温的辣椒同食,即如此。

③ 两种食物同用,一种食物的毒性或副作用被另一种食物降低或消除,如杨梅解马肉毒。

④ 两种食物同用后,会产生毒性或副作用,如螃蟹与柿子,羊肉与南瓜等。

合理配膳,必须了解和掌握食物与食物间的禁忌。

(3)药物与食物间的禁忌:药膳历史悠久,从古到今积累了丰富的经验,应当引起重视。药物与食物的配伍禁忌有猪肉反乌梅、桔梗、黄连、百合、苍术;羊肉反半夏、菖蒲;鲫鱼反厚朴等。

第二节 常用的药膳美容方

> **案例导入**
>
> 患者,女,40岁,已婚,2年前生育完二孩之后面部开始出现黄褐斑,斑块颜色逐年加深,面部肌肤干,容易长皱纹,曾到皮肤科就诊行相关治疗,症状稍有改善,仍想进一步改善肌肤问题。
>
> 请问:
>
> 1.若您作为一名美容营养顾问,请问除了皮肤科规范化治疗外,该患者在日常生活中还可以用什么方法辅助配合治疗?
>
> 2.该患者通过上网查阅相关资料,了解到药膳美容的作用后,自行配制药膳,疗效欠佳。若您作为一名美容营养顾问,请拟出一份适合该患者的药膳方案。

药膳常用药物的选择有独特的原则,并非所有的中药均可用来制作药膳。首先,所选的药物具有一定的美容作用;其次,所选药物无毒副作用;最后,所选药物药性不宜大寒大热,味不宜大酸大苦。药膳用药以性平、气薄、味淡为主,否则所制药膳虽有美容作用,但因其毒副作用而不能长期食用,或因其味道不佳而难以下咽。

在中药材中可供做滋补品和食疗药膳的达500多种,大约占全部中药材的1/10,而2021年颁布实施的《按照传统既是食品又是中药材的物质目录管理规定》的中药大约有100种。这些特制食疗药膳制品既是食品又是中药材,多出自古代书籍或民间经验流传,以及近代加工改进的制品。其中最常用的药物、食物有人参、山药、茯苓、甘草、当归、黄精、核桃仁、芝麻、大枣、枸杞子、薏苡仁、龙眼肉、姜、淡豆豉、紫苏、葛根、薄荷等。古籍中诸如《十药神书》中记载的参枣汤、《千金翼方》中的耆婆汤,都对体虚或老年人具有益气补血、助阳、润肠等作用。《食鉴本草》中记载的猪肾酒,可治疗肾虚腰痛。《备急千金要方》中的夏姬杏仁煎方,是以杏仁、羊脂为原料制成的具有美容养颜功效的食品。《饮膳正要》中的马思答吉汤,是用羊肉、官桂、草果、回回豆子、粳米制作而成的温中、顺气的滋补药膳。《随息居饮食谱》中的香橙饼,用香橙皮、乌梅、甘草、檀香等制作而成,具有生津、舒郁、辟臭、解酒、化痰浊、调和肝胃的作用。该书记载的玉灵膏用桂圆肉、西洋参经过加工制成,是补气补血的佳品。

药膳的烹饪加工方法分为炙、蒸、煎、烩、炒、烧、煮、炖等。米面食品有糕、饼、馒头、包子、面、粥等多种类型。如《饮膳正要》中"聚珍异馔"记载有粉、面、馒头、包子、饼、馄饨等许多食治食养的米面食品。《山家清供》中记载的蜜渍梅花、梅花脯等。再如《养老奉亲书》中记载煨梨方,将梨打孔,并填入川椒,再用面包裹,放在炉灰中煨熟后食用。这些都是烹饪方法独特、极具特色的药膳食品。

一、常用美容药膳药物

(一)枸杞

【药性】甘,平,归肝、肾经。

【用法用量】水煎服,6~12 g。

【使用注意】脾虚便溏者不宜使用。

【美容功效】具有滋补肝肾、益精明目的功效。枸杞含有甜菜碱、枸杞多糖、胡萝卜素、核黄素、烟酸、微量元素等有效成分,其中枸杞多糖能抗氧化,延缓衰老。

(二)黄芪

【药性】甘,微温,归肺、脾经。

【用法用量】水煎服,9~30 g。

【使用注意】内有积滞,阴虚阳亢,疮疡阳证实证均不宜使用。

【美容功效】具有补中益气、固表止汗、润肤增白、抗衰老的功效,主要含黄芪多糖、黄芪皂苷、黄芪黄酮、氨基酸等活性成分。其中黄芪多糖有抗氧化、抗衰老作用,同时有着很好的吸湿性,起到保湿润肤作用。在药膳中添加中药黄芪可以利用它益气生血的效果,达到缓解疲劳和养颜延衰的效果,尤其在改善皮肤松弛、黑眼圈、浮肿以及补水等方面具有良好的治疗效果。

(三)玫瑰花

【药性】甘、微苦,温,归肝、脾经。

【用法用量】水煎服,3~6 g。

【使用注意】孕妇及血虚无瘀者不宜使用。

【美容功效】具有行气解郁、和血、止痛之功效。由于本品具有疏肝理气功效,适合女性服用,可治疗面部色斑、红斑等。

(四)益母草

【药性】苦、辛,微寒,归肝、心包、膀胱经。

【用法用量】水煎服,10~30 g。

【使用注意】孕妇及血虚无瘀者不宜使用。

【美容功效】具有活血调经、祛瘀生新的功效,为妇科经产要药,常用于月经不调、痛经、产后恶露不净及瘀滞腹痛,故有益母之名。古人外用本品美容,可令皮肤有光泽。临床常用于妇女月经不调兼损容性疾病,如粉刺、色斑等。

（五）当归

【药性】甘、辛，温，归肝、心、脾经。

【用法用量】水煎服，6～12 g。

【使用注意】胃肠薄弱、大便溏者慎用。

【美容功效】具有补血活血、调经止痛、润肠通便之功效。对于血虚所致面色不佳有较好的疗效。长期服用当归，可补血润肤，使面色重现红润光泽。

（六）阿胶

【药性】甘、平，归肝、肺、肾经。

【用法用量】3～9 g烊化兑服。

【使用注意】脾胃虚弱、纳食不消、痰湿呕吐及腹泻者不宜服用。

【美容功效】具有补血滋阴、润燥、止血之功效。本品补血滋阴、养颜润肤，尤其适用于女性血虚而面色萎黄干枯者。经常服用，能使面色红润，肌肤光泽，容颜焕发，达到补血滋阴，润肤悦颜的功效。

（七）玉竹

【药性】甘，微寒，归肺、胃经。

【用法用量】水煎服，6～12 g。

【使用注意】脾胃虚弱、痰湿及腹泻者不宜服用。

【美容功效】具有润肌肤、祛黑斑、抗衰老的功效，主要含甾体皂苷类、多糖类、白屈菜酸等活性成分。其中所含玉竹黏多糖具有很好的吸湿性，能够有效提高皮肤水分含量，并能清除体内自由基，抑制黑色素的形成，发挥润肤祛斑的作用。

（八）山药

【药性】甘，平，归脾、肺、肾经。

【用法用量】水煎服，15～30 g。

【使用注意】积滞者不宜服用。

【美容功效】具有保湿、抗皱、抗炎的功效，主要含有薯蓣皂苷、黏液质、胆碱、糖蛋白和氨基酸等活性成分。其中薯蓣皂苷能显著提高自由基清除酶超氧化物歧化酶的活性，从而起到延缓衰老的作用。此外，其中所含的黏液质、糖蛋白和氨基酸都具保湿作用。

（九）茯苓

【药性】甘、淡，平，归心、肺、脾、肾经。

【用法用量】水煎服，10～15 g。

【美容功效】具有利水渗湿、生发润肤、抗皱、抗衰老的功效。主要含茯苓多糖，可减少皮肤表面的水分蒸发，保存皮肤自身的水分，有保湿作用。

（十）麦冬

【药性】甘、微苦，微寒，归胃、肺、心经。

【用法用量】水煎服,6~12 g。

【使用注意】脾胃虚弱、痰湿及风寒咳嗽者不宜服用。

【美容功效】具有驻颜润肤、肥健、乌发、抗衰老的功效,主要含甾体皂苷类、高异黄酮类、麦冬多糖类活性成分。其中麦冬皂苷D增强细胞活力,延缓衰老;麦冬多糖可从大气中吸收水分,使皮肤保持润湿,也可以从皮肤深层吸收水分,达到保湿效果。

(十一)莲子

【药性】甘、涩,平,归脾、心、肾经。

【用法用量】水煎服,6~15 g。

【使用注意】大便燥结者不宜服用。

【美容功效】具有补脾止泻、益肾涩精、止带、养心安神的功效。其中莲子多酚具有抗氧化作用。

(十二)石斛

【药性】甘,微寒,归胃、肾经。

【用法用量】水煎服,6~12 g。

【使用注意】脾胃虚寒、大便溏者不宜服用。

【美容功效】具有益胃生津、滋阴清热的功效。主要含有多糖、生物碱、氨基酸及人体所必需的微量元素,能显著提高超氧化物歧化酶活性,升高血中游离羟脯氨酸水平,具有抗衰老的作用。

(十三)薏苡仁

【药性】甘、淡,凉,归脾、胃、肺经。

【用法用量】水煎服,9~30 g。

【使用注意】津液不足者不宜服用。

【美容功效】具有利水渗湿、健脾止泻、除痹、排脓、解毒散结的功效。薏苡仁含有薏苡仁酯、薏苡素、薏苡仁多糖、蛋白质以及钙、磷、镁、锌等人体必需的微量元素。薏苡仁中所含有效活性物质可增强自然杀伤细胞的活性,提高免疫力。薏苡仁用于治疗扁平疣具有良好的效果。

(十四)制何首乌

【药性】甘、苦、涩,微温,归肝、心、肾经。

【用法用量】水煎服,6~12 g。

【使用注意】大便溏、痰湿重者不宜服用。

【美容功效】具有补肝肾、益精血、乌须发、强筋骨的功效。制何首乌主要含蒽醌类化合物、二苯乙烯苷类化合物、磷脂类、黄酮类、多酚类、多糖、微量元素和矿物质等多种有效成分。制何首乌中的二苯乙烯苷类成分有较强的体外抗氧化能力和清除活性氧作用,具有抗氧化与抗衰老的作用。因其含有蒽醌类化合物,不宜大量长期食用。

(十五)党参

【药性】甘,平,归脾、肺经。

【用法用量】水煎服,6～12 g。

【使用注意】肝火旺、气滞者不宜服用。

【美容功效】具有健脾益肺、养血生津的功效。党参中含有固醇类、多糖、党参苷、生物碱、氨基酸、微量元素等多种有效成分。可清除氧自由基、抗衰老,提高机体适应性,增强免疫功能。

(十六)西洋参

【药性】甘、微苦,凉,归肺、心、肾经。

【用法用量】水煎服,3～6 g。

【使用注意】不宜与藜芦同用。

【美容功效】具有补气养阴、清热生津的功效。西洋参的主要成分有皂苷类、多糖类和黄酮类。西洋参茎叶皂苷能提高机体细胞的免疫功能。

(十七)杜仲

【药性】甘,温,归肝、肾经。

【用法用量】水煎服,6～10 g。

【使用注意】阴虚火旺者不宜服用。

【美容功效】具有补肝肾、强筋骨、安胎的功效。其含有木质素、有机酸、环烯醚萜类等有效化学成分,能增加单核吞噬细胞的碳粒廓清指数,提高免疫力,同时还能提高过氧化氢酶和谷胱甘肽过氧化氢酶活性,延缓衰老。

(十八)大枣

【药性】甘,温,归脾、胃、心经。

【用法用量】水煎服,6～15 g。

【使用注意】湿热、气滞、痰热者不宜服用。

【美容功效】具有补中益气、养血安神的功效。大枣中含有有机酸、三萜苷类、生物碱、氨基酸、微量元素等化学成分。大枣多糖可以改善造血功能和红细胞的代谢,从而起到补血作用,对于治疗血虚萎黄有一定疗效。

(十九)黑芝麻

【药性】甘,平,归肝、肾、大肠经。

【用法用量】水煎服,9～15 g。

【使用注意】脾虚大便溏者不宜服用。

【美容功效】具有补肝肾、益精血、润肠燥的功效。黑芝麻含脂肪油、植物性蛋白质、氨基酸、芝麻素、芝麻糖、微量元素等化学成分,能提高超氧化物歧化酶活性,起到抗衰老作用,可促进B16细胞中酪氨酸酶的活性以及黑色素的生成。

(二十)银耳

【药性】甘、淡,平,归脾、胃经。

【用法用量】水煎服,3～10 g。

【使用注意】风寒咳嗽者不宜服用。

【美容功效】具有滋阴润肺、益胃生津的功效。银耳含有多糖类、脂类、酶、蛋白质、氨基酸等化学成分。银耳多糖能清除氧自由基及超氧自由基,保护细胞免受自由基破坏,抑制组织脂质过氧化,能提高机体免疫功能,延缓衰老,同时还能抗辐射。

二、常用美容药膳方

《简易经》里记载:"简之矩只容能存之,易之规只美能化之。容则容物亦可护物,物之附,表也。美其表愚蠢目,健其本乐而可为也。"我国药膳历史久远,药膳配方数量极多。种类涉及饮、露、酒、散、粥、羹、茶、膏等。具体运用可据年龄、性别、口味、季节、体质等不同,辨证使用药膳,还可根据需要灵活配方。下面介绍几种常用的古今药膳方。

(一)美颜药膳

中医认为,如果气血充足,人的面色会红润,富有光泽,如果长期熬夜,没有养成良好的生活规律,面色就会苍白或萎黄,皮肤出现皱纹或色素沉着。有的女性平时工作忙,无暇保养,致使血虚不荣、肝肾亏虚或肝气郁滞、瘀血阻络,故应服用滋肾调肝、滋阴养血、理气祛瘀之品,才能使气血充盈、肌肤润泽、精神饱满。春夏两季,天气潮湿闷热,易出现胃肠失调,湿热内积,湿热之邪气熏蒸皮肤,可使皮肤出疹、出斑、长痤疮等。

1. 核桃粥

【配料】核桃10个,大豆300 g,白及10 g,大米及白糖适量,随之炒熟。

【制作与用法】将大豆及白及,碾成粉末。将核桃去皮留仁,在开水中浸泡5分钟;将大米浸泡12小时,随之将两者碾碎,并放置在小盆里,加适量水充分浸泡,其后用纱布过滤,并将滤汁倒入锅内,添加500 mL水,然后倒入大豆及白及粉,搅拌成糊状,添加适量白糖即可。每天早、晚食用一小碗。

【功效】长期食用可保持面部红润、肌肤有光泽。

2. 阿胶羹

【配料】冰糖、阿胶各250 g,核桃肉、黑芝麻、桂圆肉各150 g,去核红枣500 g,黄酒750 g。

【制作与用法】将阿胶在黄酒中浸泡10天,同黄酒放置于搪瓷容器中,隔水蒸至阿胶完全融化,将核桃肉、黑芝麻、桂圆肉、去核红枣捣碎,并连同冰糖放置于阿胶酒中,加以搅拌,然后蒸至冰糖溶化,冷却后呈冻状。每天早晨,以开水冲化,并服食2汤匙。

【功效】长期食用可美容养颜,提升气色。

3. 八珍母鸡汤

【禁忌】阴虚火热及湿热体质者不宜食用。

【配料】熟地黄15 g,当归15 g,白芍15 g,川芎15 g,党参15 g,茯苓15 g,白术15 g,甘草15 g,母鸡1只,生姜3片,大枣5枚,食盐适量。

【制作与用法】将中药材放到砂锅中,加水浸泡30分钟,然后煎煮30分钟,取滤液备用。母鸡洗净切块,焯水备用。焯过水的鸡肉与药液一起放入锅中,加生姜片,小火慢炖30分钟,加入大枣,加入适量食盐调味,再煲10分钟即可。

【功效】补气血,理脾胃,适用于平素气血不足,面色苍白、肢倦乏力者。

4.枸杞炖猪蹄

【禁忌】血脂高的人不宜多食。

【配料】金针菜30 g,枸杞30 g,猪蹄1只,食盐、鸡精、姜片、葱、料酒各适量。

【制作与用法】将金针菜放入清水中泡开,去除老梗,和枸杞一起洗干净。猪蹄洗干净,放入锅中,加清水、姜片、葱、料酒煮沸,再改用文火炖至肉熟烂,加入金针菜、枸杞,加入食盐、鸡精,入味即可出锅,食猪蹄、喝汤。

【功效】此方具有滋润皮肤、增强皮肤韧性和弹性等作用,使皮肤皱纹减少,嫩滑。

5.黄精薏苡仁炖猪肺

【配料】沙参15 g,黄精15 g,薏苡仁30 g,猪肺1副,鸡精、食盐适量。

【制作与用法】将沙参、黄精、薏苡仁同装入纱布袋内,扎紧口,再将猪肺洗干净,切成块,同放入砂锅中,加水适量,大火煮沸,去浮沫,改用小火炖至猪肺熟烂,取出药袋,加入食盐、鸡精即可出锅食用。

【功效】养阴润肺,补虚润肤,适宜体虚、颜面皮肤干燥、无光泽者食用。

6.红枣木耳汤

【禁忌】糖尿病患者不建议食用。

【配料】黑木耳50 g,红枣10枚,红糖100 g。

【制作与用法】将黑木耳、红枣、红糖同放入砂锅中,加入适量水,炖至黑木耳熟烂,即可食用。

【功效】经常服用,有消除黑眼圈的作用。

7.薏苡仁茯苓粥

【配料】薏苡仁200 g,茯苓10 g,粳米200 g,鸡胸脯肉100 g,干香菇4个。

【制作与用法】将薏苡仁、干香菇用热水浸泡1夜,次日捞出沥干,香菇切丁,鸡胸脯肉去皮洗净,入锅煮30~40分钟,捞出后切为肉丁;粳米淘洗干净,茯苓研粉,备用。放入清水,将薏苡仁大火煮沸后改用小火慢炖,煮至能用手捏烂薏苡仁为度。加入香菇丁、鸡肉丁、茯苓粉再煮,至煮稠为止。服食时可酌加调料。

【功效】健脾利湿,润肤美容。适用于皮肤虚肿、面色黯淡、皮肤褐斑、面部扁平疣。

8.龙眼枸杞养颜粥

【配料】龙眼肉15 g,枸杞子10 g,红枣5枚,糯米100 g。

【制作与用法】将龙眼肉、枸杞子、红枣、糯米分别洗净,放入砂锅内用文火熬煮成稀粥。

【功效】养心安神,补血生肌,悦色养颜。

9.枣仁消皱润肤粥

【配料】枣仁15 g,龙眼肉15 g,粳米适量,红糖少许。

【制作与用法】将枣仁、龙眼肉切碎,与粳米一同入锅煮成粥,最后加入少许红糖。

【功效】长期食用可生肌除皱,润滑肌肤。

10. 百合薏苡仁消斑粥

【配料】薏苡仁 50 g,百合 15 g,粳米 100 g,蜂蜜适量。

【制作与用法】将薏苡仁、百合、粳米入锅加水煮至熟烂,加入蜂蜜调匀,即可食用。

【功效】健脾益胃,泽肤祛斑。

11. 百合红枣银杏羹

【配料】百合 50 g,红枣 10 枚,银杏 50 g,新鲜牛肉 300 g,生姜 2 片,食盐少许。

【制作与用法】将新鲜牛肉用沸水洗干净之后,切薄片;银杏去壳,用水浸去外层薄膜,再用清水洗净;百合、红枣和生姜分别用清水洗干净;红枣去核;生姜去皮,切 2 片。瓦煲内加入适量清水,先用猛火煲至水沸,放入百合、红枣、银杏和生姜片,改用中火煲百合至将熟,加入新鲜牛肉,继续煲至新鲜牛肉熟,即可放入食盐少许,盛出即食。

【功效】补血养阴,滋润养颜,润肺益气,止喘,涩精。

12. 石斛花胶乌鸡汤

【配料】石斛 10 条,花胶 2 块,乌鸡 1 只,瘦肉半斤,姜 3 片。

【制作与用法】石斛浸泡至软身,剪成小块;花胶泡水 12 小时;乌鸡切块,瘦肉切片,洗净放锅中煮沸,去血水后备用。上述各料放入炖盅,加水适量,隔水炖 1.5 小时即可调味出锅。

【功效】补血益损,生津养颜,适用于久劳虚损,胃阴不足。

13. 木瓜花生鸡脚汤

【配料】木瓜 1 个,花生 100 g,鸡脚半斤,瘦肉 1 斤,红枣、姜片适量。

【制作与用法】先将鸡脚去甲,用清水煮 5 分钟,捞起冲水,木瓜去皮、瓤和籽,切块,红枣去核。将上述材料放进汤煲里共炖 1.5 小时,调味后食用。

【功效】补虚健胃,润肤养颜,适合皮肤干燥、筋骨茬弱者。

14. 西洋参炖乌鸡

【配料】乌鸡半只,西洋参 3 g,红枣 2 枚,枸杞适量,姜 2 片。

【制作与用法】乌鸡洗净,斩成块,放入锅中煮开,撇去浮沫,取出鸡肉放进砂锅,放入西洋参、姜片、红枣和枸杞,倒入适量水,小火慢炖 1.5 小时后调味食用。

【功效】清热滋阴,养血柔肝,适用于内有虚热、津液不足者。

15. 阿胶牛奶蜂蜜

【配料】阿胶 5 g,牛奶 250 mL,蜂蜜适量。

【制作与用法】将阿胶放进杯里用温开水溶解后,加入牛奶隔水炖半小时左右,取出晾凉至合适温度,加入适量蜂蜜,即可饮用。

【功效】补血生津,滋阴润燥。适用于血虚失润,烦躁不寐者。

16. 黄芪党参茯苓粥

【配料】黄芪 20 g,党参 20 g,茯苓 20 g,生姜 3 片,大米 50 g。

【制作与用法】将生姜切成薄片,与党参、黄芪、茯苓一起浸泡 30 分钟,煎煮 30 分钟后取汁,大米淘洗干净,与药汁同煮成粥。

【功效】健脾补气,适用于脾胃气虚、面色萎黄、精神疲倦者。

17.莲子大枣粥

【配料】莲子15 g,大枣10枚,枸杞5 g,糯米100 g。

【制作与用法】莲子、大枣、枸杞洗净备用,糯米洗净,提前浸泡2小时备用,糯米、大枣、莲子放入锅中,加水,大火烧开后转小火,熬煮至黏稠状,加入枸杞,即可食用。

【功效】具有健脾和胃、滋阴清燥之功效,对胃口不佳、心烦失眠、面色萎黄有一定的疗效。

18.胡椒干姜炖猪肚

【配料】猪肚半斤,胡椒、干姜各5 g。

【制作与用法】猪肚洗干净,置砂锅中,加适量水,加入胡椒、干姜,以文火炖后即可服用。

【功效】健脾温中,消浮肿。

19.沙参淮山花胶汤

【配料】沙参20 g,淮山20 g,花胶50 g,猪瘦肉或鸡半只,食盐适量。

【制作与用法】鸡或猪瘦肉焯水,去净血污,花胶浸泡,其他配料洗净;将肉和所有配料倒入锅内,加入适量沸水,用大火煮沸,沸腾后转用小火煲1.5小时,加入食盐调味即可食用。

【功效】健脾滋润,祛皱纹。

20.桑园养颜麻薯

【配料】桑葚50 g,桂圆肉50 g,去核红枣30 g,黑芝麻50 g,麻薯粉200 g,黄油50 g,鸡蛋、牛奶适量。

【制作与用法】将桑葚、桂圆肉、黑芝麻、去核红枣混合,加入适量水,将其蒸熟后放入破壁机打成馅浆。麻薯粉、黄油、鸡蛋、牛奶搅拌均匀后,分成30 g一个坯子,醒发20~30分钟。放入烤箱,180 ℃烤25分钟左右,待冷却定型后将馅浆注入麻薯即可。

【功效】滋阴补血,养颜安神。

(二)乌发生发药膳

1.七宝美髯蛋

【配料】何首乌20 g,茯苓60 g,怀牛膝30 g,当归30 g,枸杞30 g,菟丝子30 g,补骨脂40 g,生鸡蛋10个,八角、茴香各6个,肉桂6 g,茶叶3 g,葱、姜、食盐、白糖、酱油适量。

【制作与用法】将鸡蛋煮熟(10分钟)后剥壳,再同上述材料一起放入砂锅,加水煮沸,再改用小火慢炖20~30分钟,每天食用1~2个,卤汁可冷藏防腐后重复使用2~3次。

【功效】补益肝肾,乌须发,壮筋骨,适用于肝肾不足所致白发、脱发。

2.煮料豆

【配料】制何首乌、枸杞各20 g,生地黄、熟地黄、当归、杜仲、牛膝各15 g,菊花、甘草、川芎、陈皮、白术、白芍、牡丹皮各3 g,黄芪10 g,食盐18 g,黑豆500 g。

【制作与用法】上药装入纱布袋,同黑豆一同加水煮熟后,加食盐调味,捞出黑豆晒干或烤箱烘干,当作休闲零食食用,每天30~50 g。

【功效】乌须黑发,固齿明目,适用于血虚白发、爪甲淡白者。

3. 养颜廋肉粥

【禁忌】需要注意的是,因黑豆吃多了容易胀气,腹胀气滞、痰湿中满者不宜多吃此药膳。

【配料】黑豆20 g,粳米100 g,猪里脊肉70 g,熟黑芝麻5 g(也可用黑芝麻粉),食盐适量。

【制作与用法】将黑豆用水先泡3~4小时。猪里脊肉洗净,切成丝,入油锅炒熟备用。锅中倒入黑豆和适量水,用中火煮30分钟,放入淘洗好的粳米,继续煮至粥稠,加入熟黑芝麻和猪里脊肉,最后加食盐调味。

【功效】此方兼有养颜与养生的双重功效。常食此粥可补肝肾、益五脏、强筋骨、养肌肤,使人面色红润有光泽、头发乌黑。

知识小结

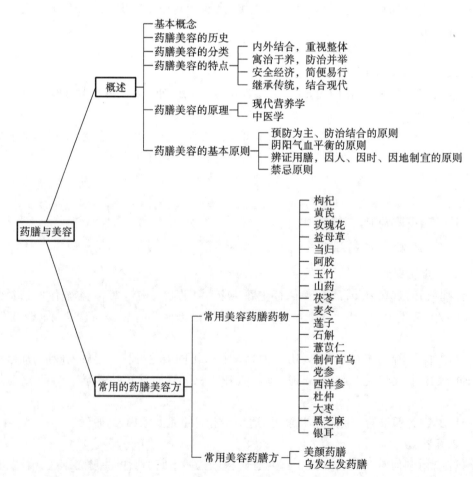

(郑宏来 黄小珊 王丹)

能力检测

一、填空题

1. 药膳是在_____、_____和_____的指导下,在_____中加入_____或_____配制而成的。

2. 药膳美容的基本特点是_____、_____、_____、_____。

3. 药膳应遵循_____、_____、_____、_____四大原则。

4. 药膳美容的方法可分为_____、_____两大类。

5. 药膳美容法是以_____、_____为指导。

二、单选题

1. 不属于药膳美容范畴的是(　　)。
   A. 治疗性美容　　　　　B. 保健性美容
   C. 预防性美容　　　　　D. 营养性美容

2. 下列哪项不符合"药食同源"的含义?(　　)
   A. 来源相同　B. 性能相同　C. 能被同一理论指导应用　D. 毒性相同

3. 食物的四气是指(　　)。
   A. 酸、苦、甘、辛　　　　B. 升、降、浮、沉
   C. 寒、热、温、凉　　　　D. 蛋白质、脂类、矿物质、维生素

三、多选题

1. 以下哪些药物是常用的美容药膳药物?(　　)
   A. 莲子　　　B. 银耳　　　C. 大枣　　　D. 黄连　　　E. 党参

2. 辨证用膳可根据以下哪些因素选择食材?(　　)
   A. 体质　　　B. 年龄　　　C. 性别　　　D. 环境　　　E. 季节

能力检测答案

附录　实训部分

实训一　肥胖症的营养指导

【实训目的】
(1)熟悉制订肥胖患者膳食治疗方案的基本原理。
(2)掌握肥胖患者营养治疗的方法。

[情境导入]患者,女,32岁,身高163 cm,1个月前体重92 kg,自行通过控制饮食减肥。现体重降至86 kg,来到健康指导中心寻求减肥指导,主诉目前有点呼吸短促、无力、易感疲劳、腿疼。请你作为营养师,为其制订合理的膳食治疗方案。

【实训原理】
肥胖症是机体长期摄入能量多于消耗能量所引起的以体内脂肪堆积过多、体重过度增加为主要表现的临床症候群。近年来,我国超重和肥胖患病率呈明显上升趋势。肥胖人口的不断增加和与此有关的高脂血症、高血压、冠心病、糖尿病、脂肪肝等疾病的发病率的上升已成为当今世界严重的公共卫生问题,如何成功减肥已成为日常保健工作的一个重要课题。肥胖发生的内在因素有遗传、中枢神经系统疾病、内分泌及代谢因素,外在因素有社会因素、膳食因素和行为心理因素。

肥胖是长期能量正平衡的结果,营养治疗可以通过改变不良生活方式与习惯,有计划地减少能量摄入并保持营养素之间的平衡,使机体能量在一定时期内处于负平衡,以减轻体重。

一、肥胖标准

(1)标准体重(kg)＝身高(cm)－105。
准确测定体重的要求:同一工具,同一时间,同一服装。
(2)体重指数(BMI)＝体重(kg)÷身高的平方(m^2)

实训表1-1　成人体重指数的体重分类评定标准(国际标准)

体重分类	BMI/(kg/m^2)	发生肥胖或相关疾病的风险
体重过低	<18.5	低(发生其他临床问题的风险相对增加)
正常范围	18.5～24.9	一般

续表

体重分类	BMI/(kg/m²)	发生肥胖或相关疾病的风险
超重和肥胖	≥25.0	超重
Ⅰ度肥胖	30～34.9	中度增加
Ⅱ度肥胖	35～39.9	重度增加
Ⅲ度肥胖	≥40.0	极度增加

(3)皮肤皱褶厚度测量：皮肤皱褶厚度一定程度上可以反映身体脂肪含量，且测量简便、可重复。被测者自然站立，测试者用拇指和食指将其皮肤和皮下脂肪捏起，测定皮下脂肪厚度，用卡尺或皮脂厚度测量计来测量。测量部位如下。

①上臂皮褶厚度：右上臂肩峰至尺骨鹰嘴(桡骨头)连线中点，即肱三头肌肌腹部位，皮肤捏起方向与肱骨长轴平行。

②背部皮褶厚度：右肩胛下角下方5 cm，捏起该处皮肤和皮下脂肪沿肩胛骨内侧缘且与脊柱成45°角。

③腹部皮褶厚度：右腹部脐旁1 cm处。

二、肥胖的营养治疗原则

(一)控制总热量

1.能量推荐摄入量

对于能量的控制，一定要循序渐进、逐步降低，以增加其消耗。Ⅰ度肥胖成年患者，一般在正常供给能量基础上按照每天少供给能量125～150 kcal的标准来确定一日三餐的能量供给，这样每月可稳定减重0.5～1.0 kg；对于Ⅱ度肥胖成年患者，每天减少150～500 kcal的能量供给比较适宜；而Ⅲ度肥胖成年患者，每天以减少500～1000 kcal的能量供给为宜，可以每周减重0.5～1.0 kg。对于少数Ⅰ度肥胖成年患者，可以给予每天低于800 kcal的极低能量饮食进行短时间治疗，但需要进行密切的医学监测。

2.调整膳食模式和营养素的摄入

(1)调整宏量营养素的构成比和来源。目前比较公认的减肥膳食是高蛋白(供能比占20%～25%)、低脂肪(供能比占20%～30%)、低碳水化合物(供能比占45%～50%)膳食。

(2)保证维生素和矿物质的供应。

(3)增加膳食纤维的摄入。每日供给量在25～30 g为宜。

(4)补充某些植物化学物。

(5)三餐合理分配及烹饪。

(二)增加体力活动

减重速度因人而异,通常以每周减重0.5~1 kg为宜。

【实训步骤】
(1)根据理论讲授内容,小组讨论最适宜的减肥方法。
(2)各组制订膳食治疗方案。
(3)小组代表发言,谈谈肥胖的治疗方法(饮食、行为、手术、药物、运动)及肥胖的后果。
(4)各组根据自身方案存在的问题,取长补短,写出合适的膳食治疗方案。

(王丹)

实训二 药膳制作

【实训目的】
(1)熟悉制订药膳美容方案的基本原理、原则。
(2)掌握美容养颜、提升气色的药膳美容方的制作方法。

[情境导入] 患者,女,40岁,已婚。平日工作忙,长期熬夜,情绪抑郁,失眠多梦,时感疲惫,月经量少、色暗、有血块,月经期时常腰痛。脱发明显,面色晦暗,颧部有黄褐斑,近半年逐渐加深。因工作繁忙无暇去美容院保养。请你作为美容营养师,为其制订合理的美容膳食治疗方案。

【实训原理】
随着人们美容观念的改变,药膳美容备受青睐。我国药膳美容历史悠久、内容丰富,近年来和现代营养学的融合,使其有了快速的发展,并成为一门独立的学科。药膳不仅有能与其他方法相匹敌的美容功效,而且因为它的色、味俱佳,是最简单也是最合适的美容方法。药膳美容将药膳通过内服和外用作用于人体而达到美容保健、维护人体整体美的目的。

药膳美容的各种药物或食物中不仅含有丰富的维生素、微量元素、蛋白质等,且大多数为天然结合状态,起到相辅相成的作用,具有良好的抗氧化作用,可清除有害自由基。制订药膳美容方案时应根据中医学基础理论,结合现代营养学,遵循药膳美容的基本原则辨证用膳。

美容药膳烹饪操作规范要求如下。

一、药膳原料的要求

(一)药膳食材、药材原料

美容药膳制作过程中所用的食材一般指符合相关质量规范的食药物质(或是载

入《中华人民共和国药典》的新食品原料、普通食物等)、主料、辅料、调料、食品添加剂等。食材、药材应从《按照传统既是食品又是中药材物质目录》中选取,并且符合行政主管部门关于中药饮片、中药材或鲜药材的质量和卫生要求。药膳食材中使用的新食品原料应从国家卫生行政部门公告的新食品原料名单中选取,并且符合行政部门关于新食品原料的质量和卫生要求。药膳使用的药材应采用市场合法流通的中药材或中药饮片,宜优先选用按《中华人民共和国药典(附编)》规定主要原产地的中药材和当地特色中药材。在药膳烹饪操作过程中不提倡使用化学合成的调料和食品添加剂,禁止使用国家规定的野生动物、植物保护品种。

(二)食材、药材用量

药膳中药材的用量,一般不超过《中华人民共和国药典》(下文简称《药典》)规定用量的下限的1/2。对于国家卫生行政部门发布公告的新食品原料有食用量规定者,应严格执行。

(三)配伍原则

药材、食材配伍遵循中医理论关于"三因制宜(因时、因地、因人)"的辨证施膳法则。药膳配伍应符合中医方剂学"君、臣、佐、使"等配伍组方原则。药膳配伍的基本组成模式应包括食药物质(包括载入《药典》的新食品原料、普通食物等)、主料、辅料、调料、食品添加剂等。

二、操作要求

药膳烹饪操作应符合中医养生原理,符合烹饪技术规范要求,遵循"药不露头"的传统烹制药膳理念。操作人员应提前检查核对药膳食材和操作场所是否符合制作药膳的需求。

三、药膳烹饪主要技法

(1)药膳炖法:分为直接炖和隔水炖,汤汁较多。
(2)药膳焖法:将食材热处理后,再加入适量的汤及调料,盖严锅盖,用微火慢慢焖至软烂。
(3)药膳烧法:先将食材进行热处理,然后加入适量的汤或水及调料,先用大火烧开,再改用小火慢烧至软,再用淀粉勾芡。
(4)药膳烩法:将食材均加工成片、丝、条、丁等形状(有的食材需要提前熟制后再改刀成形),用葱、姜等炝锅或直接以汤烩制煨好调味,再用淀粉勾芡,将汤和原料混合起来。
(5)药膳蒸法:将食材用刀工处理后,加入调料等,放置于蒸笼中用水蒸气加热,使之成熟。
(6)药膳煮法:将食材、调料等用刀工处理后,放入水中煮制。

四、药膳命名常用方法

药膳命名应遵循准确、易懂、精练的基本原则,可使用食材、药材全名或者代字等符合有关法规要求的词语,不使用具有功效含义的文字。药膳命名常用方法如下。

(1)"食药物质名称(一般不超过两味)+食材主料名称+菜肴类型"命名法。如玉竹淮山老鸭汤。

(2)"食药物质名称菜肴类型"命名法。如枣粥。

(3)"食药物质名称+烹饪技法+食材主料名称"命名法。如当归煨羊腩。

(4)"传统方剂名称+食材名称"命名法。如四君子珍珠鸡。

(5)名人典故命名法。如曹操鸡、神农鸭。

(6)根据食材造型命名法。如牡丹鱼、太极羹。

(7)"食药物质名称+食材造型"命名法。如山楂酥鱼。

(8)"食材名称+吉祥语+菜肴类型"命名法。如八珍无忧糕。

(9)"地域名称+食材主料名称+菜肴类型"命名法。如泰和乌鸡汤。

五、药膳菜肴特点表述

药膳菜肴特点表述的内容应包括药膳的名称、色泽、香气、味道、口感、外形、盛膳器皿、食养等。

六、药膳食养特点表述和注意事项

(1)对药膳食养特点进行表述的内容包括药膳的食材配伍、食养作用、不适宜人群等。

(2)对药膳食材配伍进行表述的内容包括食药物质(包括载入《药典》的新食品原料、普通食物等)的名称、性味归经和用量,主料、辅料、调料等的名称和用量(调料一般标注"适量")。用量采用"克"等公制计量单位。

(3)对药膳食养作用的表述,可采取对单味食药物质(包括载入《药典》的新食品原料、普通食物等)进行"引经据典"式的表述,不对药膳餐饮食品进行功能性描述。

(4)食药物质(包括载入《药典》的新食品原料、普通食物等)食养作用表达不得使用涉及疾病预防、治疗功能等的词语。

【实训步骤】

(1)根据理论讲授内容,4~6人为一小组,讨论情境导入中目标对象最适宜的美容药膳治疗方案。

(2)各组根据目标对象美容药膳治疗方案,参照药膳烹饪操作规范要求,拟出药膳名称,具体食材、药材、制作方法和用法、功效、不适宜人群等。

(3)实训课前按所拟药膳方案准备食材、药材、调料等。

(4)实训课上按照所拟制作方法,制作药膳。

(5)每组组长对小组作品做出说明,包括小组的构思与想法。然后各小组互评打分。评分标准见实训表2-1。

实训表2-1　药膳烹饪比赛评分表

组名				
组长			组员	
作品名称			总分	
评分项目		标准		得分
作品形态	观感	主副料配比合理,刀工细腻,规格整齐,汁芡适度,色泽自然悦目,装盘美观,有一定观赏性。1~15分		
	味感	口味纯正,主味突出,调味适当,无异味。1~15分		
	质感	火候得当,质感鲜明,符合其应有的嫩、滑、爽、软、糯、烂、酥、松、脆等特点。1~15分		
作品意境	作品名称	名称与菜式相称,内容健康,新颖别致。1~5分		
	作品经济程度	作品做到经济节俭,所用材料具有普遍性且成本较低。1~10分		
	作品营养价值	作品营养丰富,搭配合理,有益健康。1~10分		
	药用价值	作品能较好地体现材料的药用价值(附以书面说明),并且材料具有一定的普遍性。1~15分		
过程总评	卫生状况	作品洁净无异味,器皿清洁,灶台清洁,操作行为规范,操作过程清洁卫生。制作后及时清理操作区域。1~5分		
	团队合作	分工合理,操作协调,配合默契。1~5分		
	作品介绍	讲解大方自然,口齿清楚,表述明确,形式新颖。1~5分		
现场观众人气加分		由观众支持率及现场气氛而定。1~5分		
创新加分		材料新奇,装盘、造型有创新性变化。适当给予1~5分的加分		
超时扣分		超过规定时间1分钟,扣0.5分,超过5分钟后,每超时1分钟,扣1分		

(郑宏来　王丹)

参考文献

[1] 宾映初,马景丽.营养与膳食[M].2版.北京:科学出版社,2014.
[2] 陈伟.肥胖症营养与膳食指导[M].长沙:湖南科学技术出版社,2021.
[3] 范加谊,马铃,陈殿松,等.头发与头皮护理的科学基础(Ⅳ)——蛋白多肽类护发原料的研究现状[J].日用化学工业(中英文),2023,53(4):382-389.
[4] 浮吟梅.食品营养与健康[M].北京:中国轻工业出版社,2017.
[5] 付雨,吴仕英.营养与膳食[M].武汉:华中科技大学出版社,2022.
[6] 高斌,朱俊东.大豆异黄酮与皮肤美容[J].中国美容医学,2005,14(3):380-381.
[7] 葛可佑.中国营养师培训教材[M].北京:人民卫生出版社,2005.
[8] 黄丽娃,晏志勇.美容营养学[M].武汉:华中科技大学出版社,2018.
[9] 贾润红.美容营养学[M].北京:科学出版社,2015.
[10] 蒋钰,杨金辉.美容营养学[M].2版.北京:科学出版社,2015.
[11] 李诞,崔檬,王佳贺.老年人常见未分化疾病:消瘦的流行病学及诊治进展[J].实用老年医学,2022,36(3):223-227.
[12] 李瑶,李文林,杨丽丽.基于国家专利的中医内治美容养颜用药规律研究[J].中国中医药图书情报杂志,2023,47(4):124-129.
[13] 刘莉.养颜美容食疗药膳[M].北京:中国医药科技出版社,2018.
[14] 任静波,孔令明.食品营养与卫生[M].北京:中国质检出版社,2011.
[15] 孙长颢.营养与食品卫生学[M].8版.北京:人民卫生出版社,2017.
[16] 万凯波,马玲,陈殿松,等.头发与头皮护理的科学基础(Ⅵ)——头皮油脂的特点及调控手段[J].日用化学工业(中英文),2023,53(6):634-641.
[17] 王丽琼.食品营养与卫生[M].3版.北京:化学工业出版社,2019.
[18] 王敏.药膳在中医美容中的作用[J].中西医结合心血管病电子杂志,2020,8(26):152,155.
[19] 吴坤.营养与食品卫生学[M].5版.北京:人民卫生出版社,2006.
[20] 吴妍静,郑洪,金红梅.浙派医家古籍中的中医美容药膳特点探要[J].浙江中医杂志,2022,57(12):910-913.
[21] 吴雨闻,卞筱颖,岳岭佳,等.头发与头皮护理的科学基础(Ⅲ)——头发的力学性能[J].日用化学工业(中英文),2023,53(3):260-270.

[22] 吴雨闻,马铃,陈殿松,等.头发与头皮护理的科学基础(Ⅰ)——水分对头发性能的影响以及头发保湿锁水功效的研究[J].日用化学工业(中英文),2023,53(1):8-15.

[23] 夏海林,周建军.营养与美容[M].武汉:华中科技大学出版社,2012.

[24] 徐凤.消瘦症的营养膳食疗法[J].中国卫生产业,2012,9(23):189.

[25] 徐静.营养配餐与设计[M].成都:西南交通大学出版社,2022.

[26] 晏志勇.美容营养学基础[M].北京:高等教育出版社,2006.

[27] 杨顶权.脱发的常见类型与防治[J].人口与健康,2022,(11):87-94.

[28] 易琴.美容营养学[M].北京:中国轻工业出版社,2021.

[29] 袁琳,吴彦,楚刘喜,等.头发中甲状腺激素和类固醇激素的高效液相色谱串联质谱检测[J].应用化学,2022,39(11):1703-1715.

[30] 张焕新.食品营养[M].北京:中国农业出版社,2012.

[31] 赵自然,武燕.美容外科学概论[M].武汉:华中科技大学出版社,2017.

[32] 中国营养学会.中国居民膳食营养素参考摄入量(2023版)[M].北京:人民卫生出版社,2023.

[33] 中国营养学会.中国居民膳食指南(2022)(科普版)[M].北京:人民卫生出版社,2022.

[34] 朱兵,孙艳.营养与膳食[M].武汉:华中科技大学出版社,2021.